디지털 논리실험

Digital Logic Experiments

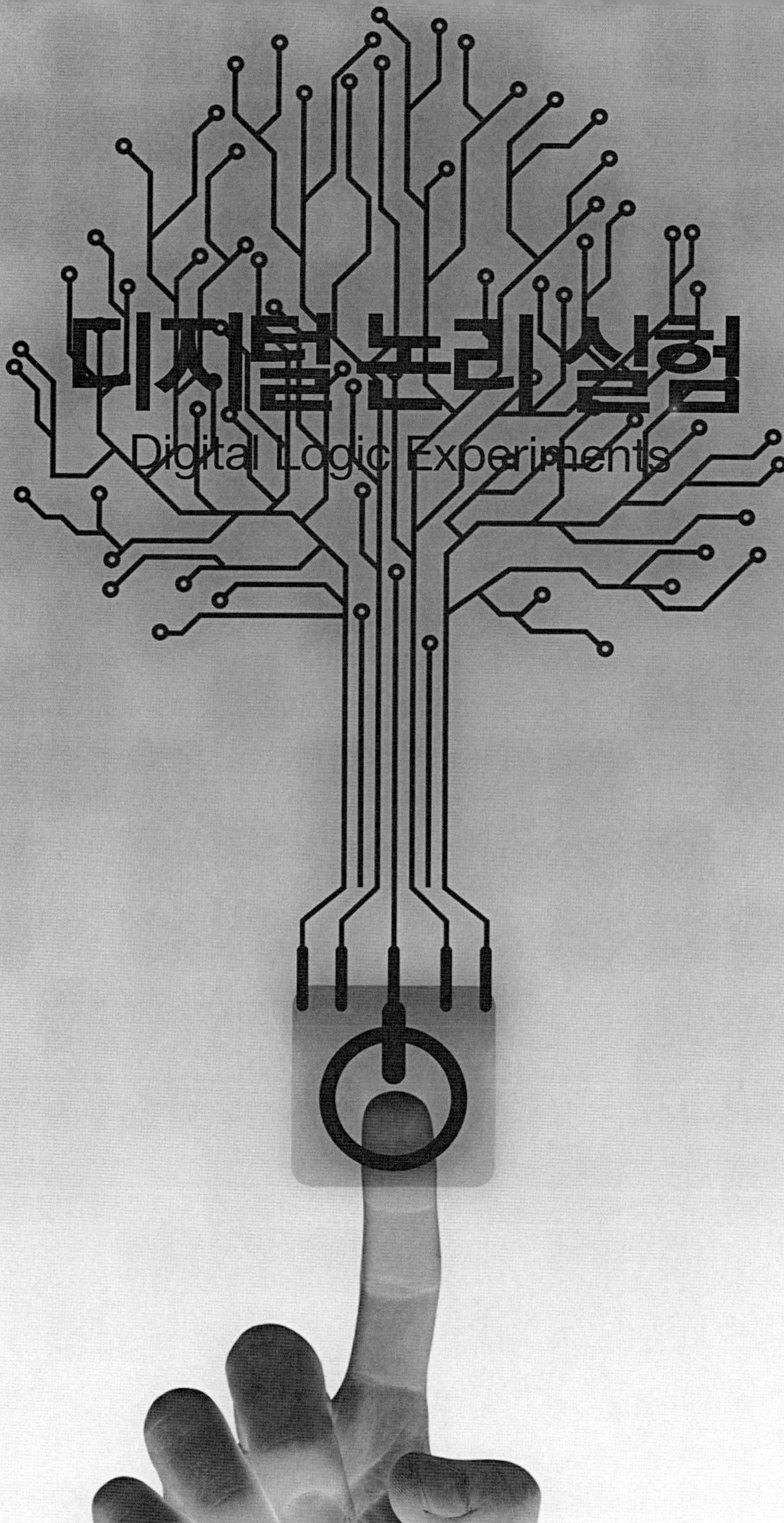

홍릉과학출판사

머 리 말

본 교재는 디지털 논리회로를 공부하면서 또는 공부하기 전후 차근히 익혀가기 위해 필요한 실험실습 교재로 한 학기 동안 다룰 수 있도록 구성하였다. 또한 본 교재는 디지털 논리회로의 이론만을 공부할 경우 IC 하나 제대로 다루지 못하는 학생들이 상당수 있음을 지켜본 강의 현장의 경험을 토대로 학생들이 쉽게 다루어보고 산업현장에서 바로 활용할 수 있도록 구성하는데 힘썼다.

본 교재는 다음과 같이 구성되었다.

우선 1장에서는 디지털 논리회로 실험을 시작하기 전에 알아야 할 간단한 지식들을 정리해놓았으며, 2장부터 8장까지는 2진수에 바탕을 둔 디지털 조합회로를 다루도록 하였다. 2장에서는 가장 흔히 사용될 기초적인 게이트를 다루어볼 것이다. 3장에서는 부울대수와 논리 게이트를 다루며, 4장에서는 부울 대수 간소화에 대하여 실험할 것이다. 5장에서는 수의 표현과 오류검출 및 코드변환 회로를 다루며, 6장은 NAND, NOR 게이트만을 이용한 간소화 방법을 다룰 것이다. 7장에서는 가산기, 감산기 및 가감산기를, 8장에서는 인코더, 디코더, 멀티플렉서 및 디멀티플렉서를 다룬다. 또한 9장부터 13장은 순차회로를 다루도록 하였다. 9장은 순차회로 설계의 기본이 되는 플립플롭을, 10장은 순차회로 설계를 다룰 것이다. 11장은 비동기식 카운터를, 12장은 동기식 카운터, 링 카운터 및 존슨 카운터를 다루어 보며, 13장은 플립플롭들로 이루어진 레지스터를 다루어본다.

또한 본 교재는 <실험 예비지식>에서 간단히 이론을 정리하였으며, 실험 전에 간단한 <실험 예비 문제>를 풀어 실험시간 전에 <실험 예비 보고서>를 작성하여 제출하도록 구성되었고, 실험 후 <실험 결과 보고서>를 작성하여 다음 실험시간에 제출하도록 하였다.

본 교재는 20년 이상의 디지털논리회로 실험 강의를 통해 느꼈던 부족함을 보완하고자 집필하였으며, 강의를 진행하면서 부족함이 있거나 보충할 사항이 있으면 계속하여 수정을 꾀할 것이다. 이 교재를 통해 학생들이 산업현장 진입 전에 충분한 이해를 하는데 도움이 되었으면 하는 바램이 헛되지 않았으면 한다.

2016년 5월
의림지 앞에서
지은이

차 례

실험 04 부울 대수 간소화

실험 05 수의 표현과 오류검출 및 코드 변환회로

실험 07 가산기, 감산기 및 가감산기

실험 08 인코더, 디코더, 멀티플렉서 및 디멀티플렉서

실험 09 플립플롭(FLIP-FLOP)

실험 10 순차회로 설계

실험 11 비동기식 카운터

실험 13 레지스터

01 디지털 논리회로 실험을 시작하기 전에

실험예비 지식

본 장에서는 디지털 논리회로 실험을 하기에 앞서 아날로그와 디지털 신호의 차이점, 디지털 게이트에 관련된 기본 지식 및 실험에 사용될 간단한 장비에 관하여 설명한다.

1. 아날로그와 디지털 신호의 차이점

(1) 아날로그 신호

아날로그 신호란 길이, 무게, 빛의 밝기, 온도, 전압, 수량, 압력, 속도, 전류, 전압 등의 변화와 같이 시간의 경과에 따라 연속적으로 변화하는 정도를 나타내기 위한 신호이고, 자연계 대부분의 측정치는 그 정도를 나타내기 위해 연속적으로 표현한 아날로그 신호를 사용한다. 이러한 아날로그 신호를 나타내기 위한 아날로그 회로는 입력과 출력에서 대체적으로 선형적인 관계를 갖는 것이 일반적이다.[1,3]

(2) 디지털 신호

아날로그 신호에 반해 디지털 신호는 불연속적인(또는 이산적인) 변화를 나타내는 신호를 말한다. 디지털 논리회로는 이산적인(discrete) 논리 0(low)이나 1(high)의 크기를 갖는 입력 신호에 대하여 이산적인 0이나 1의 크기를 갖는 신호가 출력된다. 디지털 논리회로에서의 신호는 아날로그 회로에서의 입력과 출력 신호처럼 선형적이지 않고 부울대수(Boolian algebra) 논리 연산의 결과에 따라 논리 0(low)이나

1(high)의 크기를 갖는 이산 신호(discrete signal)가 나타난다. 여기서 논리 0이란 전기적으로는 off나 0V로, 논리적으로는 거짓(위, false) 또는 low로, 수학적으로는 0으로 표현되며, 논리 1이란 전기적으로는 on이나 +5V로, 논리적으로는 참(진, true) 또는 high로, 수학적으로는 1로 표현된다.

또한 아날로그 신호를 디지털 신호로 변환하기 위해서는 일정 시간 간격으로 표본화(sampling)한 후 적당한 양의 비트수로 양자화(quantization)하며, 논리 0과 1의 크기를 갖는 펄스(pulse)열로 나타내 2진수로 표현한다. 이 때 비트수를 할당할수록 그 정밀도가 높아지는데 3비트 할당 시 8단계, 4비트 할당 시 16단계가 된다. 즉 1비트 증가 시 두 배씩 정밀도가 높아짐을 알 수 있다.

2. 신호 변환회로

(1) 아날로그-디지털 변환회로

아날로그 신호를 디지털 신호로 변환하는 회로를 말하며, AD 변환기(analog to digital converter) 또는 ADC라고 한다. 디지털회로란 이렇게 만들어진 디지털 신호를 이용하여 설계 및 제작된 회로를 말한다. 모든 아날로그 장치를 통해 입력된 전기신호를 디지털회로를 통해 사용하기 위해서도 AD 변환기를 통해 변환시켜야 한다.

(2) 디지털-아날로그 변환회로

디지털 신호를 아날로그 신호로 변환하는 회로를 말하며, DA 변환기(digital to analog converter), 또는 DAC라고 한다. 디지털 신호가 스피커와 같은 아날로그 장치를 통해 출력하기 위해서는 이러한 DA 변환기를 통해 만들어진 아날로그 신호를 최종단에 사용하게 된다.

3. 집적회로

집적회로(integrated circuit: IC)란 하나의 칩 안에 여러 개의 트랜지스터를 집적(集積)시켜 만든 반도체로 가장 대표적인 디지털 부품이다. 집적회로는 기판에 장착하는 용도에 따라 인쇄회로기판(Printed Circuit Board: PCB)의 구멍에 끼워넣는 DIP(Dual Inline Package) 형태와 PCB 표면에 실장하는 표면실장부품(Surface Mount Device:

SMD) 형태 등이 있다. 또한 집적회로는 제조 기술에 따라 쌍극성(bipolar) 트랜지스터인 BJT를 이용하는 TTL(Transistor-Transistor Logic) IC와 전계효과 트랜지스터(field effect transistor)를 이용하는 CMOS IC로 나뉜다.

(1) TTL IC

보통 74 시리즈라 불리며 널리 보급되어 사용 중인 TTL IC는 CMOS IC에 비해 소비전력이 크고 속도가 느리며, 집적도가 낮지만 현재도 호환성과 속도 및 저전력 소모 기능을 확보한 제조사에 의해 제조·판매되고 있다. 74 시리즈는 그 특징에 따라 다음 [표 1]과 같은 종류가 있다.[1,2] 또한 TTL IC는 [그림 1]과 같이 핀 번호가 부여되며 보통 IC의 핀 번호는 1번 핀의 위치를 나타내는 반원 모양이나 작은 점 등의 표시(pin 1 ID라 부름)에서 시작해 반시계 방향으로 순서대로 부여하는 규칙에 따른다. IC의 명칭은 제조사, 종류, 기능, 모양 등에 따라 부여된다.[2]

[표 1] 판별 TTL IC의 종류와 특징

	명칭	특징	소비전력 [mW/gate]	지연시간 (tpd) [ns]
표준 TTL	74	초기 표준품	10	10
저전력 TTL	74L	초기 저전력(low power) 제품, 저속	1	35
고출력 TTL	74H	초기 고출력 제품, 전력소비 큼	20	6
쇼트키 TTL	74S	쇼트키(Schottky) 다이오드 사용	20	3
저전력 쇼트키 TTL	74LS	저전력 쇼트키(Schottky) 제품	2	10
개선된 LS-TTL	74ALS	'80년대 중반 LS TTL의 개량품	1	4
개선된 쇼트키 TTL	74AS	'80년대 중반 S TTL의 개량품	20	1.5
FAST	74F	고속(fast) 쇼트키 TTL	4	2.5
GHz	74G	2000 Potato 반도체	1	1

(2) CMOS IC

MOSFET 타입의 CMOS는 4000 시리즈로 제조되다 74 시리즈와의 IC의 핀 배치의 호환성을 갖기 위해 [표 2]와 같이 74HC 등의 명칭을 사용하게 되며, 전력 소모가 적은 장점을 지니고 있다.[2]

▌표 2▐ CMOS IC의 종류와 특징

	전원전압범위[V]	지연시간[ns]	정지 시 전류[μA/Gate]	특징
4000	3~15	30	200	초기 표준제품
74HC	2~6	10	23	74 시리즈와 핀배치호환
74AC	2~5.5	8.5	40	HC의 고속제품
74LVX	2~3.6	12	20	3.3V 전용
74LCX	2~3.6	6.5	10	3.3V 전용 고속제품
74VCX	1.8~3.6	2.5	20	2.0V 대응 제품

(3) 논리 레벨

디지털 논리회로는 앞서 디지털 신호에서 설명한 바와 같이 두 가지 논리 레벨 0과 1로 나타내기 위해 정의 논리(active high)에서 Low(L)는 2진수 0을, High(H)는 2진수 1을 나타내며, 부의 논리(active low)에서는 그와 반대가 된다.

TTL IC는 전압원으로 5V와 접지가 사용되며, 각각 논리 1과 0을 나타낸다. 보통 출력된 전압이 0~0.8V 사이에서 출력된 경우를 논리 0으로 2 ~ 5V 사이에서 출력된 경우를 논리 1로 나타내며, 0.8 ~ 2V 사이에서 출력되는 경우는 거의 나타나지 않으나 나타날 경우 이상 상태일 수 있으므로 회로를 점검할 필요가 있다. CMOS IC는 사용 전압원이 사용되는 IC 종류에 따라 각기 다르지만 보통은 출력된 전압이 0 ~ 0.3V 사이에서 출력된 경우를 논리 0으로 0.7V 이상에서 출력된 경우를 논리 1로 나타내며, 0.3 ~ 0.7V 사이에서 출력되는 경우는 거의 나타나지 않으나 나타날 경우 이상 상태로 많은 전력소비와 발열로 소자가 파손될 수 있으므로 이 또한 회로를 점검할 필요가 있다.

4. 펄스

펄스(pulse)란 전압이나 전류가 아주 짧은 시간 동안만 존재하는 파형으로 반복적인 파형과 1회성인 임펄스(impulse)가 있으며, 대부분 구형파, 삼각파, 톱니파 등의 비정현파를 말한다. 대부분의 펄스는 한 주기에서 H와 L이 한 번씩 나타나며, L에서 H로 변하는 상승 에지(positive edge 또는 rising edge)와 H에서 L로 변하는 하강 에지(negative edge 또는 falling edge)를 포함하며 [그림 1]에 그 (a) 이상적인 펄스 파형과 (b) 실제의 펄스 파형을 나타낸다.[2,3]

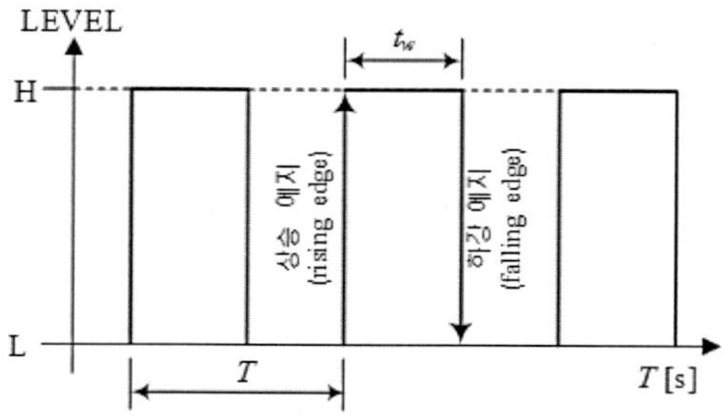

(a) 이상적인 펄스 파형

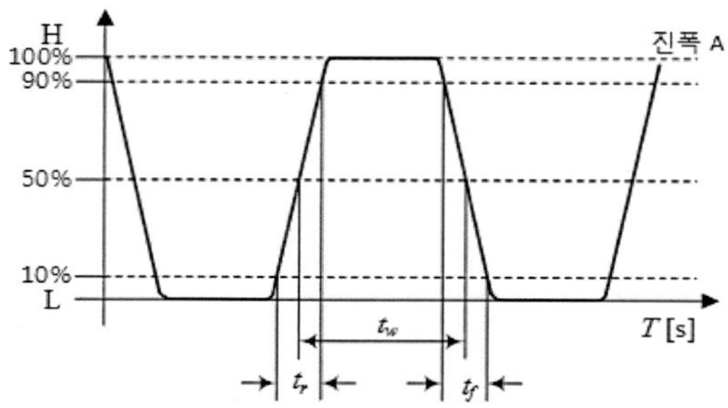

(b) 실제 펄스 파형

그림 1 펄스 파형

5. 그 밖의 IC 사양

(1) 전파지연 시간

전파지연 시간(propagation delay time)이란 입력신호가 논리회로를 통해 전파되어 출력되어 나올 때까지 걸리는 짧은 시간을 의미한다.

(2) 하이 임피던스

하이 임피던스(high-impedance)란 H도 L도 아닌 제3의 상태(tri-state)로 입력단에 아무런 신호도 걸려있지 않은 상태와 동일한 상태처럼 전기적으로 절연된 상태를 말하며, 마치 공중에 붕 뜬 상태의 신호출력을 말한다.

(3) 팬아웃과 팬인

디지털 IC는 논리적으로는 아무런 문제없이 설계된 회로인 경우에도 인가된 전류나 출력되는 전류가 제한적이기 때문에 논리에 어긋나는 출력이 나타날 수 있어 출력단에 연결할 수 있는 수에 제한을 두는데 이를 팬아웃(fan-out)이라 부른다. 또한 IC 패키지에도 면적이나 크기가 제한적이기 때문에 게이트의 입력할 수를 한정하여 제조하는데 이를 팬인(fan-in)이라 부른다. 팬아웃과 팬인은 제조회사의 사양에 따라 각각 다른 것이 일반적이다.

(4) 소비전력

디지털 IC도 일정한 전압을 공급받아 전류가 흘러 전력이 소비되는데 이 또한 제조회사별로 각기 다른 사양이 제공된다.

참고 문헌

[1] 권오근, 권준식, 디지털공학의 이론과 실험, 2010년 3월, GS인터비전.
[2] 이승호, 민경옥, 디지털 공학 실험, 2013년 8월, 한빛미디어.
[3] M. Moris Mano, Digital Design, 3rd ed., 2001년 8월, Prentice Hall.

02 기초 디지털 논리 게이트

실험예비 지식

본 장에서는 디지털 논리회로 실험을 하기 위해 사용되는 가장 기본적인 논리게이트에 더하여 알아보고 간단한 실험을 통해 그 결과를 구한 후 이론적으로 구한 결과를 비교 해보도록 할 것이다.

1. 버퍼(Buffer)와 NOT(inverter) 게이트

1.1 실험 전 이론 알아보기

(1) 버퍼 게이트

TTL IC 74LS07을 이용하여 입력단을 통해 입력된 입력신호가 전파지연 시간 후 같은 신호와 파형으로 그대로 전파됨을 확인한다. 이 버퍼 게이트는 [그림 1]을 통해 알 수 있듯이 6조의 게이트가 내장되어 있다. 논리는 진리표에서와 같이 출력 Y는 $Y = A$와 같다. 즉 논리 0(OV)가 입력되면 논리 0이 출력되고, 논리 1(5V)가 입력되면 논리 1이 출력된다. TTL IC 74LS17 및 74LS34는 74LS07과 호환되는 결과를 얻을 수 있는 IC이다.

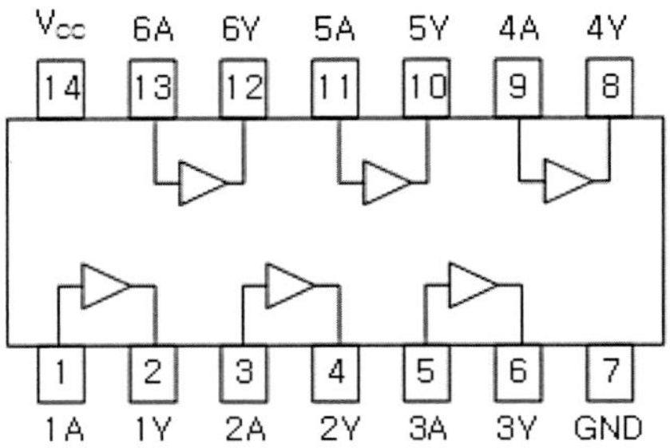

그림 1 버퍼 게이트의 TTL IC 명칭과 핀 번호 배열

(2) NOT 게이트(inverter)

TTL IC 74LS04를 이용하여 입력단을 통해 입력된 입력신호가 전파지연 시간 후 반전된 형태의 신호와 29 파형으로 전파됨을 확인한다. 이 NOT 게이트는 [그림 2]를 통해 알 수 있듯이 6조의 게이트가 내장되어 있다. 논리는 진리표에서와 같이 출력 Z는 $Z=X'(Z=\overline{X})$와 같다. 즉 논리 0(OV)가 입력되면 논리 1(5V)이 출력되고, 논리 1이 입력되면 논리 0이 출력된다. TTL IC 74LS05는 74LS04와 호환되는 결과를 얻을 수 있는 IC이다.

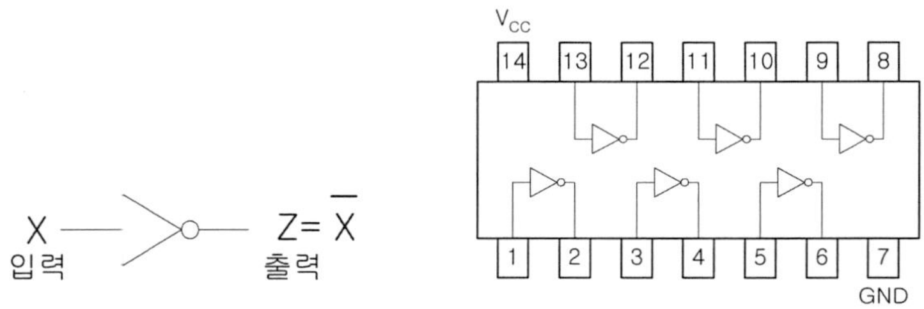

그림 2 NOT 게이트의 기호와 TTL IC 핀 번호 배열

1.2 실험하기

(1) 버퍼 게이트

- 사용부품: 74LS34 (또는 74LS07, 74LS17)
- 실험결과에 따라 진리표를 채우기

표 1 Buffer 게이트

입력 (A)	출력 (Y)
0(0V)	
1(5V)	

(2) NOT 게이트

- 사용부품: 74LS04
- 실험결과에 따라 진리표를 채우기

표 2 NOT 게이트

입력 (X)	출력 (Z)
0(0V)	
1(5V)	

2. AND 게이트와 OR 게이트

2.1 실험 전 이론 알아보기

(1) AND 게이트

AND 게이트는 입력단에 입력된 값들의 논리적 곱(AND)를 수행한 결과를 TTL IC를 통해 전파지연 시간 후 출력함을 확인한다. 예를 들어 2입력 AND 게이트는 [그림 3]을 통해 알 수 있듯이 4조의 게이트가 내장되어 있다. 논리는 진리표에서와 같이 출력 Z는 $Z = X \cdot Y$와 같다. 즉 모든 입력의 논리가 1(5V)일 때에만 논리 1이 출력되고, 나머지의 경우에는 모두 논리 0(0V)이 출력된다. 2입력 AND 게이트 TTL IC로는 74LS08이 사용되며, 74LS09는 74LS08과 호환되는 결과를 얻을 수 있는 IC이다. 또한 3입력 AND 게이트로는 74LS11이 있으며, 4입력 AND 게이트로는 74LS21이 있다.

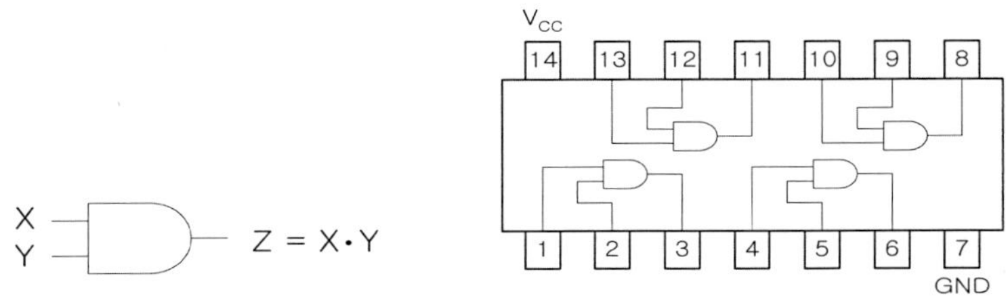

▌그림 3 2입력 AND 게이트의 기호와 TTL IC 핀 번호 배열

(2) OR 게이트

OR 게이트는 입력단에 입력된 값들의 논리적 합(OR)을 수행한 결과를 TTL IC를 통해 전파지연 시간 후 출력함을 확인한다. 예를 들어 2입력 OR 게이트는 [그림 4]를 통해 알 수 있듯이 4조의 게이트가 내장되어 있다. 논리는 진리표에서와 같이 출력 Z는 $Z=X+Y$와 같다. 즉 입력들 중 하나라도 논리 1(5V)이 입력되면 논리 1이 출력되고, 모든 입력이 논리 0(0V)인 경우에만 논리 0(0V)이 출력된다. 2입력 OR 게이트 TTL IC로는 74LS32가 사용되며, 호환되는 IC는 없다. 또한 3입력 OR 게이트는 없으므로 3입력 NOR 게이트가(74LS27)이 있어서 이를 응용해야 할 것이며, 4입력 OR 게이트 또한 존재하지 않아 스트로브(strobe) 입력을 갖춘 4입력 NOR 게이트(74LS25)가 있으니 이 또한 응용해야 할 것이다.

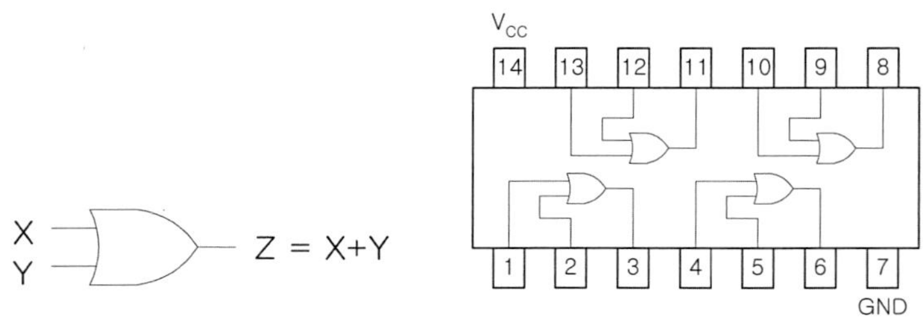

▌그림 4 2입력 OR 게이트의 기호와 TTL IC 핀 번호 배열

2.2 실험하기

(1) AND 게이트

- 사용부품: 74LS08 (또는 74LS09)
- 실험결과에 따라 진리표를 채우기

표 3 AND 게이트

입력		출력
X	Y	Z
0(0V)	0(0V)	
0(0V)	1(5V)	
1(5V)	0(0V)	
1(5V)	1(5V)	

(2) OR 게이트

- 사용부품: 74LS32
- 실험결과에 따라 진리표를 채우기

표 4 OR 게이트

입력		출력
X	Y	Z
0(0V)	0(0V)	
0(0V)	1(5V)	
1(5V)	0(0V)	
1(5V)	1(5V)	

3. NAND 게이트와 NOR 게이트

3.1 실험 전 이론 알아보기

(1) NAND 게이트

NAND 게이트는 입력단에 입력된 값들의 논리적 곱(AND)를 수행한 후 반전된 결과를 TTL IC를 통해 전파지연 시간 후 출력함을 확인한다. 예를 들어 2입력 NAND 게이트는 [그림 5]를 통해 알 수 있듯이 4조의 게이트가 내장되어 있다. 논리는 진리표에서와 같이 출력 Z는 $Z=(X \cdot Y)'$ (또는 $Z=\overline{X \cdot Y}$)와 같다. 즉 모든 입력의 논리가 1(5V)일 때에만 논리 0이 출력되고, 나머지의 경우에는 모두 논리 1(5V)이 출력된다. 2입력 NAND 게이트 TTL IC로는 74LS00이 사용되며, 74LS01은 74LS00과 호환되는 결과를 얻을 수 있는 IC이다. 또한 3입력 NAND 게이트로는 74LS10이 있고,

4입력 NAND 게이트로는 74LS20이 있으며, 8입력 NAND 게이트로는 74LS30이 있다.

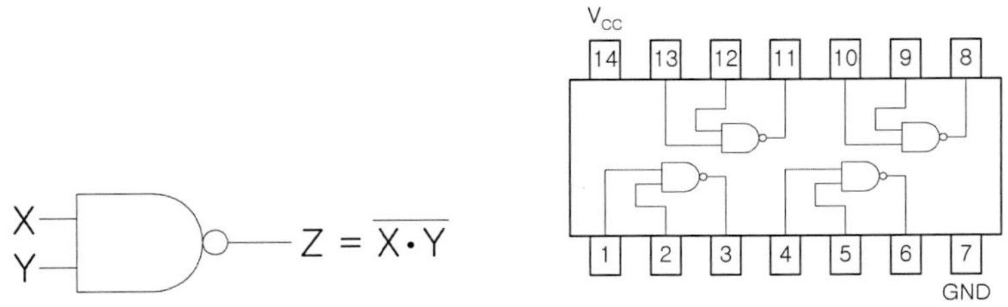

▌그림 5 NAND 게이트의 기호와 TTL IC 핀 번호 배열

(2) NOR 게이트

NOR 게이트는 입력단에 입력된 값들의 논리적 합(OR)을 수행한 후 반전된 결과를 TTL IC를 통해 전파지연 시간 후 출력함을 확인한다. 예를 들어 2입력 NOR 게이트는 [그림 6]을 통해 알 수 있듯이 4조의 게이트가 내장되어 있다. 논리는 진리표에서와 같이 출력 Z는 $Z=(X+Y)'$ (또는 $Z=\overline{X+Y}$)와 같다. 즉 입력들 중 하나라도 논리 1(5V)이 입력되면 논리 0이 출력되고, 모든 입력이 논리 0(0V)인 경우에만 논리 1(5V)이 출력된다. 2입력 NOR 게이트 TTL IC로는 74LS02가 사용되며, 74LS28과 74LS33이 호환되는 결과를 얻을 수 있는 IC이다. 또한 3입력 NOR 게이트로는 74LS27이 있으며, 4입력 NOR 게이트로는 스트로브 기능을 지닌 74LS24와 74LS25를 사용하면 된다.

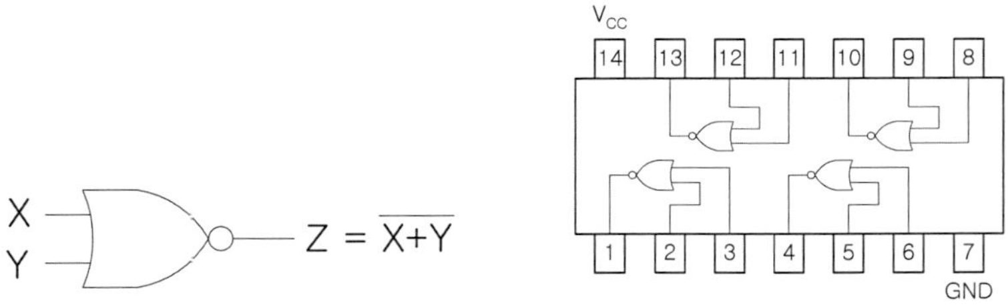

▌그림 6 NOR 게이트의 기호와 TTL IC 핀 번호 배열

3.2 실험하기

(1) NAND 게이트

- 사용부품: 74LS00 (또는 74LS01)
- 실험결과에 따라 진리표를 채우기

표 5 NAND 게이트

입력		출력 Z
X	Y	
0(0V)	0(0V)	
0(0V)	1(5V)	
1(5V)	0(0V)	
1(5V)	1(5V)	

(2) NOR 게이트

- 사용부품: 74LS02 (또는 74LS33)
- 실험결과에 따라 진리표를 채우기

표 6 NOR 게이트

입력		출력 Z
X	Y	
0(0V)	0(0V)	
0(0V)	1(5V)	
1(5V)	0(0V)	
1(5V)	1(5V)	

4. XOR 게이트와 XNOR 게이트

4.1 실험 전 이론 알아보기

(1) XOR 게이트

XOR 게이트는 입력단에 입력된 값들의 배타적 논리합(exclusive OR)을 수행한 결과를 TTL IC를 통해 전파지연 시간 후 출력함을 확인한다. 예를 들어 XOR 게이트는 [그림 7]을 통해 알 수 있듯이 4조의 게이트가 내장되어 있다. 논리는 진리표에서와 같이 출력 Z는 $Z = X \cdot Y' + X' \cdot Y$(또는 $Z = X \cdot \overline{Y} + \overline{X} \cdot Y$)와 같으며 $Z = X \oplus Y$로도 표기한다. 즉 서로 다른 입력의 논리 두 가지가 각각 AND한 후 OR하여 그 중 하나라도 논리 1이면 논리 1(5V)이 출력되고, 그렇지 않은 경우에는 논리 0(0V)이 출력된다. XOR 게이트 TTL IC로는 74LS86이 사용되며, 74LS136은 74LS86과 호환되는 결과를 얻을 수 있는 IC이다. XOR 게이트는 논리상 2입력만이 존재한다.

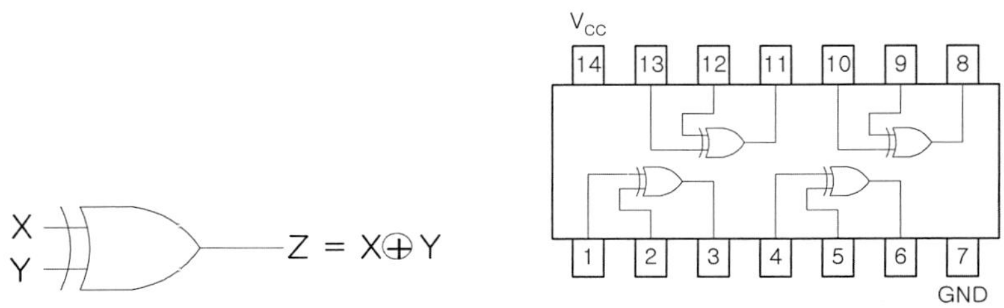

▌그림 7 XOR 게이트의 기호와 TTL IC 핀 번호 배열

(2) XNOR 게이트

XNOR 게이트는 입력단에 입력된 값들의 배타적 논리합(exclusive OR)의 반전된 결과를 TTL IC를 통해 전파지연 시간 후 출력함을 확인한다. 예를 들어 XNOR 게이트는 [그림 8]을 통해 알 수 있듯이 4조의 게이트가 내장되어 있다. 논리는 진리표에서와 같이 출력 Y는 $Y = A \cdot B + A' \cdot B'$(또는 $Y = AB + \overline{A}\,\overline{B}$)와 같으며 $Y = A \odot B$로도 표기한다. 즉 서로 같은 입력의 논리 두 가지가 각각 AND한 후 OR하여 그 중 하나라도 논리 1이면 논리 1(5V)이 출력되고, 그렇지 않은 경우에는 논리 0(0V)이 출력되며, 된다. XNOR 게이트 TTL IC로는 74LS810이 사용되며, 74LS266은 74LS810과 호환되는 결과를 얻을 수 있는 IC이다. XNOR 게이트는 논리상 2입력만이 존재한다.

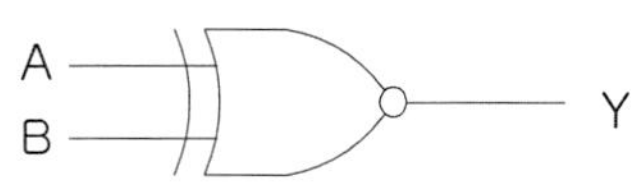

▌그림 8 XNOR 게이트의 기호

4.2 실험하기

(1) XOR 게이트

- 사용부품: 74LS86 (또는 74LS136)
- 실험결과에 따라 진리표를 채우기

Ⅰ표 7Ⅰ XOR 게이트

입력		출력 Z
X	Y	
0(0V)	0(0V)	
0(0V)	1(5V)	
1(5V)	0(0V)	
1(5V)	1(5V)	

(2) XNOR 게이트

- 사용부품: 74LS810 (또는 74LS266)
- 실험결과에 따라 진리표를 채우기

Ⅰ표 8Ⅰ XNOR 게이트

입력		출력 Z
X	Y	
0(0V)	0(0V)	
0(0V)	1(5V)	
1(5V)	0(0V)	
1(5V)	1(5V)	

MEMO

실험 예비 보고서

실험 02 기초 디지털 논리 게이트

실험 일자 : 20 년 월 일 (요일) 교시
실험 장소 : 관 호
담당 교수 :

학과명	학과 반
실험조	
학 번	
성 명	

평가 및 확인	
지시 및 지적사항	

실험예비 지식

1. 버퍼(Buffer)와 NOT(inverter) 게이트

1.1. 버퍼 게이트를 그려보고 진리표를 작성해 보시오.
1.2. NOT 게이트를 그려보고 진리표를 작성해 보시오.

2. AND 게이트와 OR 게이트

2.1. 2입력 AND 게이트를 그려보고 진리표를 작성해 보시오.
2.2. 2입력 OR 게이트를 그려보고 진리표를 작성해 보시오.

3. NAND 게이트와 NOR 게이트

3.1. 2입력 NAND 게이트를 그려보고 진리표를 작성해 보시오.
3.2. 2입력 NOR 게이트를 그려보고 진리표를 작성해 보시오.

4. XOR 게이트와 XNOR 게이트

4.1. 2입력 XOR 게이트를 그려보고 진리표를 작성해 보시오.
4.2. 2입력 XNOR 게이트를 그려보고 진리표를 작성해 보시오.

MEMO

실험 결과 보고서

실험 02 기초 디지털 논리 게이트

실험 일자 : 20 년 월 일 (요일) 교시
실험 장소 : 관 호
담당 교수 :

학과명	학과 반
실험조	
학 번	
성 명	

✂

평가 및 확인	
지시 및 지적사항	

실험결과 기록

1. 실험 1 (Buffer, NOT 게이트)

(1) Buffer 게이트

표 1 Buffer

입력 A	출력 Y
0(0V)	
1(5V)	

(2) NOT 게이트

표 2 NOT 게이트

입력 (X)	출력 (Z)
0(0V)	
1(5V)	

2. 실험 2 (AND 게이트와 OR 게이트)

(1) AND 게이트

표 3 AND 게이트

입력		출력 Z
X	Y	
0(0V)	0(0V)	
0(0V)	1(5V)	
1(5V)	0(0V)	
1(5V)	1(5V)	

(2) OR 게이트

표 4 OR 게이트

입력		출력 Z
X	Y	
0(0V)	0(0V)	
0(0V)	1(5V)	
1(5V)	0(0V)	
1(5V)	1(5V)	

3. 실험 3 (NAND 게이트와 NOR 게이트)

(1) NAND 게이트

표 5 NAND 게이트

입력		출력 Z
X	Y	
0(0V)	0(0V)	
0(0V)	1(5V)	
1(5V)	0(0V)	
1(5V)	1(5V)	

(2) NOR 게이트

표 6 NOR 게이트

입력		출력 Z
X	Y	
0(0V)	0(0V)	
0(0V)	1(5V)	
1(5V)	0(0V)	
1(5V)	1(5V)	

4. 실험 4 (XOR 게이트와 XNOR 게이트)

(1) XOR 게이트

❙ 표 7 ❙ XOR 게이트

입력		출력
X	Y	Z
0(0V)	0(0V)	
0(0V)	1(5V)	
1(5V)	0(0V)	
1(5V)	1(5V)	

(2) XNOR 게이트

❙ 표 8 ❙ XNOR 게이트

입력		출력
X	Y	Z
0(0V)	0(0V)	
0(0V)	1(5V)	
1(5V)	0(0V)	
1(5V)	1(5V)	

5. 실험을 통해 알게 된 중요한 사항과 느낀 점을 간략하게 정리하시오.

03 부울 대수와 논리 게이트

본 장에서는 부울 대수(Boolean Algebra)의 기본 정리와 그에 대한 디지털 논리회로와의 관계를 실험을 통해 알아보고 그 결과를 토대로 부울 대수의 특성을 살펴보도록 할 것이다.

실험예비 지식

• 부울 대수의 가설과 정리

가설 2:	(a) $x+0=x$	(b) $x\bullet 1=x$
가설 5:	(a) $x+x'=1$	(b) $x\bullet x'=0$
정리 1:	(a) $x+x=x$	(b) $x\bullet x=x$
정리 2:	(a) $x+1=1$	(b) $x\bullet 0=0$
정리 3:이중부정	$(x')'=x$	
가설 3:교환법칙	(a) $x+y=y+x$	(b) $xy=yx$
정리 4:결합법칙	(a) $x+(y+z)=(x+y)+z$	(b) $x(yz)=(xy)z$
가설 4:분배법칙	(a) $x(y+z)=xy+xz$	(b) $x+yz=(x+y)(x+z)$
정리 5:드모르간의 법칙	(a) $(x+y)'=x'y'$	(b) $(xy)=x'+y'$
정리 6:흡수법칙	(a) $x+xy=x$	(b) $x(x+y)=x$

실험예비 문제

1. 다음 논리식을 부울 대수 정리 및 가설을 이용해서 증명하시오.
   (1) $A + AB = A$
   (2) $A + \overline{A}B = A + B$
   (3) $(A + B)(A + C) = A + BC$

2. 다음의 논리곱(AND)의 보수 항을 드모르간의 정리를 이용해서 보수의 논리합(OR) 형태로 표현하시오.
   (1) $X = \overline{ABC}$
   (2) $Y = \overline{AB\overline{C}D}$
   (3) $Z = \overline{AB\overline{C}D\overline{E}F}$

3. 다음의 논리합(OR)의 보수 항을 드모르간의 정리를 이용해서 보수의 논리곱(AND) 형태로 표현하시오.
   (1) $X = \overline{A + B + C}$
   (2) $Y = \overline{\overline{A} + B + \overline{C} + D}$

4. 다음 각 논리식을 드모르간의 정리를 이용하여 간략하게 표현하시오.
   (1) $X = \overline{\overline{A + B} + \overline{C}}$
   (2) $Y = \overline{(\overline{A} + B) + \overline{CD}}$
   (3) $Z = \overline{(A + B)\overline{C}\,\overline{D} + E + \overline{F}}$

실험결과 기록

1. 가설 2, 5와 정리 1, 2, 3

- 사용부품: 74LS04, 74LS08, 74LS32
- 실험결과에 따라 진리표를 채우기

가설 2

(1) 74LS32를 이용하여 아래의 [그림 1]과 같은 OR회로를 구성하고, 입력 A에 0V와 5V를 각각 입력하고 입력 B에는 0V를 [표 1]과 같이 인가했을 때의 출력 전압 Z2를 측정하여 기록하시오.

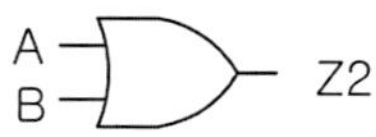

그림 1 OR 게이트

표 1 가설 2 (a)

입력		출력
A (x)	B (0V)	Z2 (x)
0(0V)	0(0V)	
1(5V)	0(0V)	

(2) 74LS08을 이용하여 아래 [그림 2]와 같은 AND회로를 구성하고, 입력 A에 0V와 5V를 각각 입력하고 입력 B에는 5V를 [표 2]와 같이 인가했을 때의 출력 전압 Z1을 측정하여 기록하시오.

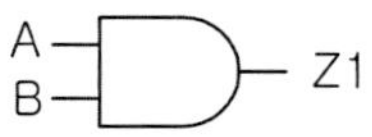

그림 2 AND 게이트

표 2 가설 2 (b)

입력		출력
A (x)	B (5V)	Z1 (x)
0(0V)	1(5V)	
1(5V)	1(5V)	

가설 5

(1) 74LS32를 이용하여 아래의 [그림 3]과 같은 OR회로를 구성하고, 입력 A, B에 0V와 5V를 각각 [표 3]과 같이 인가했을 때의 출력 전압 Z2를 측정하여 기록하시오.

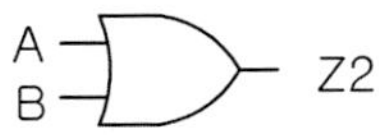

▎그림 3 OR 게이트

▎표 3▎ 가설 5 (a)

입력		출력
A (x)	B (x')	Z2
0(0V)	1(5V)	
1(5V)	0(0V)	

(2) 74LS08을 이용하여 아래의 [그림 4]와 같은 AND회로를 구성하고, 입력 A, B에 0V와 5V를 각각 [표 3]과 같이 인가했을 때의 출력 전압 Z1을 측정하여 기록하시오.

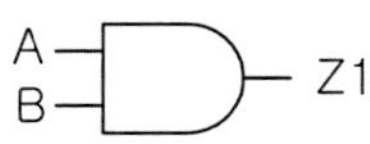

▎그림 4 AND 게이트

▎표 4▎ 가설 5 (b)

입력		출력
A (x)	B (x')	Z1
0(0V)	1(5V)	
1(5V)	0(0V)	

정리 1

(1) 74LS32를 이용하여 아래의 [그림 5]와 같은 OR회로를 구성하고, 입력 A, B에 0V와 5V를 각각 [표 5]와 같이 인가했을 때의 출력 전압 Z2를 측정하여 기록하시오.

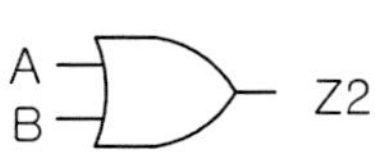

▎그림 5 OR 게이트

| 표 5 | 정리 1 (a)

입력		출력
A (x)	B (x)	Z2(x)
0(0V)	0(0V)	
1(5V)	1(5V)	

(2) 74LS08을 이용하여 아래의 [그림 6]과 같은 AND회로를 구성하고, 입력 A, B에 0V와 5V를 각각 [표 6]과 같이 인가했을 때의 출력 전압 Z1을 측정하여 기록하시오.

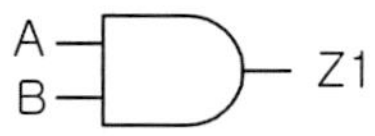

| 그림 6 AND 게이트

| 표 6 | 정리 1 (b)

입력		출력
A (x)	B (x)	Z1(x)
0(0V)	0(0V)	
1(5V)	1(5V)	

◉ 정리 2

(1) 74LS32를 이용하여 아래의 [그림 7]과 같은 OR회로를 구성하고, 입력 A에 각각 0V와 5V를, 입력 B에는 0V를 각각 [표 7]과 같이 인가했을 때의 출력 전압 Z2를 측정하여 기록하시오.

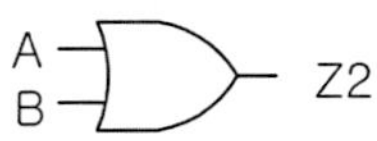

| 그림 7 OR 게이트

| 표 7 | 정리 2 (a)

입력		출력
A (x)	B (5V)	Z2
0(0V)	1(5V)	
1(5V)	1(5V)	

(2) 74LS08을 이용하여 아래의 [그림 8]과 같은 AND회로를 구성하고, 입력 A에 0V와 5V를, 입력 B에는 0V를 각각 [표 8]과 같이 인가했을 때의 출력 전압 Z1을 측정하여 기록하시오.

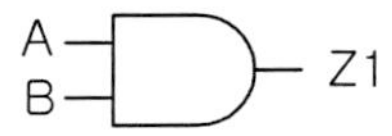

▎그림 8 AND 게이트

▎표 8▎ 정리 1 (b)

입력		출력
A (x)	B (0V)	Z1
0(0V)	0(0V)	
1(5V)	0(0V)	

❸ 정리 3, 2중 부정 (involution)

(1) 74LS04를 이용하여 아래의 [그림 9]와 같은 2중의 NOT(인버터) 회로를 구성하고, 입력 A에 각각 0V와 5V를 각각 [표 9]와 같이 인가했을 때의 출력 전압 Z를 측정하여 기록하시오.

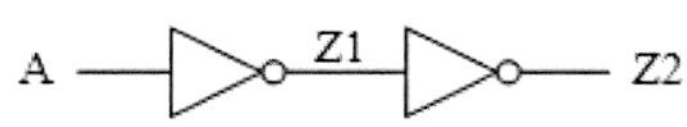

▎그림 9 NOT 게이트

▎표 9▎ 정리 3

입력 A (x)	출력 Z1	출력 Z2
0(0V)		
1(5V)		

2. 정리 4와 가설 4 및 정리 5, 6

- 사용부품: 74LS04, 74LS08, 74LS32
- 실험결과에 따라 진리표를 채우기

정리 4, 결합법칙(Associative)

(1) 74LS32를 이용하여 아래의 [그림 10]과 같은 OR회로를 구성하고, 입력 A, B, C에는 각각 0V와 5V를 [표 10]과 같이 인가했을 때의 출력 전압 Z1과 Z2를 각각 측정하여 기록하시오.

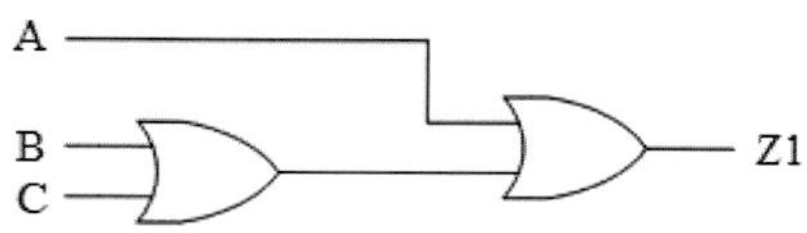

(a)

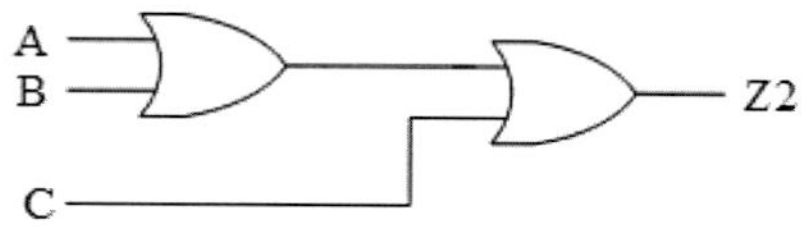

(b)

▌그림 10 OR 게이트를 이용한 결합법칙

▌표 10▌ 정리 4 (a)

입력			출력	
A (x)	B (y)	C (z)	Z1	Z2
0(0V)	0(0V)	0(0V)		
0(0V)	0(0V)	1(5V)		
0(0V)	1(5V)	0(0V)		
0(0V)	1(5V)	1(5V)		
1(5V)	0(0V)	0(0V)		
1(5V)	0(0V)	1(5V)		
1(5V)	1(5V)	0(0V)		
1(5V)	1(5V)	1(5V)		

(2) 74LS08을 이용하여 아래의 [그림 11]과 같은 AND회로를 구성하고, 입력 A, B, C에는 각각 0V와 5V를 [표 11]과 같이 인가했을 때의 출력 전압 Z1과 Z2를 각각 측정하여 기록하시오.

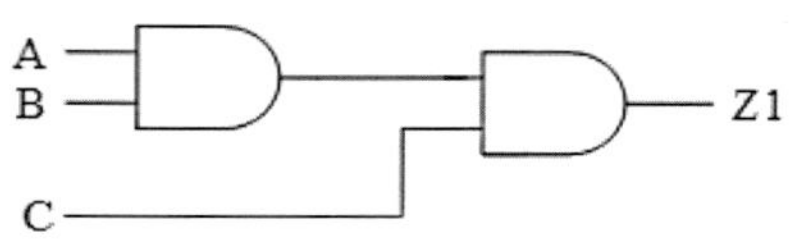

(a)

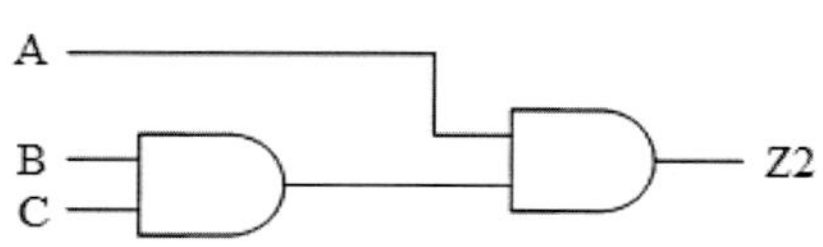

(b)

▌그림 11 AND 게이트를 이용한 결합법칙

▌표 11▌ 정리 4 (b)

입력			출력	
A (x)	B (y)	C (z)	Z1	Z2
0(0V)	0(0V)	0(0V)		
0(0V)	0(0V)	1(5V)		
0(0V)	1(5V)	0(0V)		
0(0V)	1(5V)	1(5V)		
1(5V)	0(0V)	0(0V)		
1(5V)	0(0V)	1(5V)		
1(5V)	1(5V)	0(0V)		
1(5V)	1(5V)	1(5V)		

가설 4, 분배법칙(Distributive)

(1) 74LS32와 74LS08을 이용하여 아래의 [그림 12]와 같은 회로를 구성하고, 입력 A, B, C에는 각각 0V와 5V를 [표 12]와 같이 인가했을 때의 출력 전압 Z1과 Z2를 각각 측정하여 기록하시오.

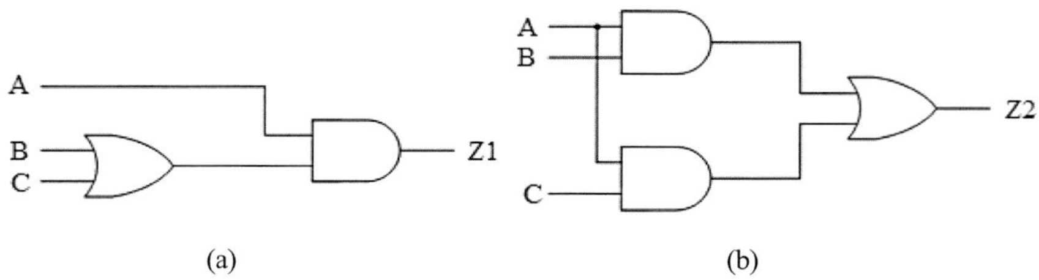

▌그림 12 AND와 OR 게이트를 이용한 분배법칙

▌표 12▌ 가설 4 (a)

입력			출력	
A (x)	B (y)	C (z)	Z1	Z2
0(0V)	0(0V)	0(0V)		
0(0V)	0(0V)	1(5V)		
0(0V)	1(5V)	0(0V)		
0(0V)	1(5V)	1(5V)		
1(5V)	0(0V)	0(0V)		
1(5V)	0(0V)	1(5V)		
1(5V)	1(5V)	0(0V)		
1(5V)	1(5V)	1(5V)		

(2) 74LS32와 74LS08을 이용하여 아래의 [그림 13]과 같은 회로를 구성하고, 입력 A, B, C에는 각각 0V와 5V를 [표 13]과 같이 인가했을 때의 출력 전압 Z1과 Z2를 각각 측정하여 기록하시오.

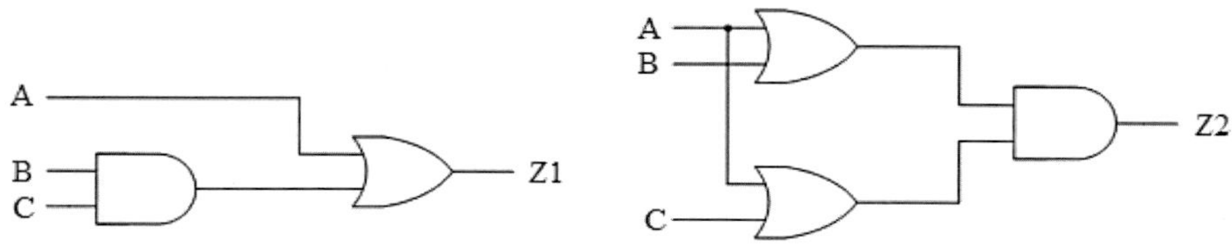

(a) (b)

▌그림 13 AND와 OR 게이트를 이용한 분배법칙

▌표 13▌ 가설 4 (b)

입력			출력	
A (x)	B (y)	C (z)	Z1	Z2
0(0V)	0(0V)	0(0V)		
0(0V)	0(0V)	1(5V)		
0(0V)	1(5V)	0(0V)		
0(0V)	1(5V)	1(5V)		
1(5V)	0(0V)	0(0V)		
1(5V)	0(0V)	1(5V)		
1(5V)	1(5V)	0(0V)		
1(5V)	1(5V)	1(5V)		

정리 5, 드모르간의 법칙 (De Morgan's Law)

(1) 74LS04, 74LS32와 74LS08을 이용하여 아래의 [그림 14]와 같은 회로를 구성하고, 입력 A, B, C에는 각각 0V와 5V를 [표 14]와 같이 인가했을 때의 출력 전압 Z1과 Z2를 각각 측정하여 기록하시오.

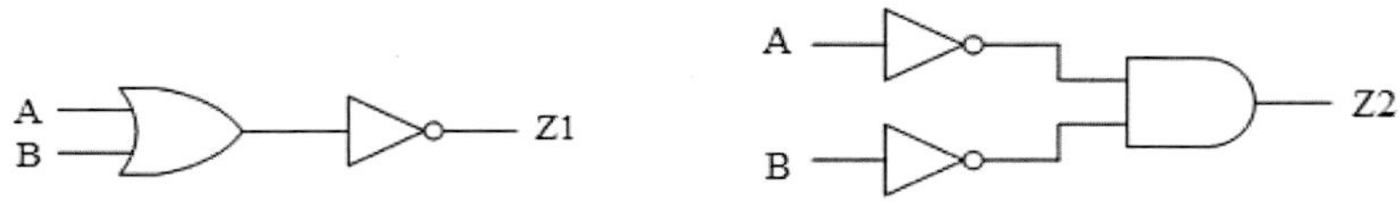

(a) (b)

▌그림 14 NOT, AND와 OR 게이트를 이용한 드모르간의 법칙

▎표 14▐ 드모르간의 법칙 (a)

입력		출력	
A (x)	B (y)	Z1	Z2
0(0V)	0(0V)		
0(0V)	1(5V)		
1(5V)	0(0V)		
1(5V)	1(5V)		

(2) 74LS04, 74LS32와 74LS08을 이용하여 아래의 [그림 15]와 같은 회로를 구성하고, 입력 A, B, C에는 각각 0V와 5V를 [표 15]와 같이 인가했을 때의 출력 전압 Z1과 Z2를 각각 측정하여 기록하시오.

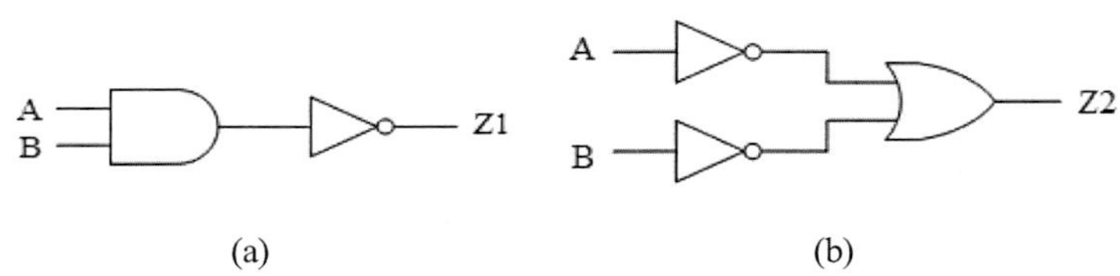

▎그림 15 NOT, AND와 OR 게이트를 이용한 드모르간의 법칙

▎표 15▐ 드모르간의 법칙 (b)

입력		출력	
A (x)	B (y)	Z1	Z2
0(0V)	0(0V)		
0(0V)	1(5V)		
1(5V)	0(0V)		
1(5V)	1(5V)		

◉ 정리 6, 흡수 법칙 (Absorption)

(1) 74LS32와 74LS08을 이용하여 아래의 [그림 16]과 같은 회로를 구성하고, 입력 A, B, C에는 각각 0V와 5V를 [표 16]과 같이 인가했을 때의 출력 전압 Y를 각각 측정하여 기록하시오.

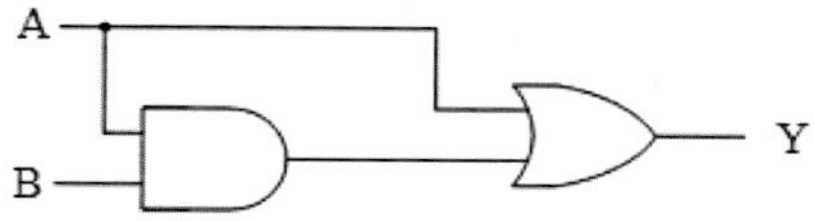

❙ 그림 16 AND와 OR 게이트를 이용한 흡수 법칙

❙ 표 16 ❙ 흡수 법칙 (a)

입력		출력 Y
A	B	
0(0V)	0(0V)	
0(0V)	1(5V)	
1(5V)	0(0V)	
1(5V)	1(5V)	

(2) 74LS32와 74LS08을 이용하여 아래의 [그림 17]과 같은 회로를 구성하고, 입력 A, B, C에는 각각 0V와 5V를 [표 17]과 같이 인가했을 때의 출력 전압 Y를 각각 측정하여 기록하시오.

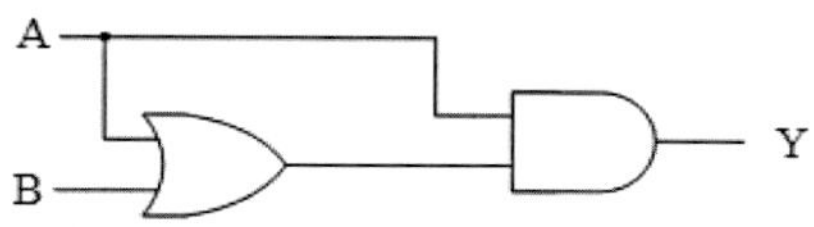

❙ 그림 17 AND와 OR 게이트를 이용한 법칙

❙ 표 17 ❙ 흡수 법칙 (b)

입력		출력 Y
A	B	
0(0V)	0(0V)	
0(0V)	1(5V)	
1(5V)	0(0V)	
1(5V)	1(5V)	

MEMO

실험 예비 보고서

실험 03 부울 대수와 논리 게이트

실험 일자 : 20 년 월 일 (요일) 교시

실험 장소 : 관 호

담당 교수 :

학과명	학과 반
실험조	
학 번	
성 명	

✂

평가 및 확인	
지시 및 지적사항	

실험예비 문제

아래의 예비 문제를 실험 전에 풀어보시오.

1. 다음 논리식을 부울 대수 정리 및 가설을 이용해서 증명하시오.

(1) $A + AB = A$

(2) $A + \overline{A}B = A + B$

(3) $(A + B)(A + C) = A + BC$

2. 다음의 논리곱(AND)의 보수 항을 드모르간의 정리를 이용해서 보수의 논리합 (OR) 형태로 표현하시오.

(1) $X = \overline{ABC}$

(2) $Y = \overline{AB\overline{C}D}$

(3) $Z = \overline{AB\overline{C}D\overline{E}F}$

3. 다음의 논리합(OR)의 보수 항을 드모르간의 정리를 이용해서 보수의 논리곱 (AND) 형태로 표현하시오.

(1) $X = \overline{A + B + C}$

(2) $Y = \overline{\overline{A} + B + \overline{C} + D}$

4. 다음 각 논리식을 드모르간의 정리를 이용하여 간략하게 표현하시오.

(1) $X = \overline{\overline{A + B} + \overline{C}}$

(2) $Y = \overline{(\overline{A} + B) + \overline{CD}}$

(3) $Z = \overline{(A + B)\overline{C}\,\overline{D} + E + \overline{F}}$

MEMO

실험 결과 보고서

실험 03 부울 대수와 논리 게이트

실험 일자 : 20　　년　　월　　일 (　　요일)　　교시
실험 장소 :　　　　관　　호
담당 교수 :

학과명	학과　　　반
실험조	
학　번	
성　명	

✂

평가 및 확인	
지시 및 지적사항	

실험결과 기록

1. 실험 1 (가설 2, 5와 정리 1, 2, 3)

가설 2

표 1 가설 2 (a)

입력		출력
A (x)	B (0V)	Z2 (x)
0(0V)	0(0V)	
1(5V)	0(0V)	

표 2 가설 2 (b)

입력		출력
A (x)	B (5V)	Z1 (x)
0(0V)	1(5V)	
1(5V)	1(5V)	

가설 5

표 3 가설 5 (a)

입력		출력
A (x)	B (x')	Z2
0(0V)	1(5V)	
1(5V)	0(0V)	

표 4 가설 5 (b)

입력		출력
A (x)	B (x')	Z1
0(0V)	1(5V)	
1(5V)	0(0V)	

정리 1

표 5 정리 1 (a)

입력		출력
A (x)	B (x)	Z2 (x)
0(0V)	0(0V)	
1(5V)	1(5V)	

표 6 정리 1 (b)

입력		출력
A (x)	B (x')	Z1 (x)
0(0V)	1(5V)	
1(5V)	0(0V)	

정리 2

표 7 정리 2 (a)

입력		출력
A (x)	B (5V)	Z2
0(0V)	1(5V)	
1(5V)	1(5V)	

표 8 정리 1 (b)

입력		출력
A (x)	B (0V)	Z1
0(0V)	0(0V)	
1(5V)	0(0V)	

정리 3, 2중 부정 (involution)

표 9 정리 3

입력 A (x)	출력 Y	출력 $\overline{Y}$
0(0V)		
1(5V)		

2. 실험 2 (정리 4와 가설 4 및 정리 5, 6)

정리 4, 결합법칙 (Associative)

▌표 10▌ 정리 4 (a)

입력			출력	
A (x)	B (y)	C (z)	Z1	Z2
0(0V)	0(0V)	0(0V)		
0(0V)	0(0V)	1(5V)		
0(0V)	1(5V)	0(0V)		
0(0V)	1(5V)	1(5V)		
1(5V)	0(0V)	0(0V)		
1(5V)	0(0V)	1(5V)		
1(5V)	1(5V)	0(0V)		
1(5V)	1(5V)	1(5V)		

▌표 11▌ 정리 4 (b)

입력			출력	
A (x)	B (y)	C (z)	Z1	Z2
0(0V)	0(0V)	0(0V)		
0(0V)	0(0V)	1(5V)		
0(0V)	1(5V)	0(0V)		
0(0V)	1(5V)	1(5V)		
1(5V)	0(0V)	0(0V)		
1(5V)	0(0V)	1(5V)		
1(5V)	1(5V)	0(0V)		
1(5V)	1(5V)	1(5V)		

가설 4, 분배법칙(Distributive)

▌표 12▐ 가설 4 (a)

입력			출력	
A (x)	B (y)	C (z)	Z1	Z2
0(0V)	0(0V)	0(0V)		
0(0V)	0(0V)	1(5V)		
0(0V)	1(5V)	0(0V)		
0(0V)	1(5V)	1(5V)		
1(5V)	0(0V)	0(0V)		
1(5V)	0(0V)	1(5V)		
1(5V)	1(5V)	0(0V)		
1(5V)	1(5V)	1(5V)		

▌표 13▐ 가설 4 (b)

입력			출력	
A (x)	B (y)	C (z)	Z1	Z2
0(0V)	0(0V)	0(0V)		
0(0V)	0(0V)	1(5V)		
0(0V)	1(5V)	0(0V)		
0(0V)	1(5V)	1(5V)		
1(5V)	0(0V)	0(0V)		
1(5V)	0(0V)	1(5V)		
1(5V)	1(5V)	0(0V)		
1(5V)	1(5V)	1(5V)		

정리 5, 드모르간의 법칙 (De Morgan' s Law)

▌표 14▐ 드모르간의 법칙 (a)

입력		출력	
A (x)	B (y)	Z1	Z2
0(0V)	0(0V)		
0(0V)	1(5V)		
1(5V)	0(0V)		
1(5V)	1(5V)		

▌표 15▐ 모르간의 법칙 (b)

입력		출력	
A (x)	B (y)	Z1	Z2
0(0V)	0(0V)		
0(0V)	1(5V)		
1(5V)	0(0V)		
1(5V)	1(5V)		

정리 6, 흡수 법칙 (Absorption)

▌표 16▐ 흡수 법칙 (a)

입력		출력 Y
A	B	
0(0V)	0(0V)	
0(0V)	1(5V)	
1(5V)	0(0V)	
1(5V)	1(5V)	

▌표 17▐ 흡수 법칙 (b)

입력		출력 Y
A	B	
0(0V)	0(0V)	
0(0V)	1(5V)	
1(5V)	0(0V)	
1(5V)	1(5V)	

3. 실험을 통해 알게 된 중요한 사항과 느낀 점을 간략하게 정리하시오.

04 부울 대수 간소화

실험예비 지식

본 장에서는 두 가지 방법으로 부울 대수를 간소화하는 방법을 공부한다. 먼저 부울 대수의 간소화를 위해 앞 장에서 공부한 기본 정리, 가설 및 법칙을 이용하여 주어진 디지털 논리식을 최소의 게이트만으로 구현하는 방법을 공부하게 된다. 부울 대수를 이용해 간소화된 논리식을 원래의 논리식과의 결과와 실험을 통해 비교해보도록 할 것이다. 다음에는 카르노도를 이용한 부울 대수 간소화 방법으로 간소화된 논리식을 원래의 논리식과의 결과와 실험을 통해 비교해보도록 할 것이다.

실험예비 문제

1. 다음 논리식을 부울 대수 정리 및 가설을 이용해서 증명하시오.
   (1) $A + AB = A$
   (2) $A + \overline{A}B = A + B$
   (3) $(A + B)(A + C) = A + BC$

2. 다음 논리식을 부울 대수 정리 및 가설을 이용해서 최대한 간소화하시오.
   (1) $X = AB + A(B + C) + B(B + C)$
   (2) $Y = [\overline{A}\,\overline{B}(C + BD) + \overline{A}\,\overline{B}]C$

3. 다음 논리식을 카르노도를 이용해서 최대한 간소화하시오.
   (1) $X = A\overline{B}C + \overline{A}BC + \overline{A}\,\overline{B}C + \overline{A}\,\overline{B}\,\overline{C} + A\overline{B}\,\overline{C}$

(2) $Y=\overline{A}\,\overline{B}\,\overline{C}\,\overline{D}+\overline{A}\,\overline{B}CD+\overline{A}B\overline{C}\,\overline{D}+AB\overline{C}\,\overline{D}+A\overline{B}\,\overline{C}\,\overline{D}+A\overline{B}CD+\overline{A}BC\overline{D}$

4. 다음 진리표 [표 1]을 보고 물음에 답하시오.
   (1) 민텀의 합(SOP) 형태로 출력 X와 Y의 논리식을 쓰시오.
   (2) (1)의 논리식 X와 Y를 부울 대수 정리를 이용하여 최대한 간소화 하시오.
   (3) 카르노도를 이용하여 (1)의 출력 함수식 X와 Y를 최대한 간소화 하시오.

표 1

입력			출력	출력
A	B	C	X	Y
0	0	0	0	1
0	0	5	0	1
0	5	0	0	0
0	5	5	1	0
5	0	0	0	1
5	0	5	1	1
5	5	0	1	1
5	5	5	1	0

실험하기

1. 부울 대수 간소화를 이용한 실험

1.1 실험 1

(1) 논리식 A + (B·C) = Z1을 나타내는 논리회로를 그리시오.

(2) 논리식 (A + B)·(A + C) = Z2를 나타내는 논리회로를 그리시오.

(3) (1), (2)에서 그린 논리회로의 입력 A, B, C에 [표 2]와 같은 입력 전압을 인가한 후 각각의 출력 Z1, Z2의 전압을 측정하여 기록하라.

❙표 2❙

입력			출력	출력
A	B	C	Z1	Z2
0	0	0		
0	0	5		
0	5	0		
0	5	5		
5	0	0		
5	0	5		
5	5	0		
5	5	5		

1.2 실험 2

(1) 아래의 [그림 1]과 같은 회로를 구성하고 [표 3]의 입력 전압을 인가했을 때 출력 전압 Z1을 측정하여 기록하시오.

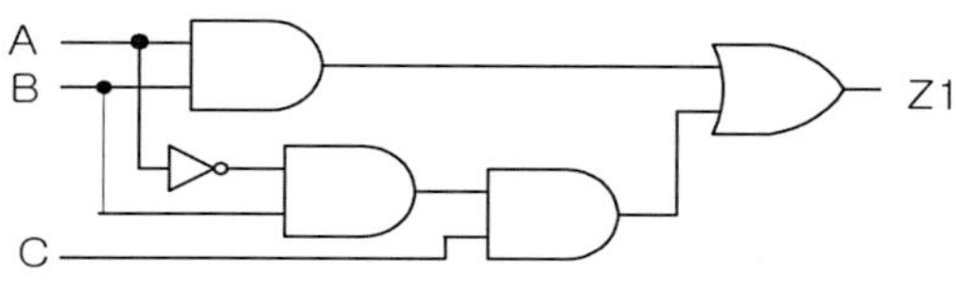

❙그림 1

(2) (1)의 논리회로의 출력 논리식을 쓰고 이를 부울 대수를 이용하여 간소화하고, 논리회로를 구성하여 그리시오.

(3) (2)에서의 출력전압을 Z2로 하여 [표 3]의 입력 전압을 인가한 후 측정하여 기록하시오.

❚표 3❚

입력			출력	출력
A	B	C	Z1	Z2
0	0	0		
0	0	5		
0	5	0		
0	5	5		
5	0	0		
5	0	5		
5	1	0		
5	1	5		

2. 카르노도를 이용한 부울 대수 간소화 실험

2.1 실험 3

(1) 다음 [표 4]의 진리표를 보고 민텀의 합(SOP) 형태로 출력 전압 Z1의 함수식을 측정하여 기록하시오.

(2) (1)의 출력함수식 Z1을 카르노도를 이용하여 가장 간단한 논리식으로 최소화하시오.

(3) (2)에서 간소화된 논리식으로 논리회로를 설계하고 구성하시오.

(4) (3)에서 논리회로의 입력 A, B, C에 [표 4]의 논리 0에는 0V, 논리 1에는 5V 전압을 인가했을 때의 출력전압을 측정하여 [표 4]의 논리표의 Z2에 기록하시오.

┃표 4┃

입력			출력	출력
A	B	C	Z1	Z2
0	0	0	1	
0	0	1	1	
0	1	0	0	
0	1	1	0	
1	0	0	1	
1	0	1	0	
1	1	0	1	
1	1	1	1	

2.2 실험 4

(1) 다음 부울 함수를 Z을 카르노도를 이용하여 간소화하시오.

$$Z = \overline{A}\,\overline{B}\,\overline{C} + \overline{B}C\overline{D} + \overline{A}BC\overline{D} + A\overline{B}\,\overline{C}$$

(2) (1)에서 간소화된 논리식에 대한 논리회로를 구성하고 그리시오.

(3) (2)에서 구성한 논리회로의 입력 A, B, C, D에 [표 5]와 같은 전압을 인가할 때 출력 전압을 측정하여 [표 5] Z에 기록하시오.

표 5

입력				출력
A	B	C	D	Z
0	0	0	0	
0	0	0	5	
0	0	5	0	
0	0	5	5	
0	5	0	0	
0	5	0	5	
0	5	5	0	
0	5	5	5	
5	0	0	0	
5	0	0	5	
5	0	5	0	
5	0	5	5	
5	5	0	0	
5	5	0	5	
5	5	5	0	
5	5	5	5	

2.3 실험 5

(1) 아래의 논리식 Z1을 부울 대수를 이용하여 간략화하고 논리회로를 그리시오.

$$Z1 = A\overline{B}C + \overline{A}BC + \overline{A}\,\overline{B}C + \overline{A}\,\overline{B}\,\overline{C} + A\overline{B}\,\overline{C}$$

(2) (1)의 논리회로를 구성하고 [표 6]과 같은 입력을 인가할 때 출력 전압을 [표 6]의 Z1에 기록하시오.

(3) (1)의 논리식 Z1을 카르노도를 이용하여 가장 간단한 논리식으로 최소화 하시오.

(4) (3)에서 간소화된 논리식으로 논리회로를 설계하고 구성하시오.

(5) (4)에서 구성한 논리회로의 입력 A, B, C에 [표 6]의 전압을 인가했을 때, 출력전압을 측정하여 [표 6]의 Z2에 기록하고 Z1과 Z2의 값을 비교하시오.

▌표 6▐

입력			출력	출력
A	B	C	Z1	Z2
0	0	0		
0	0	1		
0	1	0		
0	1	1		
1	0	0		
1	0	1		
1	1	0		
1	1	1		

MEMO

실험 예비 보고서

실험 04 부울 대수 간소화

실험 일자 : 20 년 월 일 (요일) 교시
실험 장소 : 관 호
담당 교수 :

학과명	학과 반
실험조	
학 번	
성 명	

평가 및 확인	
지시 및 지적사항	

실험예비 문제

아래의 예비 문제를 실험 전에 풀어보시오.

1. 다음 논리식을 부울 대수 정리 및 가설을 이용해서 증명하시오.

(1) $A + AB = A$

(2) $A + \overline{A}B = A + B$

(3) $(A + B)(A + C) = A + BC$

2. 다음 논리식을 부울 대수 정리 및 가설을 이용해서 최대한 간소화하시오.

(1) $X = AB + A(B + C) + B(B + C)$

(2) $Y = [\overline{A}\,\overline{B}(C + BD) + \overline{A}\,\overline{B}]C$

3. 다음 논리식을 카르노도를 이용해서 최대한 간소화하시오.

(1) $X = A\overline{B}C + \overline{A}BC + \overline{A}\,\overline{B}C + \overline{A}\,\overline{B}\,\overline{C} + A\overline{B}\,\overline{C}$

(2) $Y = \overline{A}\,\overline{B}\,\overline{C}\,\overline{D} + \overline{A}\,\overline{B}CD + \overline{A}B\overline{C}\,\overline{D} + AB\overline{C}\,\overline{D} + A\overline{B}\,\overline{C}\,\overline{D} + A\overline{B}CD + \overline{A}BC\overline{D}$

4. 진리표 [표 1]을 보고 물음에 답하시오.

(1) 민텀의 합(SOP) 형태로 출력 X와 Y의 논리식을 쓰시오.

(2) (1)의 논리식 X와 Y를 부울 대수 정리를 이용하여 최대한 간소화 하시오.

(3) 카르노도를 이용하여 (1)의 출력 함수식 X와 Y를 최대한 간소화 하시오.

실험 결과 보고서

실험 04 부울 대수 간소화

실험 일자 : 20 년 월 일 (요일) 교시
실험 장소 : 관 호
담당 교수 :

학과명	학과 반
실험조	
학 번	
성 명	

평가 및 확인	
지시 및 지적사항	

실험결과 기록

1. 카르노도를 이용한 부울 대수 간소화 실험 1

1.1 실험 1

(1) 논리식 $A+(B \cdot C)=Z1$을 나타내는 논리회로를 그리시오.

(2) 논리식 $(A+B) \cdot (A+C)=Z2$를 나타내는 논리회로를 그리시오.

(3) (1), (2)에서 그린 논리회로를 브레드보드에 구성하고, 입력 A, B, C에 [표 2]와 같은 입력 전압을 인가한 후 각각의 출력 Z1, Z2의 전압을 측정하여 기록하라.

[표 2]

입력			출력	출력
A	B	C	Z1	Z2
0	0	0		
0	0	5		
0	5	0		
0	5	5		
5	0	0		
5	0	5		
5	5	0		
5	5	5		

1.2 실험 2

(1) [그림 1]과 같은 회로를 구성하고 [표 3]의 입력 전압을 인가했을 때 출력 전압 Z1을 측정하여 기록하시오.

(2) (1)의 논리회로의 출력 논리식을 쓰고 이를 부울 대수를 이용하여 간소화하여 논리회로를 그리고, 브레드보드에 구성하시오.

(3) (2)에서의 출력전압을 Z2로 하여 [표 3]의 입력 전압을 인가한 후 측정하여 기록하시오.

▌표 3▐

입력			출력	출력
A	B	C	Z1	Z2
0	0	0		
0	0	5		
0	5	0		
0	5	5		
5	0	0		
5	0	5		
5	5	0		
5	5	5		

2. 카르노도를 이용한 부울 대수 간소화 실험 2

2.1 실험 3

(1) 다음 [표 4]의 진리표를 보고 민텀의 합(SOP) 형태로 출력 전압 Z1의 함수식을 측정하여 기록하시오.

(2) (1)의 출력함수식 Z1을 카르노도를 이용하여 가장 간단한 논리식으로 최소화하시오.

(3) (2)에서 간소화된 논리식으로 논리회로를 브레드보드에 구성하시오.

(4) (3)에서 논리회로의 입력 A, B, C에 [표 4]의 논리 0에는 0V, 논리 1에는 5V 전압을 인가했을 때의 출력전압을 측정하여 [표 4]의 논리표의 Z2에 기록하시오.

▌표 4▐

입력			출력	출력
A	B	C	Z1	Z2
0	0	0	1	
0	0	1	1	
0	1	0	0	
0	1	1	0	
1	0	0	1	
1	0	1	0	
1	1	0	1	
1	1	1	1	

2.2 실험 4

(1) 다음 부울 함수를 Z을 카르노도를 이용하여 간소화하시오.

$$Z = \overline{A}\,\overline{B}\,\overline{C} + \overline{B}C\overline{D} + \overline{A}BC\overline{D} + A\overline{B}\,\overline{C}$$

(2) (1)에서 간소화된 논리식에 대한 논리회로를 구성하고 그리시오.

(3) (2)에서 구성한 논리회로를 브레드보드에 구성하고, 입력 A, B, C, D에 [표 5]와 같은 전압을 인가할 때 출력 전압을 측정하여 [표 5]의 Z에 기록하시오.

▌표 5▐

입력				출력
A	B	C	D	Z
0	0	0	0	
0	0	0	5	
0	0	5	0	
0	0	5	5	
0	5	0	0	
0	5	0	5	
0	5	5	0	
0	5	5	5	
5	0	0	0	
5	0	0	5	
5	0	5	0	
5	0	5	5	
5	5	0	0	
5	5	0	5	
5	5	5	0	
5	5	5	5	

2.3 실험 5

(1) 아래의 논리식 Z1을 부울 대수를 이용하여 간략화하고 논리회로를 그리시오.

$$Z1 = A\overline{B}C + \overline{A}BC + \overline{A}\,\overline{B}C + \overline{A}\,\overline{B}\,\overline{C} + A\overline{B}\,\overline{C}$$

(2) (1)의 논리회로를 브레드보드에 구성하고 [표 6]과 같은 입력을 인가할 때 출력 전압을 [표 6]의 Z1에 기록하시오.

(3) (1)의 논리식 Z1을 카르노도를 이용하여 가장 간단한 논리식으로 최소화 하시오.

(4) (3)에서 간소화된 논리식으로 논리회로를 브레드보드에 구성하시오.

(5) (4)에서 구성한 논리회로의 입력 A, B, C에 [표 6]의 전압을 인가했을 때, 출력전압을 측정하여 [표 6]의 Z2에 기록하고 Z1과 Z2의 값을 비교하시오.

표 6

입력			출력	출력
A	B	C	Z1	Z2
0	0	0		
0	0	1		
0	1	0		
0	1	1		
1	0	0		
1	0	1		
1	1	0		
1	1	1		

3. 실험을 통해 알게 된 중요한 사항과 느낀 점을 간략하게 정리하시오.

05 수의 표현과 오류검출 및 코드 변환회로

실험예비 지식

본 장에서는 2진수, 10진수를 표현하기 위한 방법, 패리티를 이용하여 오류를 검출하는 방법 및 2진 코드를 변환하는 조합회로를 공부하기로 한다.

2진수를 표현하는 방법으로 각 비트에 가중치를 두어 표현된 8421 코드가 있으며, 수가 하나씩 증가할 때마다 한 비트만 변화되도록 고안된 그레이(gray) 코드가 있다. 또한 오랫동안 사용에 익숙한 10진수를 표현하기 위한 방법으로 2진수로 코드화된 10진수(binary coded decimal)인 BCD 코드가 있는데 각각 [표 1]에 나타내었다. 10진수를 표현하기 위한 BCD 코드는 쉽게 표현할 수 있지만 각 비트별로 0과 1의 수가 균형을 이루고 있지 않아 표현 방법이 개선될 필요가 있다. 이에 3초과(excess-3) 코드, 2421 코드, 84-2-1 코드가 제안되었고, 각각 다음의 [표 2]에 나타내었다.

▌표 1▌ 여러 가지 코드들

10진수	16진수	8421 코드	gray 코드	BCD 코드
0	0	0000	0000	0000
1	1	0001	0001	0001
2	2	0010	0011	0010
3	3	0011	0010	0011
4	4	0100	0110	0100
5	5	0101	0111	0101
6	6	0110	0101	0110
7	7	0111	0100	0111
8	8	1000	1100	1000
9	9	1001	1101	1001
10	A	1010	1111	0001 0000
11	B	1011	1110	0001 0001
12	C	1100	1010	0001 0010
13	D	1101	1011	0001 0011
14	E	1110	1001	0001 0100
15	F	1111	1000	0001 0101

▌표 2▌ 10진수를 나타내기 위한 여러 가지 코드들

10진수	BCD 코드	excess-3 코드	2421 코드	84-2-1코드
0	0000	0011	0000	0000
1	0001	0100	0001	0111
2	0010	0101	0010	0110
3	0011	0110	0011	0101
4	0100	0111	0100	0100
5	0101	1000	1011	1011
6	0110	1001	1100	1010
7	0111	1010	1101	1001
8	1000	1011	1110	1000
9	1001	1100	1111	1111

또한 에러 검출을 위한 패리티(parity) 코드로는 기수(odd) 패리티와 우수(even) 패리티가 있으며, 다음의 [표 3]에 나타내었다. 패리티 검사와 패리티 생성 회로 구성에 대하여 공부한다.

표 3 BCD 코드와 패리티

BCD 코드	odd parity	even parity
0000	1	0
0001	0	1
0010	0	1
0011	1	0
0100	0	1
0101	1	0
0110	1	0
0111	0	1
1000	0	1
1001	1	0

실험예비 문제

1. 다음 10진수를 2진수로 변환하시오.

(1) 1536

(2) 7892

2. 다음의 2진수를 그레이 코드로 변환하시오.

(1) 0111

(2) 10111

3. 다음의 그레이 코드를 2진수로 변환하시오.

(1) 1011

(2) 1110111

(3) 1100110101

4. 다음의 BCD 코드를 각각 excess-3 코드, 2421 코드, 84-2-1 코드로 변환하시오.

(1) 0111 0010

(2) 1001 0110 0100

5. 다음의 수에 가장 좌측에 우수 패리티를 만드시오.

(1) 0111110

(2) 101110011001010

실험하기

2진 코드 구하기

1. 실험 1 (8421 → excess－3 코드 변환기)

(1) 8421 코드의 각 입력 비트를 A, B, C, D로 하여 excess-3 코드의 출력을 W, X, Y, Z로 출력시키는 조합회로를 구성하시오.

(2) 74LS04, 74LS08과 74LS32를 이용하여 위의 (1)에서 구한 조합회로를 구성하고, 입력 A, B, C, D에 각각 0V와 5V를 [표 4]와 같이 인가했을 때의 출력 W, X, Y, Z를 각각 측정하여 기록하시오.

표 4 8421 코드→Excess-3 코드 변환회로

입력				출력			
A	B	C	D	W	X	Y	Z
0	0	0	0				
0	0	0	5				
0	0	5	0				
0	0	5	5				
0	5	0	0				
0	5	0	5				
0	5	5	0				
0	5	5	5				
5	0	0	0				
5	0	0	5				
5	0	5	0				
5	0	5	5				
5	5	0	0				
5	5	0	5				
5	5	5	0				
5	5	5	5				

2. 실험 2 (Excess-3 → 84-2-1 코드 변환기)

(1) Excess-3 코드의 각 입력 비트를 A, B, C, D로 하여 84-2-1 코드의 출력을 W, X, Y, Z로 출력시키는 조합회로를 구성하시오.

(2) 74LS04, 74LS08과 74LS32를 이용하여 위의 (1)에서 구한 조합회로를 구성하고, 입력 A, B, C, D에 각각 0V와 5V를 [표 5]와 같이 인가했을 때의 출력 W, X, Y, Z를 각각 측정하여 기록하시오.

【표 5】 Excess-3 코드→84-2-1 코드 변환회로

입력				출력			
A	B	C	D	W	X	Y	Z
0	0	0	0				
0	0	0	5				
0	0	5	0				
0	0	5	5				
0	5	0	0				
0	5	0	5				
0	5	5	0				
0	5	5	5				
5	0	0	0				
5	0	0	5				
5	0	5	0				
5	0	5	5				
5	5	0	0				
5	5	0	5				
5	5	5	0				
5	5	5	5				

3. 실험 3 (8421 → 그레이코드 변환기)

(1) 8421 코드의 각 입력 비트를 A, B, C, D로 하여 그레이 코드의 출력을 W, X, Y, Z로 출력시키는 조합회로를 구성하시오.

(2) 74LS86을 이용하여 실험 (1)에서 구한 조합회로를 구성하고, 입력 A, B, C, D에 각각 0V와 5V를 [표 6]과 같이 인가했을 때의 출력 W, X, Y, Z를 각각 측정하여 기록하시오.

[표 6] 8421 코드→그레이 코드 변환회로

입력				출력			
A	B	C	D	W	X	Y	Z
0	0	0	0				
0	0	0	5				
0	0	5	0				
0	0	5	5				
0	5	0	0				
0	5	0	5				
0	5	5	0				
0	5	5	5				
5	0	0	0				
5	0	0	5				
5	0	5	0				
5	0	5	5				
5	5	0	0				
5	5	0	5				
5	5	5	0				
5	5	5	5				

4. 실험 4 (그레이→8421 코드 변환기)

(1) 그레이 코드의 각 입력 비트를 A, B, C, D로 하여 8421 코드의 출력을 W, X, Y, Z로 출력시키는 조합회로를 구성하시오.

(2) 74LS86을 이용하여 실험 (3)에서 구한 조합회로를 구성하고, 입력 A, B, C, D에 각각 0V와 5V를 [표 7]과 같이 인가했을 때의 출력 W, X, Y, Z를 각각 측정하여 기록하시오.

▌표 7▌ 그레이 코드→8421 코드 변환회로

입력				출력			
A	B	C	D	W	X	Y	Z
0	0	0	0				
0	0	0	5				
0	0	5	0				
0	0	5	5				
0	5	0	0				
0	5	0	5				
0	5	5	0				
0	5	5	5				
5	0	0	0				
5	0	0	5				
5	0	5	0				
5	0	5	5				
5	5	0	0				
5	5	0	5				
5	5	5	0				
5	5	5	5				

5. 실험 5 (패리티 발생기)

74LS86과 74LS04를 이용하여 3비트 데이터에 대한 우수 패리티 및 기수 패리티 발생회로를 다음 [그림 1]과 같이 구성하고, 입력 A, B, C로 하여 출력 X와 Y를 각각 구해 [표 8]에 기록하시오.

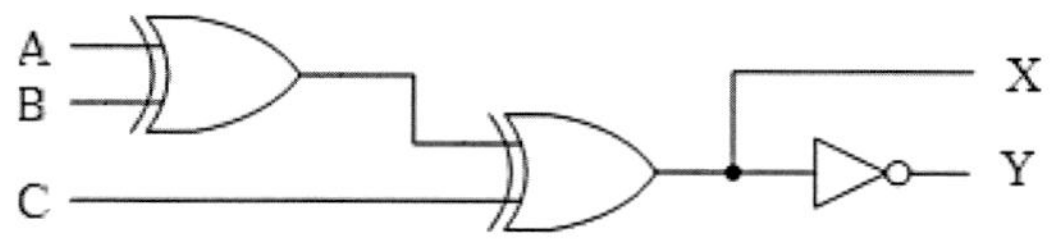

▌그림 1

▌표 8▐ 패리티 발생 회로

입력			출력	
A	B	C	우수 (X)	기수 (Y)
0	0	0		
0	0	5		
0	5	0		
0	5	5		
5	0	0		
5	0	5		
5	5	0		
5	5	5		

MEMO

실험 예비 보고서

실험 05 수의 표현과 오류검출 및 코드 변환회로

실험 일자 : 20 년 월 일 (요일) 교시
실험 장소 : 관 호
담당 교수 :

학과명	학과 반
실험조	
학 번	
성 명	

평가 및 확인	
지시 및 지적사항	

실험예비 문제

아래의 예비 문제를 실험 전에 풀어보시오.

1. 다음 10진수를 2진수로 변환하시오.

(1) 1536

(2) 7892

2. 다음의 2진수를 그레이 코드로 변환하시오.

(1) 0111

(2) 10111

3. 다음의 그레이 코드를 2진수로 변환하시오.

(1) 1011

(2) 1110111

(3) 1100110101

4. 다음의 BCD 코드를 각각 excess-3 코드, 2421 코드, 84-2-1 코드로 변환하시오.

(1) 0111 0010

(2) 1001 0110 0100

5. 다음의 수에 가장 좌측에 우수 패리티를 만드시오.

(1) 0111110

(2) 101110011001010

실험 결과 보고서

실험 05 수의 표현과 오류검출 및 코드 변환회로

실험 일자 : 20 년 월 일 (요일) 교시
실험 장소 : 관 호
담당 교수 :

학과명	학과 반
실험조	
학 번	
성 명	

평가 및 확인	
지시 및 지적사항	

❙ 실험결과 기록 ❙

2진 코드 구하기

1. 실험 1 (8421 → excess-3 코드 변환기)

(1) 8421 코드의 각 입력 비트를 A, B, C, D로 하여 excess-3 코드의 출력을 W, X, Y, Z로 출력시키는 조합회로를 구성하시오.

(2) 74LS04, 74LS08과 74LS32를 이용하여 위의 (1)에서 구한 조합회로를 브레드보드에 구성하고, 입력 A, B, C, D에 각각 0V와 5V를 [표 4]와 같이 인가했을 때의 출력 W, X, Y, Z를 각각 측정하여 기록하시오.

❙표 4❙ 8421 코드→Excess-3 코드 변환회로

입력				출력			
A	B	C	D	W	X	Y	Z
0	0	0	0				
0	0	0	5				
0	0	5	0				
0	0	5	5				
0	5	0	0				
0	5	0	5				
0	5	5	0				
0	5	5	5				
5	0	0	0				
5	0	0	5				
5	0	5	0				
5	0	5	5				
5	5	0	0				
5	5	0	5				
5	5	5	0				
5	5	5	5				

2. 실험 2 (Excess-3 → 84-2-1 코드 변환기)

(1) Excess-3 코드의 각 입력 비트를 A, B, C, D로 하여 84-2-1 코드의 출력을 W, X, Y, Z로 출력시키는 조합회로를 구성하시오.

(2) 74LS04, 74LS08과 74LS32를 이용하여 위의 (1)에서 구한 조합회로를 브레드보드에 구성하고, 입력 A, B, C, D에 각각 0V와 5V를 [표 5]와 같이 인가했을 때의 출력 W, X, Y, Z를 각각 측정하여 기록하시오.

▌표 5▐ Excess-3 코드→84-2-1 코드 변환회로

입력				출력			
A	B	C	D	W	X	Y	Z
0	0	0	0				
0	0	0	5				
0	0	5	0				
0	0	5	5				
0	5	0	0				
0	5	0	5				
0	5	5	0				
0	5	5	5				
5	0	0	0				
5	0	0	5				
5	0	5	0				
5	0	5	5				
5	5	0	0				
5	5	0	5				
5	5	5	0				
5	5	5	5				

3. 실험 3 (8421 → 그레이 코드 변환기)

(1) 8421 코드의 각 입력 비트를 A, B, C, D로 하여 그레이 코드의 출력을 W, X, Y, Z로 출력시키는 조합회로를 구성하시오.

(2) 74LS86을 이용하여 실험 (1)에서 구한 조합회로를 구성하고, 입력 A, B, C, D에 각각 0V와 5V를 [표 6]과 같이 인가했을 때의 출력 W, X, Y, Z를 각각 측정하여 기록하시오.

[표 6] 8421 코드→그레이 코드 변환회로

입력				출력			
A	B	C	D	W	X	Y	Z
0	0	0	0				
0	0	0	5				
0	0	5	0				
0	0	5	5				
0	5	0	0				
0	5	0	5				
0	5	5	0				
0	5	5	5				
5	0	0	0				
5	0	0	5				
5	0	5	0				
5	0	5	5				
5	5	0	0				
5	5	0	5				
5	5	5	0				
5	5	5	5				

4. 실험 4 (그레이→8421 코드 변환기)

(1) 그레이 코드의 각 입력 비트를 A, B, C, D로 하여 8421 코드의 출력을 W, X, Y, Z로 출력시키는 조합회로를 구성하시오.

(2) 74LS86을 이용하여 실험 (3)에서 구한 조합회로를 구성하고, 입력 A, B, C, D에 각각 0V와 5V를 [표 7]과 같이 인가했을 때의 출력 W, X, Y, Z를 각각 측정하여 기록하시오.

[표 7] 그레이 코드→8421 코드 변환회로

입력				출력			
A	B	C	D	W	X	Y	Z
0	0	0	0				
0	0	0	5				
0	0	5	0				
0	0	5	5				
0	5	0	0				
0	5	0	5				
0	5	5	0				
0	5	5	5				
5	0	0	0				
5	0	0	5				
5	0	5	0				
5	0	5	5				
5	5	0	0				
5	5	0	5				
5	5	5	0				
5	5	5	5				

5. 실험 5 (패리티 발생기)

74LS86을 이용하여 3비트 데이터에 대한 우수 패리티 발생회로를 다음 [그림 1]과 같이 구성하고, 입력 A, B, C로 하여 출력 X와 Y를 각각 구해 [표 8]에 기록하시오.

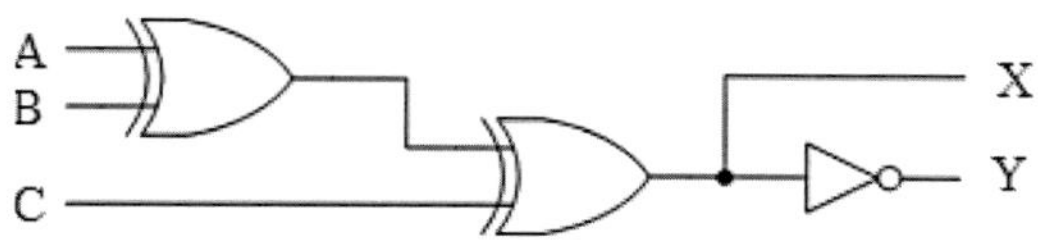

▌그림 1

▌표 8▌ 그레이 코드→8421 코드 변환회로

입력			출력	
A	B	C	X	Y
0	0	0		
0	0	5		
0	5	0		
0	5	5		
5	0	0		
5	0	5		
5	5	0		
5	5	5		

6. 실험을 통해 알게 된 중요한 사항과 느낀 점을 간략하게 정리하시오.

06 NAND, NOR 게이트만을 사용한 간소화

실험예비 지식

본 장에서는 드모르간의 법칙을 기반으로 하여 조합회로를 NAND 게이트나 NOR 게이트만으로 단순화하는 방법에 대하여 알아보고 실험으로 확인해보기로 한다. 논리식을 최소의 게이트만으로 구현하는 방법보다 좀 더 진전된 방법임을 알 수 있다. 이 방법 또한 카르노도를 이용한 간소화 방법으로 원래의 논리식과의 결과를 실험으로 비교해보도록 할 것이다.

실험예비 문제

1. 다음 논리식을 카르노도를 이용해서 최대한 간소화하고 NAND 게이트만으로 구현하시오.
   (1) $X = AB + A(B + C) + B(B + C)$
   (2) $Y = [\overline{A}\,\overline{B}(C + BD) + \overline{A}\,\overline{B}]C$

2. 다음 논리식을 카르노도를 이용해서 최대한 간소화하고 NOR 게이트만으로 구현하시오.
   (1) $X = A\overline{B}C + \overline{A}BC + \overline{A}\,\overline{B}C + \overline{A}\,\overline{B}\,\overline{C} + A\overline{B}\,\overline{C}$
   (2) $Y = \overline{A}\,\overline{B}\,\overline{C}\,\overline{D} + \overline{A}\,\overline{B}CD + \overline{A}B\overline{C}\,\overline{D} + AB\overline{C}\,\overline{D} + A\overline{B}\,\overline{C}\,\overline{D} + A\overline{B}CD + \overline{A}BC\overline{D}$

3. 예비문제 1의 논리식을 NOR 게이트만으로 구현하시오.

4. 예비문제 2의 논리식을 NAND 게이트만으로 구현하시오.

5. 다음 [그림 1]의 논리회로를 카르노도를 이용해 NAND 게이트만으로 구현하시오.

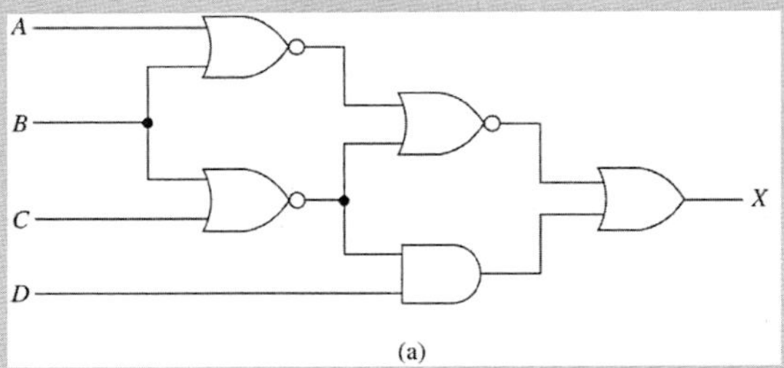

▌그림 1

6. 위의 [그림 1]의 논리회로를 카르노도를 이용해 NOR 게이트만으로 구현하시오.

▌실험하기▌

1. 카르노도를 이용하여 NAND 게이트만으로 간소화하는 실험

1.1 실험 1

(1) 다음 논리식 $X = A\overline{B}C + \overline{A}BC + \overline{A}\,\overline{B}C + \overline{A}\,\overline{B}\,\overline{C} + A\overline{B}\,\overline{C}$의 논리회로를 그리고, 입력 A, B, C에 [표 1]과 같은 입력 전압을 인가한 후 출력 X를 기록하시오.

(2) (1)의 논리식을 NAND 게이트만으로 다시 설계하여 그리고, 입력 A, B, C에 [표 1]과 같은 입력 전압을 인가한 후 출력 Y를 기록하시오.

▌표 1▐

입력			출력	출력
A	B	C	X	Y
0	0	0		
0	0	5		
0	5	0		
0	5	5		
5	0	0		
5	0	5		
5	5	0		
5	5	5		

1.2 실험 2

(1) 다음 논리식 $Z1 = AB + A(B+C) + B(B+C)$을 논리회로를 그리고 입력 A, B, C에 [표 2]와 같은 입력 전압을 인가한 후 출력 Z1을 기록하시오.

(2) (1)의 논리식을 NAND 게이트만으로 다시 설계하여 그리고, 입력 A, B, C에 [표 2]와 같은 입력 전압을 인가한 후 출력 Z2를 기록하시오.

▌표 2▐

입력			출력	출력
A	B	C	X	Y
0	0	0		
0	0	5		
0	5	0		
0	5	5		
5	0	0		
5	0	5		
5	5	0		
5	5	5		

1.3 실험 3

(1) 아래의 [그림 2]와 같은 회로를 구성하고 [표 3]의 입력 전압을 인가했을 때 출력 전압 Z1을 측정하여 기록하시오.

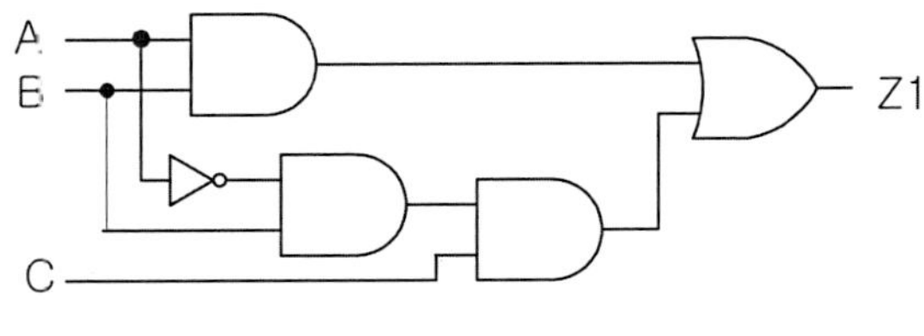

▌그림 1

(2) [그림 2] 논리회로의 출력 논리식을 쓰고 이를 카르노도를 이용하여 NAND 게이트로만 간소화하여 구성하고, [표 3]의 입력 전압을 인가하여 출력(Z2)전압을 측정하여 기록하시오.

▌표 3▌

입력			출력	출력
A	B	C	Z1	Z2
0	0	0		
0	0	5		
0	5	0		
0	5	5		
5	0	0		
5	0	5		
5	5	0		
5	5	5		

2. 카르노도를 이용하여 NOR 게이트만으로 간소화하는 실험

2.1 실험 4

(1) 다음 $X = A\overline{B}C + \overline{A}BC + \overline{A}\,\overline{B}C + \overline{A}\,\overline{B}\,\overline{C} + A\overline{B}\,\overline{C}$의 논리식을 카르노도를 이용하여 NOR 게이트만으로 다시 설계하여 그리시오. 입력 A, B, C에 [표 4]와 같은

입력 전압을 인가한 후 출력 Y를 기록하고, 출력 X는 [표 1]의 X값을 적어 비교하시오.

【표 4】

입력			출력	출력
A	B	C	X	Y
0	0	0		
0	0	5		
0	5	0		
0	5	5		
5	0	0		
5	0	5		
5	5	0		
5	5	5		

2.2 실험 5

(1) 다음 $Z1 = AB + A(B + C) + B(B + C)$의 논리식을 카르노도를 이용하여 NOR 게이트만으로 다시 설계하여 그리시오. 입력 A, B, C에 [표 5]와 같은 입력 전압을 인가한 후 출력 Z2를 기록하고, 출력 Z1은 [표 2]의 Z1값을 적어 비교하시오.

【표 5】

입력			출력	출력
A	B	C	Z1	Z2
0	0	0		
0	0	5		
0	5	0		
0	5	5		
5	0	0		
5	0	5		
5	5	0		
5	5	5		

2.3 실험 6

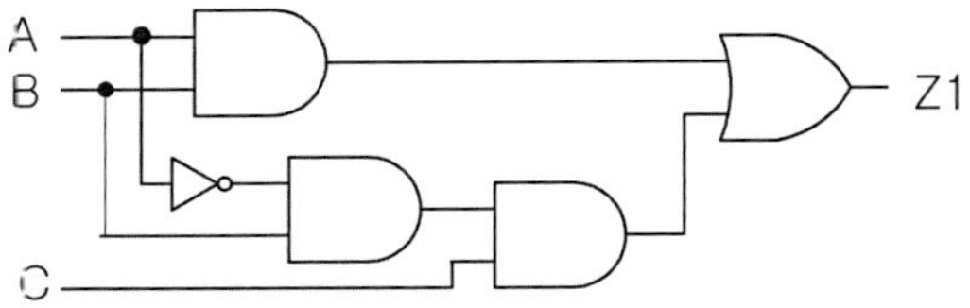

▌그림 2

(1) [그림 2] 논리회로의 출력 논리식을 쓰고 이를 카르노도를 이용하여 NOR 게이트로만 간소화하여 구성하고, [표 3]에서 구한 Z1값과 [표 6]의 입력 전압을 인가하여 출력(Z2)전압을 측정하여 [표 6]에 기록하시오.

▌표 6▌

입력			출력	출력
A	B	C	Z1	Z2
0	0	0		
0	0	5		
0	5	0		
0	5	5		
5	0	0		
5	0	5		
5	5	0		
5	5	5		

2.4 실험 7

(1) 다음 $Z1 = [\overline{A}\,\overline{B}(C - BD) + \overline{A}\,\overline{B}]C$의 논리식을 카르노도를 이용하여 간소화하여 구한 후 논리회로를 그리고, 출력 전압을 [표 7]에 기록하시오.

(2) 위 논리식을 NOR 게이트만으로 다시 설계하여 그리고, 입력 A, B, C, D에 [표 7]과 같은 입력 전압을 인가한 후 출력 Z2를 기록하고 Z1값과 비교하시오.

표 7

입력				출력	
A	B	C	D	Z1	Z2
0	0	0	0		
0	0	0	5		
0	0	5	0		
0	0	5	5		
0	5	0	0		
0	5	0	5		
0	5	5	0		
0	5	5	5		
5	0	0	0		
5	0	0	5		
5	0	5	0		
5	0	5	5		
5	5	0	0		
5	5	0	5		
5	5	5	0		
5	5	5	5		

MEMO

실험 예비 보고서

실험 06 NAND, NOR 게이트만을 이용한 간소화

실험 일자 : 20 년 월 일 (요일) 교시
실험 장소 : 관 호
담당 교수 :

학과명	학과 반
실험조	
학 번	
성 명	

✂

평가 및 확인	
지시 및 지적사항	

실험예비 문제

1. 다음 논리식을 카르노도를 이용해서 최대한 간소화하고 NAND 게이트만으로 구현하시오.

   (1) $X = AB + A(B + C) + B(B + C)$

   (2) $Y = [\overline{A}\,\overline{B}(C + BD) + \overline{A}\,\overline{B}]C$

2. 다음 논리식을 카르노도를 이용해서 최대한 간소화하고 NOR 게이트만으로 구현하시오.

   (1) $X = A\overline{B}C + \overline{A}BC + \overline{A}\,\overline{B}C + \overline{A}\,\overline{B}\,\overline{C} + A\overline{B}\,\overline{C}$

   (2) $Y = \overline{A}\,\overline{B}\,\overline{C}\,\overline{D} + \overline{A}\,\overline{B}CD + \overline{A}B\overline{C}\,\overline{D} + AB\overline{C}\,\overline{D} + A\overline{B}\,\overline{C}\,\overline{D} + A\overline{B}CD + \overline{A}BC\overline{D}$

3. 예비문제 1의 논리식을 NOR 게이트만으로 구현하시오.

4. 예비문제 2의 논리식을 NAND 게이트만으로 구현하시오.

5. [그림 1]의 논리회로를 카르노도를 이용해 NAND 게이트만으로 구현하시오. (hint: 함수 X를 구해 카르노도에 그린 후 SOP 형태의 함수 X를 다시 구함)

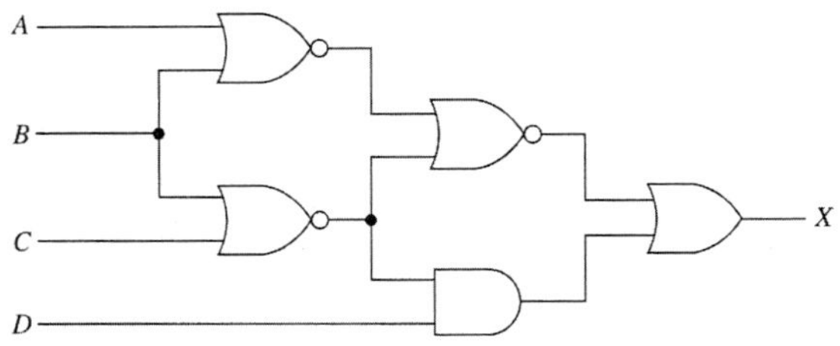

(a)

▌그림 1

6. 위의 [그림 1]의 논리회로를 카르노도를 이용해 NOR 게이트만으로 구현하시오. (hint: 함수 X를 구해 카르노도에 그린 후 POS 형태의 함수 X를 다시 구함)

실험 결과 보고서

실험 06 NAND, NOR 게이트만을 이용한 간소화

실험 일자 : 20 년 월 일 (요일) 교시
실험 장소 : 관 호
담당 교수 :

학과명	학과 반
실험조	
학 번	
성 명	

✂

평가 및 확인	
지시 및 지적사항	

실험결과 기록

1. 카르노도를 이용하여 NAND 게이트만으로 간소화하는 실험

1.1 실험 1

(1) 다음 논리식 $X = A\overline{B}C + \overline{A}BC + \overline{A}\,\overline{B}C + \overline{A}\,\overline{B}\,\overline{C} + A\overline{B}\,\overline{C}$의 논리회로를 그린 후 브레드보드에 구성하고, 입력 A, B, C에 [표 1]과 같은 입력 전압을 인가한 후 출력 X를 기록하시오.

(2) (1)의 논리식을 NAND 게이트만으로 다시 설계하여 그린 후 브레드보드에 구성하고, 입력 A, B, C에 [표 1]과 같은 입력 전압을 인가한 후 출력 Y를 기록하시오.

표 1

입력			출력	출력
A	B	C	X	Y
0	0	0		
0	0	5		
0	5	0		
0	5	5		
5	0	0		
5	0	5		
5	5	0		
5	5	5		

1.2 실험 2

(1) 다음 논리식 $Z1 = AB + A(B + C) + B(B + C)$을 논리회로를 그린 후 브레드보드에 구성하고, 입력 A, B, C에 [표 2]와 같은 입력 전압을 인가한 후 출력 Z1을

기록하시오.

(2) (1)의 논리식을 NAND 게이트만으로 다시 설계하여 그린 후 브레드보드에 구성하고, 입력 A, B, C에 [표 2]와 같은 입력 전압을 인가한 후 출력 Z2를 기록하시오.

▌표 2▌

입력			출력	출력
A	B	C	X	Y
0	0	0		
0	0	5		
0	5	0		
0	5	5		
5	0	0		
5	0	5		
5	5	0		
5	5	5		

1.3 실험 3

(1) 아래의 [그림 2]와 같은 회로를 브레드보드에 구성하고, [표 3]의 입력 전압을 인가했을 때 출력 전압 Z1을 측정하여 기록하시오.

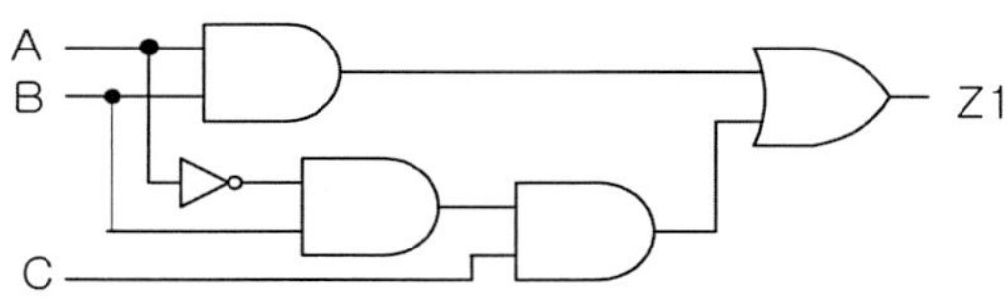

▌그림 2

(2) [그림 2] 논리회로의 출력 논리식을 쓰고 이를 카르노도를 이용하여 NAND 게이트로만 간소화하여 브레드보드에 구성하고, [표 3]의 입력 전압을 인가하여 출력(Z2)전압을 측정하여 기록하시오.

Ⅰ표 3Ⅰ

입력			출력	출력
A	B	C	Z1	Z2
0	0	0		
0	0	5		
0	5	0		
0	5	5		
5	0	0		
5	0	5		
5	5	0		
5	5	5		

2. 카르노도를 이용하여 NOR 게이트만으로 간소화하는 실험

2.1 실험 4

(1) 다음 $X = A\overline{B}C + \overline{A}BC + \overline{A}\,\overline{B}C + \overline{A}\,\overline{B}\,\overline{C} + A\overline{B}\,\overline{C}$의 논리식을 카르노도를 이용하여 NOR 게이트만으로 다시 설계하여 그린 후 브레드보드에 구성하고, 입력 A, B, C에 [표 4]와 같은 입력 전압을 인가한 후 출력 Y를 기록하고, 출력 X는 [표 1]의 X값을 적어 비교하시오.

Ⅰ표 4Ⅰ

입력			출력	출력
A	B	C	X	Y
0	0	0		
0	0	5		
0	5	0		
0	5	5		
5	0	0		
5	0	5		
5	5	0		
5	5	5		

2.2 실험 5

(2) 다음 $Z1 = AB + A(B + C) + B(B + C)$의 논리식을 카르노도를 이용하여 NOR 게이트만으로 다시 설계하여 그린 후 브레드보드에 구성하고, 입력 A, B, C에 [표 5]와 같은 입력 전압을 인가한 후 출력 Z2를 기록하고, 출력 Z1은 [표 2]의 Z1값을 적어 비교하시오.

▌표 5▐

입력			출력	출력
A	B	C	Z1	Z2
0	0	0		
0	0	5		
0	5	0		
0	5	5		
5	0	0		
5	0	5		
5	5	0		
5	5	5		

2.3 실험 6

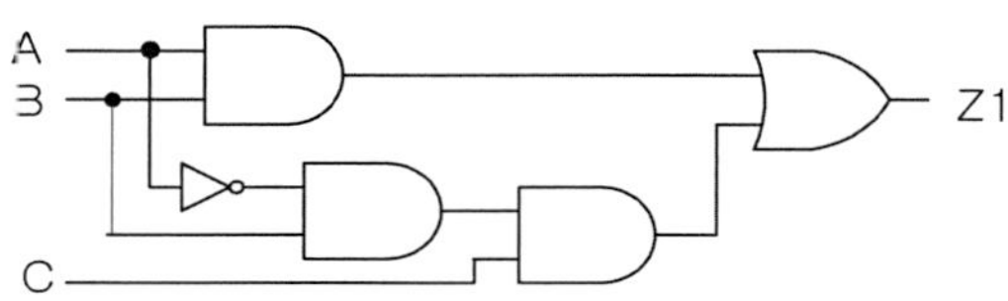

▌그림 3

(1) [그림 2] 논리회로의 출력 논리식을 쓰고 이를 카르노도를 이용하여 NOR 게이트로만 간소화하여 그린 후 브레드보드에 구성하고, [표 3]에서 구한 Z1값과 [표 6]의 입력 전압을 인가하여 출력 (Z2)전압을 측정하여 [표 6]에 기록하시오.

▌표 6▌

입력			출력	출력
A	B	C	Z1	Z2
0	0	0		
0	0	5		
0	5	0		
0	5	5		
5	0	0		
5	0	5		
5	5	0		
5	5	5		

2.4 실험 7

(1) 다음 $Z1 = [\overline{A}\,\overline{B}(C+BD)+\overline{A}\,\overline{B}]C$의 논리식을 카르노도를 이용하여 간소화하여 구한 후 논리회로를 그린 후 브레드보드에 구성하고, 출력 전압을 [표 7]에 기록하시오.

(2) 위 논리식을 NOR 게이트만으로 다시 설계하여 그린 후 브레드보드에 구성하고, 입력 A, B, C, D에 [표 7]과 같은 입력 전압을 인가한 후 출력 Z2를 기록하고 Z1 값과 비교하시오.

▌표 7▌

입력				출력	
A	B	C	D	Z1	Z2
0	0	0	0		
0	0	0	5		
0	0	5	0		
0	0	5	5		
0	5	0	0		
0	5	0	5		
0	5	5	0		
0	5	5	5		
5	0	0	0		
5	0	0	5		
5	0	5	0		
5	0	5	5		
5	5	0	0		
5	5	0	5		
5	5	5	0		
5	5	5	5		

3. 실험을 통해 알게 된 중요한 사항과 느낀 점을 간략하게 정리하시오.

07 가산기, 감산기 및 가감산기

실험예비 지식

본 장에서는 2진수의 가산, 감산을 수행하기 위한 회로에 대하여 공부한다. 반가산기(half adder, HA)와 전가산기(full adder, FA) 및 반감산기(half subtracter, HS)와 전감산기(full subtracter, FS)를 구성해보고 전가산기와 전감산기의 기능을 둘 다 할 수 있는 전가감산기(full adder subtracter)를 구성해본다.

2진 가산기에는 반가산기와 전가산기가 있다. 반가산기는 한 자릿수만을 가산하여 합(sum)과 자리올림수(carry)를 구하며, 두 자릿수 이상을 가산하는데 사용되는 전가산기는 이전 자리에서 발생한 자리올림수를 다음 자리에 포함해 합을 구한다. 우선 반가산기의 진리표를 보면 [표 1] 같고 출력함수와 반가산기회로를 구성해보면 [그림 1]과 같다.

표 1 반가산기 진리표

입력		출력	
A	B	C	S
0	0	0	0
0	1	0	1
1	0	0	1
1	1	1	0

- $S = \overline{A}B + A\overline{B} = A \oplus B$

- $C = A \cdot B$

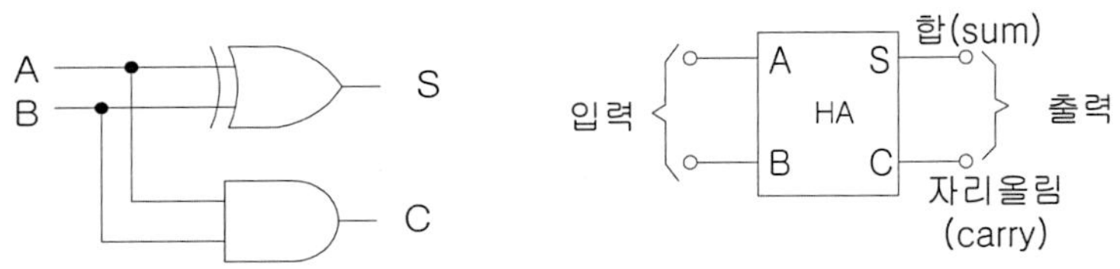

그림 1 반가산기의 회로도 및 블록도

전가산기의 진리표를 보면 [표 2]와 같고 출력함수와 전가산기회로를 구성해보면 [그림 2]와 같다. 또한 전가산기 회로는 [그림 3]과 같이 두 개의 반가산기와 하나의 OR 게이트로도 구성할 수 있다.

표 2 전가산기 진리표

입력			출력	
A_n(피가수)	B_n(가수)	C_{n-1}(이전단의 캐리)	C_n(현재단의 캐리)	S_n(합)
0	0	0	0	0
0	0	1	0	1
0	1	0	0	1
0	1	1	1	0
1	0	0	0	1
1	0	1	1	0
1	1	0	1	0
1	1	1	1	1

- $S_n = \overline{A}_n \overline{B}_n C_{n-1} + \overline{A}_n B_n \overline{C}_{n-1} + A_n \overline{B}_n \overline{C}_{n-1} + A_n B_n C_{n-1} = A_n \oplus B_n \oplus C_{n-1}$
- $C_n = \overline{A}_n B_n C_{n-1} + A_n \overline{B}_n C_{n-1} + A_n B_n \overline{C}_{n-1} + A_n B_n C_{n-1}$
  $= C_{n-1}(A_n \oplus B_n) + A_n B_n$

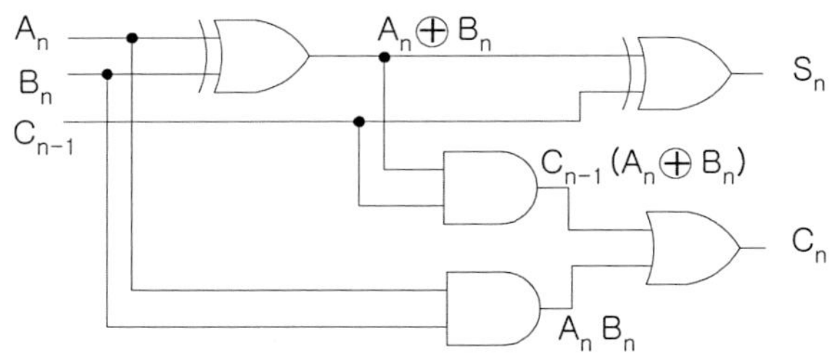

그림 2 전가산기 회로도

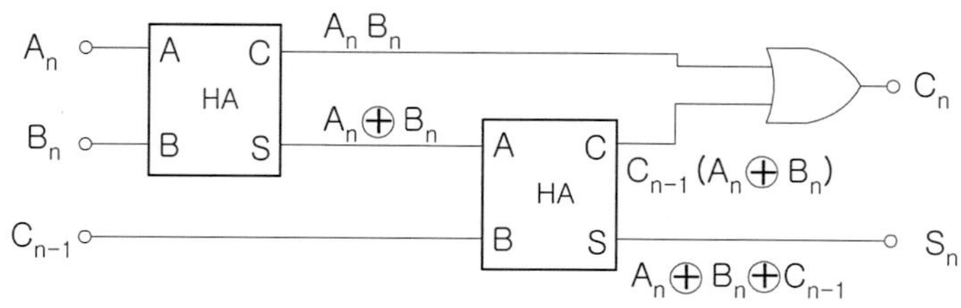

그림 3 반가산기로 구성한 전가산기

2진 감산기도 반감산기와 전감산기가 있다. 반감산기도 한 자릿수만을 감산하며 현재 자리에서 부족 시의 빌려올 자리빌림수(borrow)와 차(difference)를 구한다. 두 자릿수 이상을 감산하는데 사용되는 전감산기는 이전 자리에서 빌려올 자리빌림수를 현재 자리에 포함해 차를 구한다. 우선 반감산기의 진리표를 보면 [표 3]과 같고 출력함수와 반감산기회로를 구성해보면 [그림 4]와 같다.

표 3 반감산기 진리표

입력		출력	
A	B	b	d
0	0	0	0
0	1	1	1
1	0	0	1
1	1	0	0

- $d = \overline{A}\,B + A\,\overline{B} = A \oplus B$
- $b = \overline{A} \cdot B$

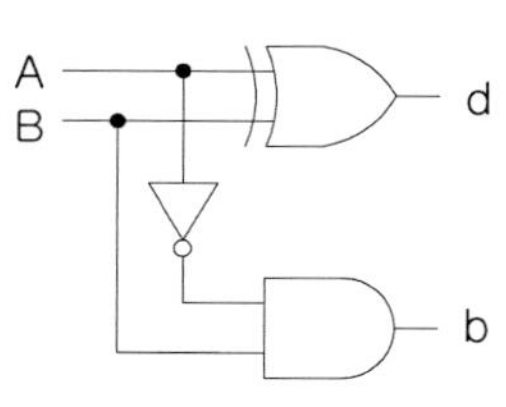

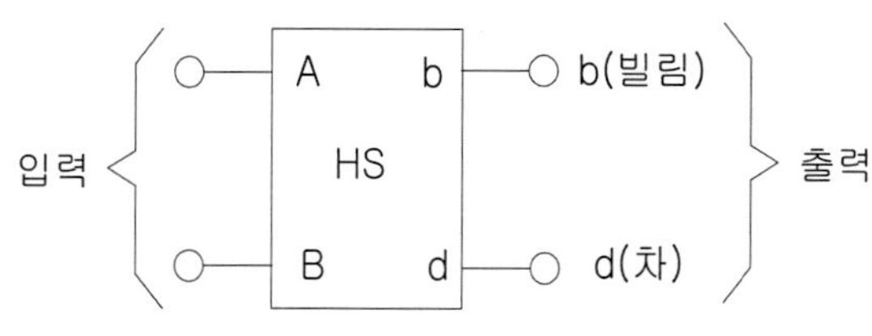

그림 4 반감산기의 회로도 및 블록도

전감산기의 진리표를 보면 [표 4]와 같고 출력함수와 전감산기회로를 구성해보면 [그림 5]와 같다. 또는 b_{n+1}는 다시 전개하여 전감산기 회로는 [그림 6]과 같고, [그림 7]과 같이 두 개의 반가감기와 하나의 OR 게이트로도 구성할 수 있다.

| 표 4 | 전감산기 진리표

입력			출력	
A_n(피감수)	B_n(감수)	b_n(이전단의 자리빌림)	b_{n+1}(다음단에서의 자리빌림)	d_n(차)
0	C	0	0	0
0	C	1	1	1
0	1	0	1	1
0	1	1	1	0
1	0	0	0	1
1	0	1	0	0
1	1	0	0	0
1	1	1	1	1

- $d_n = \overline{A}_n \overline{B}_n b_n + \overline{A}_n B_n \overline{b}_n + A_n \overline{B}_n \overline{b}_n + A_n B_n b_n = A_n \oplus B_n \oplus b_n$
- $b_{n+1} = \overline{A}_n \overline{B}_n b_n + \overline{A}_n B_n \overline{b}_n + \overline{A}_n B_n b_n + A_n B_n b_n = \overline{A}_n (B_n \oplus b_n) + B_n b_n$

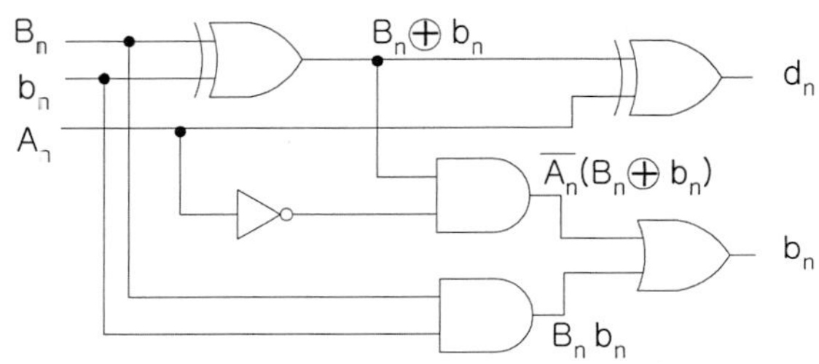

| 그림 5 전감산기 회로도

또는 b_{n+1}는 다음식과 같이 전개하여

- $b_{n+1} = \overline{A}_n \overline{B}_n b_n + \overline{A}_n B_n \overline{b}_n + \overline{A}_n B_n b_n + A_n B_n b_n$

$$= (\overline{A}_n \overline{B}_n + A_n B_n) b_n + \overline{A}_n B_n = b_n(\overline{A_n \oplus B_n}) + \overline{A}_n B_n$$

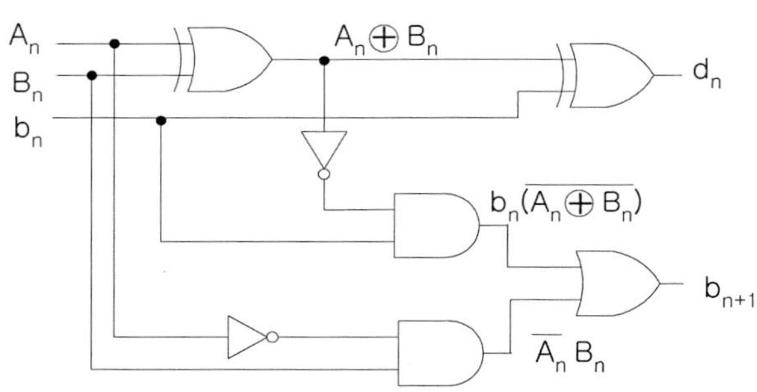

| 그림 6 전감산기 회로도

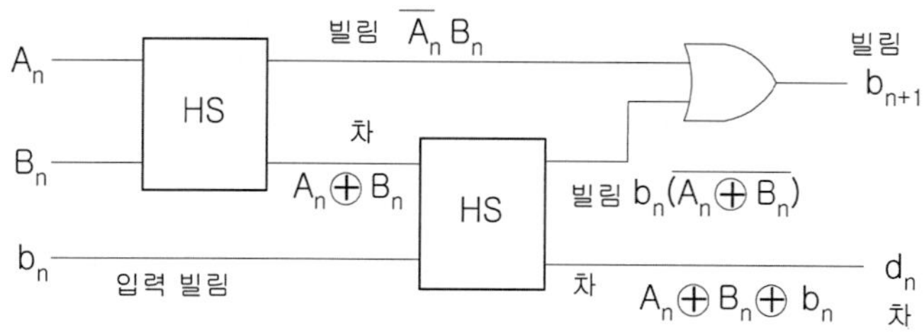

그림 7 반감산기로 구성한 전감산기

- 두 개의 n 비트 2진수를 더하려면 n개의 전가산기를 병렬로 연결하여 구성한다. 즉 가산기 하나는 한 비트씩 더할 수 있으므로 가산기를 n개 연결하면 n비트의 2진수를 더할 수 있는 병렬 2진 가산기를 구성할 수 있다. [그림 8]은 4비트 2진수를 더하는 병렬 2진 가산기 회로이다. 이는 TTL IC 74LS83으로 이미 패키지화되어 있다.

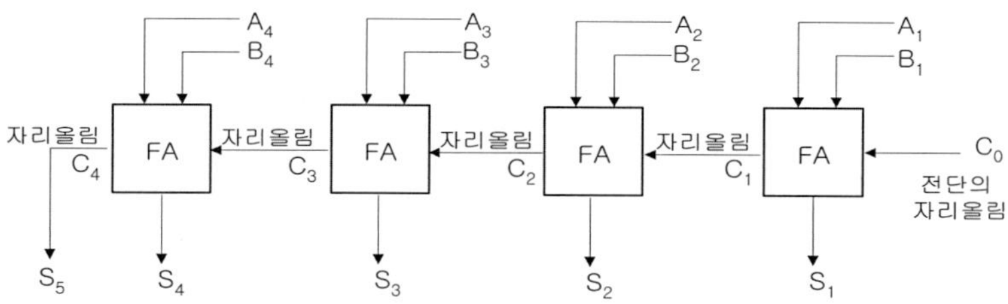

그림 8 4비트 병렬 2진 가산기

- 두 개의 n 비트 2진수를 더하거나 빼려면 n개의 전가산기를 병렬로 연결한 후 [그림 9]처럼 XOR 게이트를 피가수인 B 입력단에 연결하여 쉽게 전가감산기를 구성한다. 또한 오버플로우(overflow)는 C4와 C3를 XOR 연산하여 구할 수 있다.

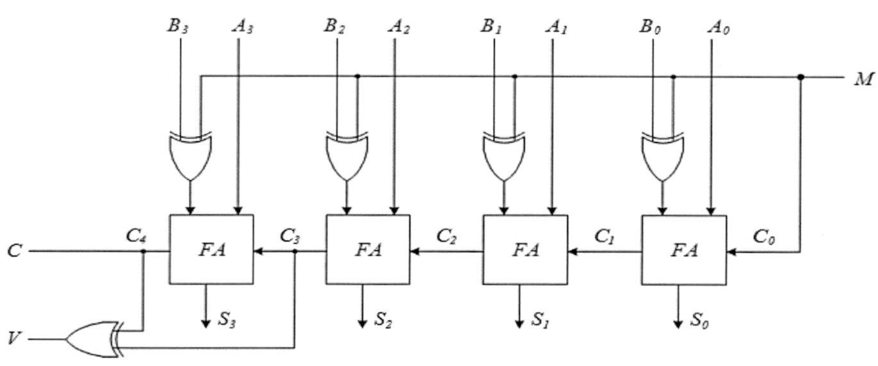

그림 9 4비트 병렬 전가감산기

실험예비 문제

1. 전가산기 회로를 XOR 게이트와 NAND 게이트만으로 구성하시오.

2. 전감산기 회로를 XOR 게이트와 NAND 게이트만으로 구성하시오.

3. 드모르간의 법칙을 이용하여 2진 병렬 가감산기가 M 값에 따라 전가산기와 전감산기로 사용될 수 있음을 증명하시오.

실험하기

가산기

1. 실험 1 (반가산기 회로)

(1) [그림 1]의 회로를 74LS86와 74LS08를 이용하여 구성한 후 각각의 출력 전압을 측정하여 [표 5]에 기록하시오.

표 5 반가산기

입력		출력	
A	B	C	S
0	0		
0	5		
5	0		
5	5		

(2) [표 5]를 보고 출력 S와 C의 출력함수를 구하고 어떤 기능의 회로인지 설명하시오.

2. 실험 2 (전가산기 회로)

(1) [그림 2]의 회로를 74LS86, 74LS08과 74LS32를 이용하여 구성한 후 각각의 출력 전압을 측정하여 [표 6]에 기록하시오.

표 6 전가산기

입력			출력	
A_n	B_n	C_{n-1}	C_n	S_n
0	0	0		
0	0	5		
0	5	0		
0	5	5		
5	0	0		
5	0	5		
5	5	0		
5	5	5		

(2) [표 6]을 보고 출력 Sn과 Cn의 출력함수를 구하고 어떤 기능의 회로인지 설명하시오.

(3) 전가산기를 XOR 게이트(74LS86)와 NAND 게이트(74LS00)만으로 구성하여 그리고, [표 7]의 입력전압을 인가한 후 출력 전압을 측정하고 기록하시오.

표 7 전가산기

입력			출력	
A_n	B_n	C_{n-1}	C_n	S_n
0	0	0		
0	0	5		
0	5	0		
0	5	5		
5	0	0		
5	0	5		
5	5	0		
5	5	5		

감산기

3. 실험 3 (반감산기 회로)

(1) [그림 4]의 회로를 74LS04, 74LS86와 74LS08을 이용하여 구성한 후 각각의 출력 전압을 측정하여 [표 8]에 기록하시오.

[표 8] 반감산기

입력		출력	
A	B	b	d
0	0		
0	5		
5	0		
5	5		

(2) [표 8]을 보고 출력 b와 d의 출력함수를 구하고 어떤 기능의 회로인지 설명하시오.

4. 실험 4 (전감산기 회로)

(1) [그림 5]의 회로를 74LS86, 74LS04, 74LS08과 74LS32를 이용하여 구성한 후 각각의 출력 전압을 측정하여 [표 9]에 기록하시오.

[표 9] 전감산기

입력			출력	
A_n	B_n	b_{n-1}	b_{n+1}	d_n
0	0	0		
0	0	5		
0	5	0		
0	5	5		
5	0	0		
5	0	5		
5	5	0		
5	5	5		

(2) [표 9]를 보고 출력 b_{n+1}과 d_n의 출력함수를 구하고 어떤 기능의 회로인지 설명하시오.

(3) 전감산기를 XOR 게이트(74LS86)와 NAND 게이트(74LS00)만으로 구성하여 그리고, [표 10]의 입력전압을 인가한 후 출력 전압을 측정하고 기록하시오.

표 10 전감산기

입력			출력	
A_n	B_n	C_{n-1}	C_n	S_n
0	0	0		
0	0	5		
0	5	0		
0	5	5		
5	0	0		
5	0	5		
5	5	0		
5	5	5		

4비트 2진 병렬 가산기 및 가감산기

5. 실험 5 (4비트 2진 병렬 가산기 회로)

(1) [그림 8]의 회로를 74LS83을 이용하여 구성한 후 입력 전압 A와 B를 각각 입력하여 합 $S(S_4S_3S_2S_1)$를 구하여 [표 11]에 기록하시오.

표 11 4비트 2진 병렬 가산기

입력		출력
$A_4A_3A_2A_1$	$B_4B_3B_2B_1$	$C_4S_4S_3S_2S_1$
0000	0001	
0001	0110	
0010	0001	
0011	0110	
0100	0001	
0101	0110	
0110	0001	
0111	0110	
1000	0001	
1001	0110	

6. 실험 6 (4비트 2진 병렬 가감산기 회로)

(1) [그림 9]의 회로를 74LS83과 74LS86을 이용하여 구성한 후 M에 0V를 입력하고 입력 전압 A와 B를 각각 [표 12]처럼 입력하여 합 S($S_4S_3S_2S_1$)를 구하여 [표 12]에 기록하시오.

[표 12] 4비트 2진 병렬 가감산기

입력		출력
$A_4A_3A_2A_1$	$B_4B_3B_2B_1$	$C_4S_4S_3S_2S_1$
0000	0001	
0001	0110	
0010	0001	
0011	0110	
0100	0001	
0101	0110	
0110	0001	
0111	0110	
1000	0001	
1001	0110	

(2) (1)에서 구성한 회로에 M에 5V를 인가하고 입력 전압 A와 B를 각각 [표 12]처럼 입력하여 합 S($S_4S_3S_2S_1$)를 구하여 [표 13]에 기록하시오.

[표 13] 4비트 2진 병렬 가감산기

입력		출력
$A_4A_3A_2A_1$	$B_4B_3B_2B_1$	$C_4S_4S_3S_2S_1$
0000	0001	
0001	0110	
0010	0110	
0011	0001	
0100	0001	
0101	0110	
0110	0110	
0111	0001	
1000	0001	
1001	0110	

(3) [표 12]와 [표 13]의 출력을 보고 M값에 따라 각각 어떤 기능의 회로인지 설명하시오. 특히 M에 5V를 인가한 경우 2의 보수와 연관하여 설명하시오.

실험 예비 보고서

실험 07 가산기, 감산기 및 가감산기

실험 일자 : 20 년 월 일 (요일) 교시
실험 장소 : 관 호
담당 교수 :

학과명	학과 반
실험조	
학 번	
성 명	

평가 및 확인	
지시 및 지적사항	

실험예비 문제

아래의 예비 문제를 실험 전에 풀어보시오.

1. 전가산기 회로를 XOR 게이트와 NAND 게이트만으로 구성하시오.

2. 전감산기 회로를 XOR 게이트와 NAND 게이트만으로 구성하시오.

3. 드모르간의 법칙을 이용하여 2진 병렬 가감산기가 M 값에 따라 전가산기와 전감산기로 사용될 수 있음을 증명하시오.

MEMO

실험 결과 보고서

실험 07 가산기, 감산기 및 가감산기

실험 일자 : 20 년 월 일 (요일) 교시
실험 장소 : 관 호
담당 교수 :

학과명	학과 반
실험조	
학 번	
성 명	

평가 및 확인	
지시 및 지적사항	

실험결과 기록

1. 실험 1 (반가산기 회로)

(1) [그림 1]의 회로를 74LS86와 74LS08를 이용하여 브레드보드에 구성한 후 각각의 출력 전압을 측정하여 [표 5]에 기록하시오.

표 5 반가산기

입력		출력	
A	B	C	S
0	0		
0	5		
5	0		
5	5		

(2) [표 5]를 보고 출력 S와 C의 출력함수를 구하고 어떤 기능의 회로인지 설명하시오.

2. 실험 2 (전가산기 회로)

(1) [그림 2]의 회로를 74LS86, 74LS08과 74LS32를 이용하여 브레드보드에 구성한 후 각각의 출력 전압을 측정하여 [표 6]에 기록하시오.

표 6 전가산기

입력			출력	
A_n	B_n	C_{n-1}	C_n	S_n
0	0	0		
0	0	5		
0	5	0		
0	5	5		
5	0	0		
5	0	5		
5	5	0		
5	5	5		

(2) [표 6]을 보고 출력 Sn과 Cn의 출력함수를 구하고 어떤 기능의 회로인지 설명하시오.

(3) 전가산기를 XOR 게이트(74LS86)와 NAND 게이트(74LS00)만으로 설계하여 그리고, 브레드보드에 구성한 후 [표 7]의 입력전압을 인가한 후 출력 전압을 측정하고 기록하시오.

▌표 7▐ 전가산기

입 력			출 력	
A_n	B_n	C_{n-1}	C_n	S_n
0	0	0		
0	0	5		
0	5	0		
0	5	5		
5	0	0		
5	0	5		
5	5	0		
5	5	5		

감산기

3. 실험 3 (반감산기 회로)

(1) [그림 4]의 회로를 74LS04, 74LS86와 74LS08을 이용하여 브레드보드에 구성한 후 각각의 출력 전압을 측정하여 [표 8]에 기록하시오.

▌표 8▐ 반감산기

입력		출력	
A	B	b	d
0	0		
0	5		
5	0		
5	5		

(2) [표 8]을 보고 출력 b와 d의 출력함수를 구하고 어떤 기능의 회로인지 설명하시오.

4. 실험 4 (전감산기 회로)

(1) [그림 5]의 회로를 74LS86, 74LS04, 74LS08과 74LS32를 이용하여 브레드보드에 구성한 후 각각의 출력 전압을 측정하여 [표 9]에 기록하시오.

▌표 9▐ 전감산기

입력			출력	
A_n	B_n	b_n	b_{n+1}	d_n
0	0	0		
0	0	5		
0	5	0		
0	5	5		
5	0	0		
5	0	5		
5	5	0		
5	5	5		

(2) [표 9]를 보고 출력 b_{n+1}과 d_n의 출력함수를 구하고 어떤 기능의 회로인지 설명하시오.

(3) 전감산기를 XOR 게이트(74LS86)와 NAND 게이트(74LS00)만으로 설계하여 그리고 브레드보드에 구성한 후 [표 10]의 입력전압을 인가한 후 출력 전압을 측정하고 기록하시오.

▌표 10▐ 전감산기

입력			출력	
A_n	B_n	C_{n-1}	b_{n+1}	d_n
0	0	0		
0	0	5		
0	5	0		
0	5	5		
5	0	0		
5	0	5		
5	5	0		
5	5	5		

4비트 2진 병렬 가산기 및 가감산기

5. 실험 5 (4비트 2진 병렬 가산기 회로)

(1) [그림 8]의 회로를 74LS83을 이용하여 브레드보드에 구성한 후 입력 전압 A와 B를 각각 입력하여 합 $S(S_4S_3S_2S_1)$를 구하여 [표 11]에 기록하시오.

▌표 11▐ 4비트 2진 병렬 가산기

입력		출력
$A_4A_3A_2A_1$	$B_4B_3B_2B_1$	$C_4S_4S_3S_2S_1$
0000	0001	
0001	0110	
0010	0001	
0011	0110	
0100	0001	
0101	0110	
0110	0001	
0111	0110	
1000	0001	
1001	0110	

6. 실험 6 (4비트 2진 병렬 가감산기 회로)

(1) [그림 9]의 회로를 74LS83과 74LS86을 이용하여 브레드보드에 구성한 후 M에 0V를 입력하고 입력 전압 A와 B를 각각 [표 12]처럼 입력하여 합 $S(S_4S_3S_2S_1)$를 구하여 [표 12]에 기록하시오.

▌표 12▐ 비트 2진 병렬 가감산기

입력		출력
$A_4A_3A_2A_1$	$B_4B_3B_2B_1$	$C_4S_4S_3S_2S_1$
0000	0001	
0001	0110	
0010	0001	
0011	0110	
0100	0001	
0101	0110	
0110	0001	
0111	0110	
1000	0001	
1001	0110	

(2) (1)에서 구성한 회로에 M에 5V를 인가하고 입력 전압 A와 B를 각각 [표 12]처럼 입력하여 합 $S(S_4S_3S_2S_1)$를 구하여 [표 13]에 기록하시오.

[표 13] 4비트 2진 병렬 가감산기

입력		출력
$A_4A_3A_2A_1$	$B_4B_3B_2B_1$	$C_4S_4S_3S_2S_1$
0000	0001	
0001	0110	
0010	0110	
0011	0001	
0100	0001	
0101	0110	
0110	0110	
0111	0001	
1000	0001	
1001	0110	

(3) [표 12]와 [표 13]의 출력을 보고 M값에 따라 각각 어떤 기능의 회로인지 설명하시오. 특히 M에 5V를 인가한 경우 2의 보수와 연관하여 설명하시오.

7. 실험을 통해 알게 된 중요한 사항과 느낀 점을 간략하게 정리하시오.

08 인코더, 디코더, 멀티플렉서 및 디멀티플렉서

실험예비 지식

본 장에서는 입력신호를 부호화하는 인코더(encoder), 코드를 풀어서 해독해 인코더와 반대되는 동작을 하는 디코더(decoder), 여러 입력 중 하나를 선택하여 출력시키는 멀티플렉서(multiplexer; MUX) 및 MUX와 반대로 하나의 입력을 여러 출력 중 하나로 선택하여 출력시키는 디멀티플렉서(demultiplexr; DEMUX)를 공부할 것이다.

인코더

(1) 2진수 4×2 인코더

4가지 입력을 2비트로 부호화하는 4×2 인코더의 진리표는 [표 1]과 같으며, 출력함수 Y_0와 Y_1은 $Y_0 = I_1 + I_3$, $Y_1 = I_2 + I_3$가 되고 [그림 1]과 같다.

표 1 4×2 인코더 진리표

입력				출력	
I_0	I_1	I_2	I_3	Y_1	Y_0
1	0	0	0	0	0
0	1	0	0	0	1
0	0	1	0	1	0
0	0	0	1	1	1

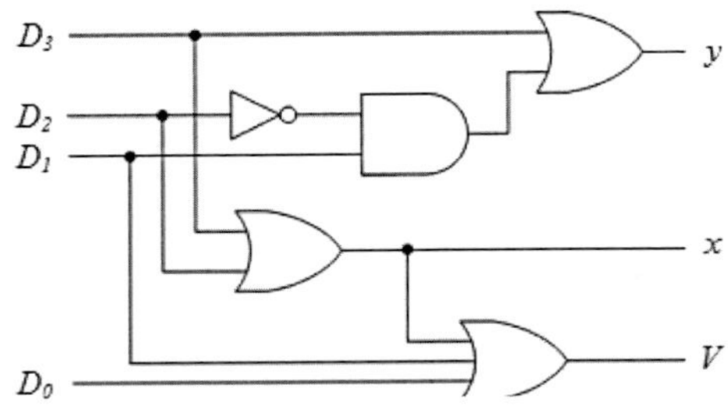

▌그림 1 4×2 인코더 회로

(2) 10진-BCD 우선순위 인코더(Decimal-to-BCD priority encoder)

10진수가 동시에 여러 개 입력될 때 인코더는 오동작 할 수 있다. 이를 피하기 위하여 [그림 2]에서와 같이 10진-BCD 우선순위 인코더에서는 각 입력에 우선순위를 부여하여 여러 입력이 동시에 지정되면 가장 큰 숫자가 우선 출력되도록 설계되어 있다. 10진-BCD 우선 인코더 IC는 74LS147이 있고, 이 IC에 대한 논리표는 [표 2]와 같다.

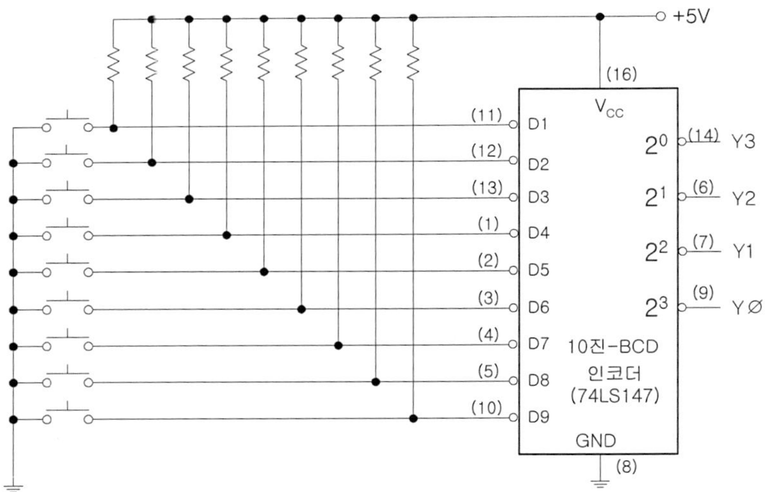

▌그림 2 10진-BCD 우선 인코더 회로

▌표 2▐ 10진-BCD 우선 인코더의 논리표

입력									출력			
$\overline{D1}$	$\overline{D2}$	$\overline{D3}$	$\overline{D4}$	$\overline{D5}$	$\overline{D6}$	$\overline{D7}$	$\overline{D8}$	$\overline{D9}$	$\overline{Y3}$	$\overline{Y2}$	$\overline{Y1}$	$\overline{Y0}$
1	1	1	1	1	1	1	1	1	1	1	1	1
×	×	×	×	×	×	×	×	0	0	1	1	0
×	×	×	×	×	×	×	0	1	0	1	1	1
×	×	×	×	×	×	0	1	1	1	0	0	0
×	×	×	×	×	0	1	1	1	1	0	0	1
×	×	×	×	0	1	1	1	1	1	0	1	0
×	×	×	0	1	1	1	1	1	1	0	1	1
×	×	0	1	1	1	1	1	1	1	1	0	0
×	0	1	1	1	1	1	1	1	1	1	0	1
0	1	1	1	1	1	1	1	1	1	1	1	0

[그림 2]에서 입력의 버블(○)은 LOW일 때 동작함을 의미하며 이를 액티브 LOW(Active LOW)라 하고 출력의 버블도 액티브 LOW 출력을 의미한다. 이 IC의 동작은 두 개 또는 그이상의 입력(십진수)이 동시에 LOW가 되면 그 중 가장 높은 십진수가 선택이 되어 그에 해당하는 출력이 발생한다. 즉 $\overline{D3}$, $\overline{D6}$, $\overline{D9}$가 동시에 LOW가 되면 $\overline{D9}$가 선택이 되어 출력은 $\overline{Y3}\,\overline{Y2}\,\overline{Y1}\,\overline{Y0} = 0110$이 되어 보수인 9(1001)가 된다.

디코더

(1) 2×4 디코더

2비트 2진수 부호를 네 개의 출력으로 디코딩하는 2×4 디코더는 [그림 3]과 같으며, 논리표는 [표 3]과 같다. TTL IC 중 74LS139는 각각 독립된 인에이블(enable) 입력이 붙은 2×4 디코더가 두 개 내장되어 있다. 이는 디멀티플렉서로도 이용된다. [그림 4]는 74LS139의 핀 구성도이며 이 IC의 논리표는 [표 4]와 같다.

▌표 3▐ 2×4 디코더의 논리표

입 력		출 력			
A	B	Y0	Y1	Y2	Y3
0	0	1	0	0	0
0	1	0	1	0	0
1	0	0	0	1	0
1	1	0	0	0	1

$Y0 = \overline{A}\ \overline{B}$

$Y1 = \overline{A}\ B$

$Y2 = A\ \overline{B}$

$Y3 = A\ B$

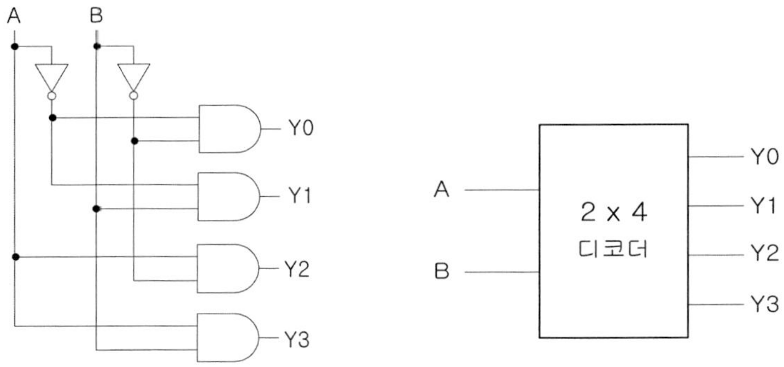

그림 3 2×4 디코더 회로 및 블록도

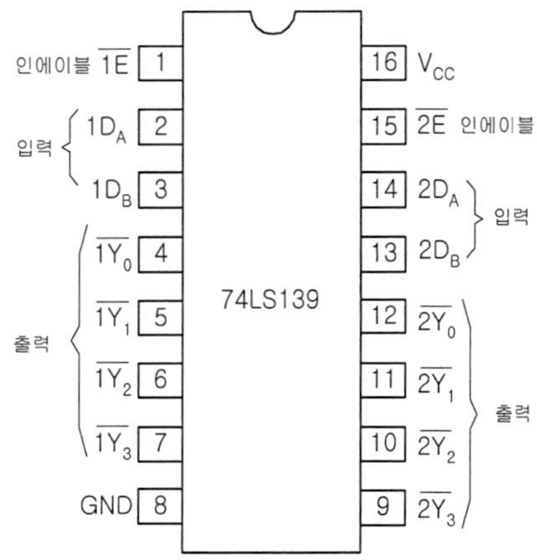

그림 4 74LS139 핀 구성도

표 4 74LS139 논리표

입력			출력			
$\overline{E}$	DB	DA	$\overline{Y0}$	$\overline{Y1}$	$\overline{Y2}$	$\overline{Y3}$
H	×	×	1	1	1	1
L	0	0	0	1	1	1
L	0	1	1	0	1	1
L	1	0	1	1	0	1
L	1	1	1	1	1	0

(2) BCD-10진 디코더

4비트의 BCD 입력에 따라 이에 대응하는 10진수 0~9 까지 수 중 하나를 출력에 나타내는 회로는 4×10 디코더이며, BCD-10진 디코더의 논리표는 [표 5]와 같다.

▌표 5▐ BCD-10진 디코더 논리표

입력				출력									
A	B	C	D	Y0	Y1	Y2	Y3	Y4	Y5	Y6	Y7	Y8	Y9
0	0	0	0	1	0	0	0	0	0	0	0	0	0
0	0	0	1	0	1	0	0	0	0	0	0	0	0
0	0	1	0	0	0	1	0	0	0	0	0	0	0
0	0	1	1	0	0	0	1	0	0	0	0	0	0
0	1	0	0	0	0	0	0	1	0	0	0	0	0
0	1	0	1	0	0	0	0	0	1	0	0	0	0
0	1	1	0	0	0	0	0	0	0	1	0	0	0
0	1	1	1	0	0	0	0	0	0	0	1	0	0
1	0	0	0	0	0	0	0	0	0	0	0	1	0
1	0	0	1	0	0	0	0	0	0	0	0	0	1

이 논리표에 의한 출력 함수는

$$Y0 = \overline{A}\,\overline{B}\,\overline{C}\,\overline{D},\quad Y1 = \overline{A}\,\overline{B}\,\overline{C}\,D,\quad Y2 = \overline{A}\,\overline{B}\,C\,\overline{D},\quad Y3 = \overline{A}\,\overline{B}\,C\,D,$$
$$Y4 = \overline{A}\,B\,\overline{C}\,\overline{D},\quad Y5 = \overline{A}\,B\,\overline{C}\,D,\quad Y6 = \overline{A}\,B\,C\,\overline{D},\quad Y7 = \overline{A}\,B\,C\,D,$$
$$Y8 = A\,\overline{B}\,\overline{C}\,\overline{D},\quad Y9 = A\,\overline{B}\,\overline{C}\,D$$

가 되고 출력 함수식에 의한 논리회로를 구성하면 [그림 5]와 같다. BCD-10진 디코더에 해당하는 대표적인 TTL IC는 74LS42이고 이 IC의 입력은 액티브 HIGH 이고, 출력은 액티브 LOW로 동작한다. 이 IC의 논리표는 [표 6]과 같고 핀 구성도는 [그림 6]과 같다.

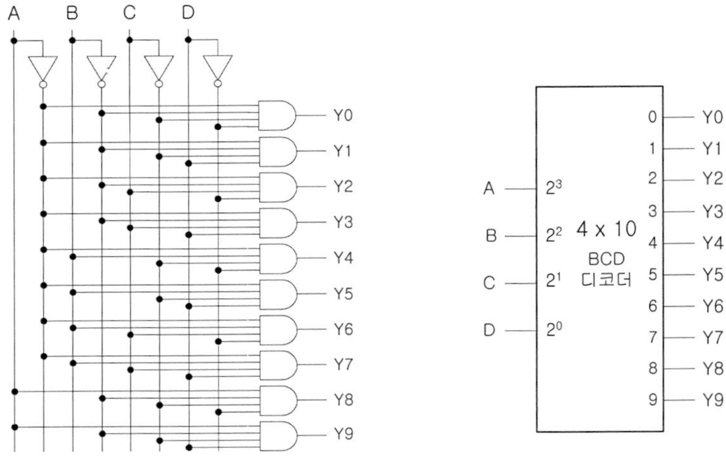

▌그림 5 BCD–10진 디코더 회로도 및 블록도

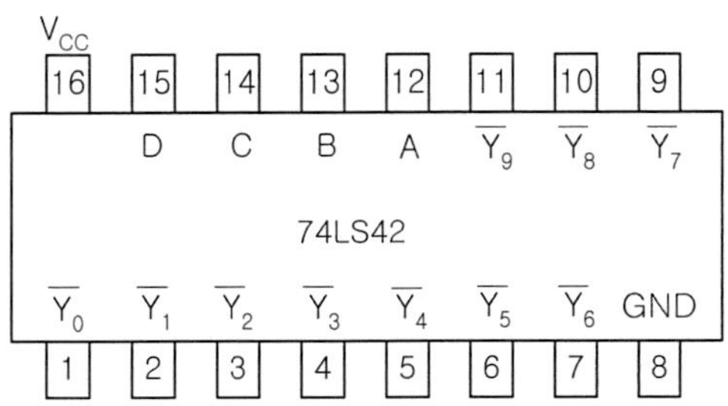

▌그림 6 BCD–10진 디코더 IC(74LS42)

▌표 6▌ 74LS42의 논리표

십진수	입력				출력									
	A	B	C	D	$\overline{Y0}$	$\overline{Y1}$	$\overline{Y2}$	$\overline{Y3}$	$\overline{Y4}$	$\overline{Y5}$	$\overline{Y6}$	$\overline{Y7}$	$\overline{Y8}$	$\overline{Y9}$
0	0	0	0	0	0	1	1	1	1	1	1	1	1	1
1	0	0	0	1	1	0	1	1	1	1	1	1	1	1
2	0	0	1	0	1	1	0	1	1	1	1	1	1	1
3	0	0	1	1	1	1	1	0	1	1	1	1	1	1
4	0	1	0	0	1	1	1	1	0	1	1	1	1	1
5	0	1	0	1	1	1	1	1	1	0	1	1	1	1
6	0	1	1	0	1	1	1	1	1	1	0	1	1	1
7	0	1	1	1	1	1	1	1	1	1	1	0	1	1
8	1	0	0	0	1	1	1	1	1	1	1	1	0	1
9	1	0	0	1	1	1	1	1	1	1	1	1	1	0

(3) BCD-7세그먼트 디코더

BCD-7세그먼트(segment) 디코더는 10진 데이터의 출력을 7세그먼트 LED등의 디스플레이 장치를 통하여 출력된 수를 직접적으로 표시할 수 있게 하는 7-세그먼트 구동용 IC 이다. [그림 7]에서와 같이 7세그먼트는 (a), (b)와 같이 공통 애노드(+)형과 공통 캐소드(-)형이 있다. 7세그먼트 디스플레이 구동용 IC로는 74LS47, 74LS48 등이 있다. 74LS47은 오픈콜렉터 출력으로 되어 있고, 74LS47P의 경우 LOW 출력 전류는 24mA로 애노드 공통형 7세그먼트 LED를 직접 구동할 수 있다. 74LS47의 논리표는 [표 7]과 같고 핀 구성도와 구동회로는 [그림 8]과 같다.

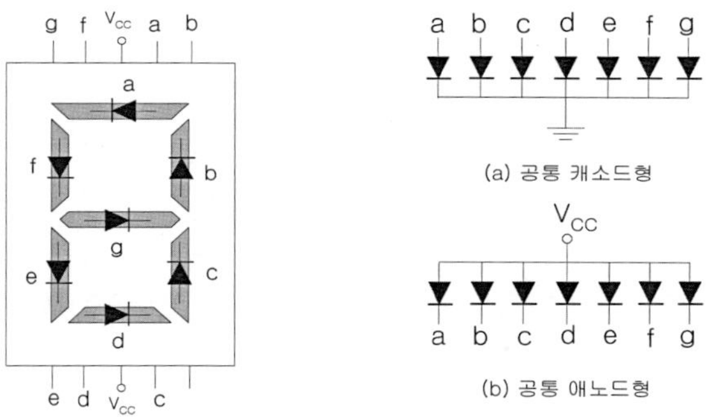

그림 7 7세그먼트 디스플레이

표 7 74LS47의 논리표

십진수	입력							출력						
	$\overline{LT}$	$\overline{RBI}$	DD	DC	DB	DA	$\overline{BI}/\overline{RBO}$	$\overline{a}$	$\overline{b}$	$\overline{c}$	$\overline{d}$	$\overline{e}$	$\overline{f}$	$\overline{g}$
0	H	H	0	0	0	0	H	0	0	0	0	0	0	1
1	H	×	0	0	0	1	H	1	0	0	1	1	1	1
2	H	×	0	0	1	0	H	0	0	1	0	0	1	0
3	H	×	0	0	1	1	H	0	0	0	0	1	1	0
4	H	×	0	1	0	0	H	1	0	0	1	1	0	0
5	H	×	0	1	0	1	H	0	1	0	0	1	0	0
6	H	×	0	1	1	0	H	1	1	0	0	0	0	0
7	H	×	0	1	1	1	H	0	0	0	1	1	1	1
8	H	×	1	0	0	0	H	0	0	0	0	0	0	0
9	H	×	1	0	0	1	H	0	0	0	1	1	0	0
블링킹	×	×	×	×	×	×	L	1	1	1	1	1	1	1
리플블링킹	H	L	0	0	0	0	L	1	1	1	1	1	1	1
램프테스트	L	×	×	×	×	×	H	0	0	0	0	0	0	0

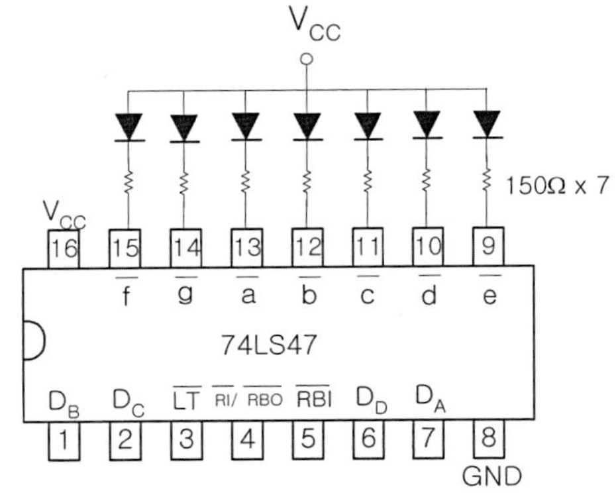

그림 8 74LS47의 적용회로

멀티플렉서

(1) 4×1 멀티플렉서

여러 개의 입력 데이터 중 하나를 출력하는 회로가 멀티플렉서(multiplexer; MUX)이며, [그림 9]는 4×1 MUX의 회로도와 블록도이다. 4×1 MUX의 데이터 선택을 위한 논리표는 [표 8]과 같다. 예를 들어 이 논리표와 회로도에서 보는 바와 같이 선택선의 값이 S1 = 0, S0 = 0 이면 출력 Y = D0이 출력되고 S = 0, S0 = 1 이면 출력 Y = D1이 선택되어 출력된다.

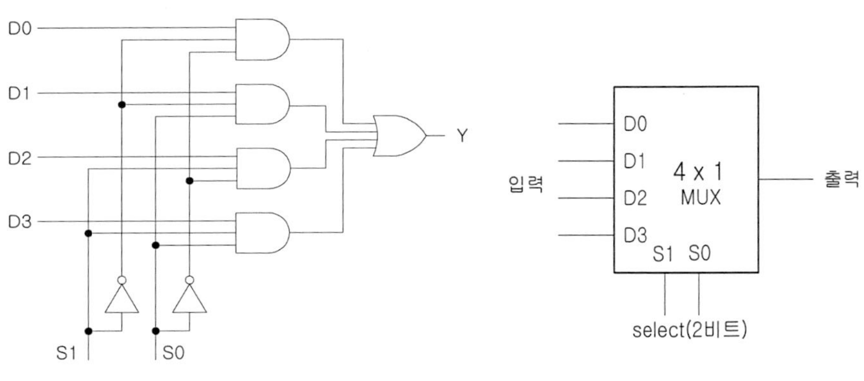

그림 9 4×1 MUX의 회로도 및 블록도

표 8 4×1 MUX의 데이터 선택을 위한 논리표

선택선(select)		출력(선택된 입력) Y
S1	S0	
0	0	D0
0	1	D1
1	0	D2
1	1	D3

TTL IC 중 74LS153은 두 개의 4×1 MUX가 내장되어 있고, 이 IC의 핀 구성도는 [그림 10]과 같으며 논리표는 [표 9]와 같다. 이 회로의 동작은 4라인의 신호를 데이터 입력 D0, D1, D2, D3에 인가하고 선택입력 SA, SB에 의해 네 개의 데이터 입력 중 하나를 선택한 후 이 값을 Y에 출력시킨다. SA와 SB는 두 개의 MUX에서 공통으로 사용되고, strobe 입력 $1\overline{G}$, $2\overline{G}$는 각 회로에서 독립적으로 사용된다. $1\overline{G}$, $2\overline{G}$ 값을 HIGH로 하면 입력값에 관계없이 출력 Y는 항상 LOW로 되므로 일반적인 MUX 회로로 사용하기 위해서는 논리표에서 보는 바와 같이 $1\overline{G}$, $2\overline{G}$ 값을 LOW로 설정하고 사용한다.

표 9 74LS153의 논리표

스트로브입력	입력				선택선(select)		출력 Y
$\overline{G}$	D3	D2	D1	D0	SB	SA	
H	×	×	×	×	×	×	L
L	×	×	×	L	0	0	L
L	×	×	×	H	0	0	H
L	×	×	L	×	0	1	L
L	×	×	H	×	0	1	H
L	×	L	×	×	1	0	L
L	×	H	×	×	1	0	H
L	L	×	×	×	1	1	L
L	H	×	×	×	1	1	H

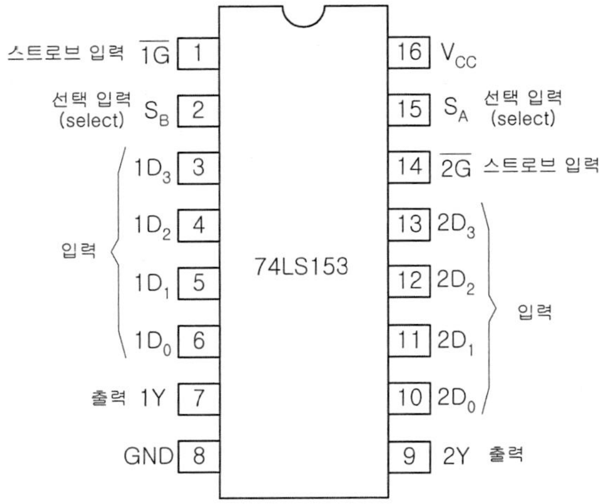

▌그림 10 74LS153의 핀 구성도

(2) MUX 회로의 설계

출력 Y가 [표 10]과 같은 논리표를 만족할 때 A를 입력 변수로, B와 C를 선택선으로 하는 MUX 회로를 설계하는 과정은 다음과 같다.

▌표 10▌ MUX 회로 설계를 위한 논리표

민텀항번호	입 력			출 력
	A	B	C	Y0
0	0	0	0	0
1	0	0	1	1
2	0	1	0	0
3	0	1	1	1
4	1	0	0	0
5	1	0	1	1
6	1	1	0	1
7	1	1	1	0

① 진리표에 대한 출력 함수식을 SOP 형태로 작성

$Y = \sum(1,\ 3,\ 5,\ 6)$

② 실현표 작성

▌표 11▐ 실현표

	D0	D1	D2	D3
$\overline{A}$	0	①	2	③
A	4	⑤	⑥	7
	0	1	A	$\overline{A}$

$D0 = 0,\quad D1 = 1,$

$D2 = A,\ D3 = \overline{A}$

③ MUX 회로 작성

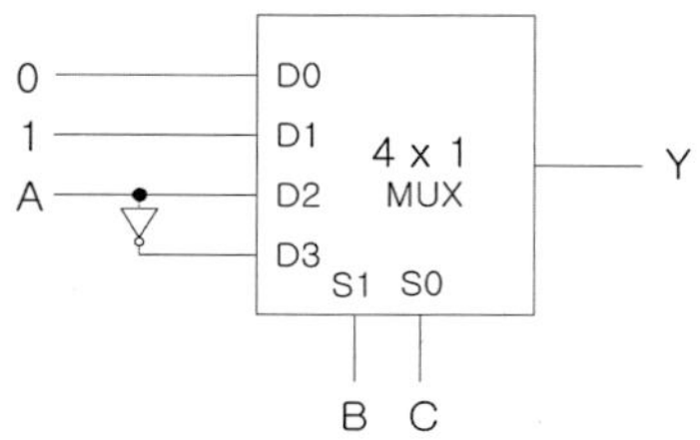

▌그림 11 [표 11]의 논리를 만족하는 4×1 MUX 회로

디멀티플렉서

(1) 디멀티플렉서

멀티플렉서와는 반대의 기능을 하는 데이터분배기로 하나의 입력을 여러 출력 중 하나로 연결되도록 하여 디멀티플렉서(demultiplexer; DEMUX)라 하며, [그림 12]는 1×4 DEMUX 회로도와 블록도이다. 1×4 디멀티플렉서의 데이터 선택을 위한 논리표는 [표 12]와 같다. 이 진리표와 회로도에서 보는 바와 같이 선택선의 값이 S1 = 0, S0 = 0 이면 입력 I는 D0에 출력되고 S1= 0, S0 = 1 이면 입력 I는 D1에 선택되어 출력된다.

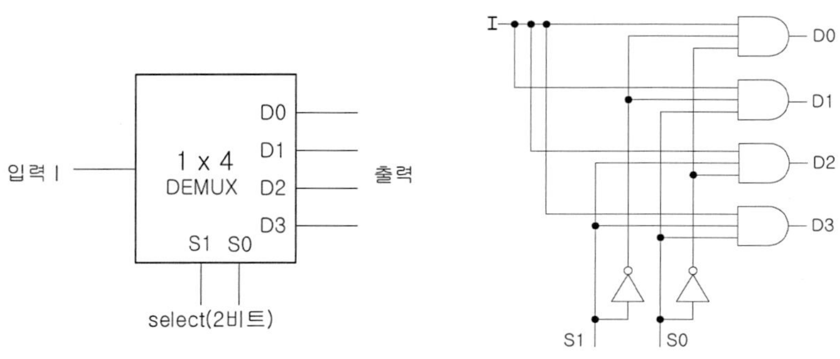

▌그림 12 1×4 DEMUX의 회로도 및 블록도

▌표 12▐ 1×4 DEMUX의 출력 선택을 위한 논리표

입력	선택선(select)		출력(선택된 입력)			
I	S1	S0	D0	D1	D2	D3
0	0	0	I(0)	0	0	0
1	0	0	I(1)	0	0	0
0	0	1	0	I(0)	0	0
1	0	1	0	I(1)	0	0
0	1	0	0	0	I(0)	0
1	1	0	0	0	I(1)	0
0	1	1	0	0	0	I(0)
1	1	1	0	0	0	I(1)

실험예비 문제

1. 2×4 디코더(74LS139) 두 개를 이용하여 3×8 디코더를 설계하시오.

2. 3×8 디코더(74LS138) 두 개를 이용하여 4×16 디코더를 설계하시오.

3. 출력 Y가 아래와 같은 논리표를 만족할 때 A를 입력 변수로, B와 C를 선택선으로 하는 MUX 회로를 그림과 같은 74LS153으로 설계하시오.

민텀항 번호	입 력			출 력
	A	B	C	Y
0	0	0	0	0
1	0	0	1	1
2	0	1	0	1
3	0	1	1	1
4	1	0	0	0
5	1	0	1	0
6	1	1	0	1
7	1	1	1	1

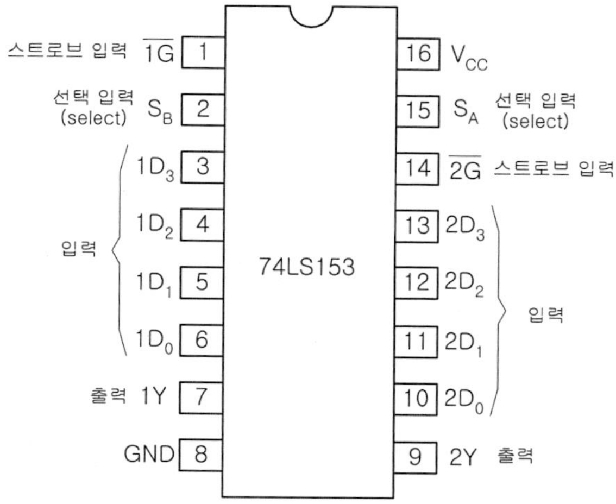

실험하기

1. 인코더

1.1 실험 1 (2진수 4×2 인코더)

74LS32를 이용하여 [그림 1]의 회로를 구성한 후 입력에 따른 출력을 진리표 [표 1]에 기록하시오.

표 1 4×2 인코더 진리표

입력				출력	
I_0	I_1	I_2	I_3	Y_1	Y_0
1	0	0	0		
0	1	0	0		
0	0	1	0		
0	0	0	1		

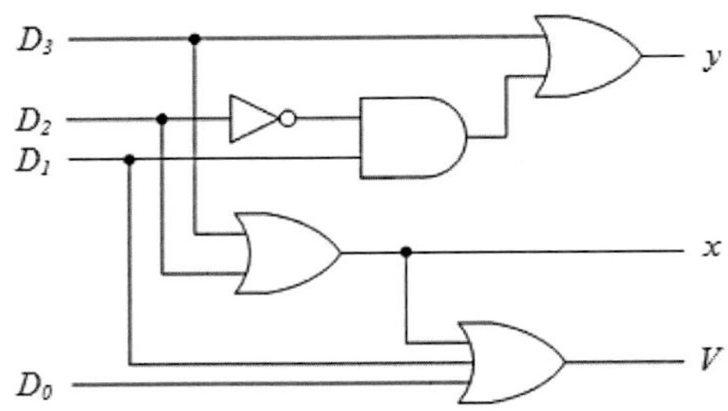

▎그림 1 4×2 인코더 회로

1.2 실험 2 (10진-BCD 우선순위 인코더)

74LS147를 이용하여 [그림 2]의 회로를 구성하고 입력 전압에 따른 출력 전압을 측정하여 논리표 [표 2]에 기록하고 그 기능을 설명하시오.

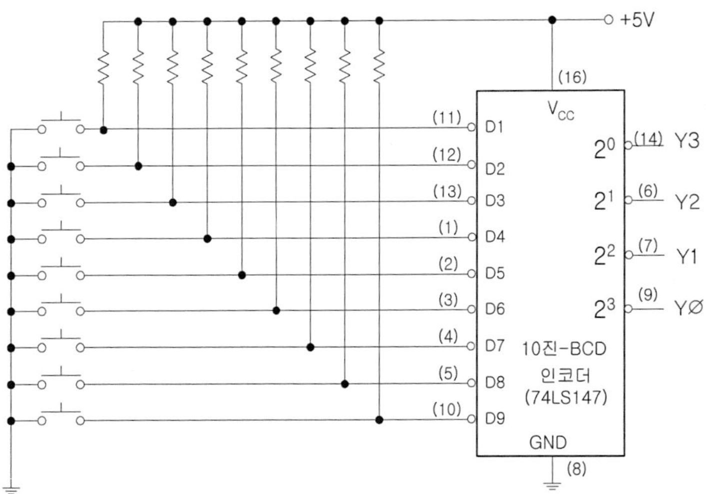

▎그림 2 10진-BCD 우선 인코더 회로

표 2 410진-BCD 우선 인코더의 논리표

입력									출력			
$\overline{D1}$	$\overline{D2}$	$\overline{D3}$	$\overline{D4}$	$\overline{D5}$	$\overline{D6}$	$\overline{D7}$	$\overline{D8}$	$\overline{D9}$	$\overline{Y3}$	$\overline{Y2}$	$\overline{Y1}$	$\overline{Y0}$
1	1	1	1	1	1	1	1	1				
×	×	×	×	×	×	×	×	0				
×	×	×	×	×	×	×	0	1				
×	×	×	×	×	×	0	1	1				
×	×	×	×	×	0	1	1	1				
×	×	×	×	0	1	1	1	1				
×	×	×	0	1	1	1	1	1				
×	×	0	1	1	1	1	1	1				
×	0	1	1	1	1	1	1	1				
0	1	1	1	1	1	1	1	1				

2. 디코더

2.1 실험 3 (2×4 디코더)

AND 게이트(74LS08)와 NOT 게이트(74LS04)를 이용하여 [그림 3]의 회로를 구성하고 [표 3]에 측정치를 기록하시오. 또한 [그림 4]의 74LS139를 이용하여 입력값에 따른 출력을 [표 4]에 측정하여 기록하시오.

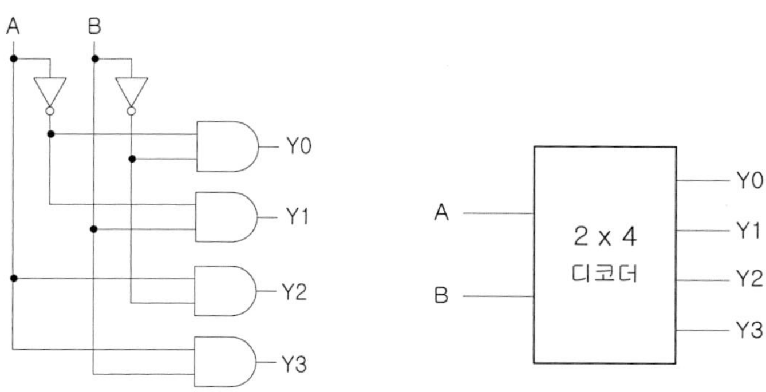

그림 3 2×4 디코더 회로 및 블록도

┃표 3┃ 2×4 디코더의 논리표

입력		출력			
A	B	Y0	Y1	Y2	Y3
0	0				
0	1				
1	0				
1	1				

$Y0 = \overline{A}\ \overline{B}$

$Y1 = \overline{A}\ B$

$Y2 = A\ \overline{B}$

$Y3 = A\ B$

┃표 4┃ 74LS139 논리표

입력			출력			
$\overline{E}$	DB	DA	$\overline{Y0}$	$\overline{Y1}$	$\overline{Y2}$	$\overline{Y3}$
H	×	×				
L	0	0				
L	0	1				
L	1	0				
L	1	1				

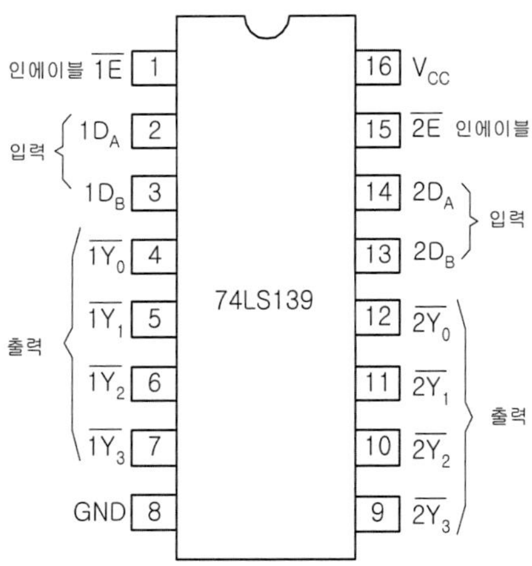

┃그림 4 74LS139 핀 구성도

2.2 실험 4 (2×4 디코더로 3×8 디코더 만들기)

<실험 예비 문제 1>에서처럼 2×4 디코더(74LS139)를 이용하여 3×8 디코더로 구성한 후 회로를 그리고, 입력 전압에 따른 출력 전압을 측정하여 [표 5]에 기록하시오.

▎표 5▎

입력			출력	출력
A	B	C	Z1	Z2
0	0	0		
0	0	5		
0	5	0		
0	5	5		
5	0	0		
5	0	5		
5	5	0		
5	5	5		

3. 멀티플렉서와 디멀티플렉서

3.1 실험 5 (4×1 MUX)

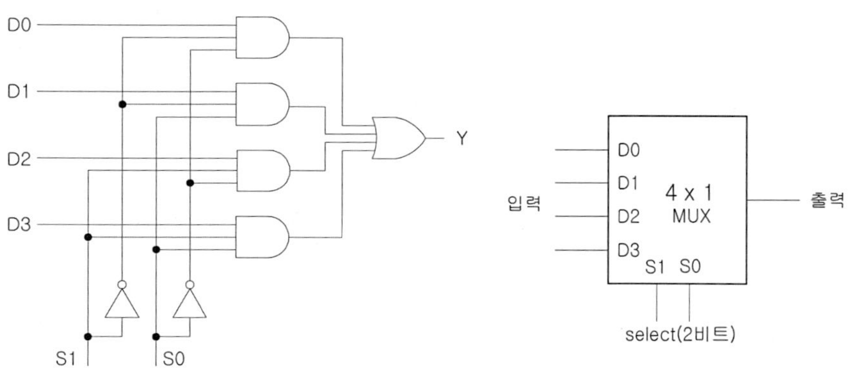

▎그림 5 4×1 MUX의 회로도 및 블록도

위의 4×1 MUX를 3입력 NAND 게이트(74LS10), 2입력 NAND 게이트(74LS00)와 4입력 NAND 게이트(74LS20)로 [그림 5]의 회로를 구성하고 입력 전압에 대한 출력 전압을 측정하여 [표 6]에 기록하시오. 단 D0~D3는 임의의 값을 입력한 후 측정하시오.

▌표 6▐ 4×1 MUX의 데이터 선택을 위한 논리표

선택선(select)		출력(선택된 입력) Y
S1	S0	
0	0	
0	1	
1	0	
1	1	

3.2 실험 6 (4×1 MUX로 조합회로 구성하기)

(1) 출력 Y가 아래와 같은 논리표를 만족할 때 A를 입력 변수로, B와 C를 선택선으로 하는 4×1 MUX 회로를 그림과 같은 74LS153으로 설계하고, 출력전압을 측정하여 [표 7]의 Y1에 기록하시오.

민텀항번호	입력			출력
	A	B	C	Y
0	0	0	0	0
1	0	0	1	1
2	0	1	0	1
3	0	1	1	1
4	1	0	0	0
5	1	0	1	0
6	1	1	0	1
7	1	1	1	1

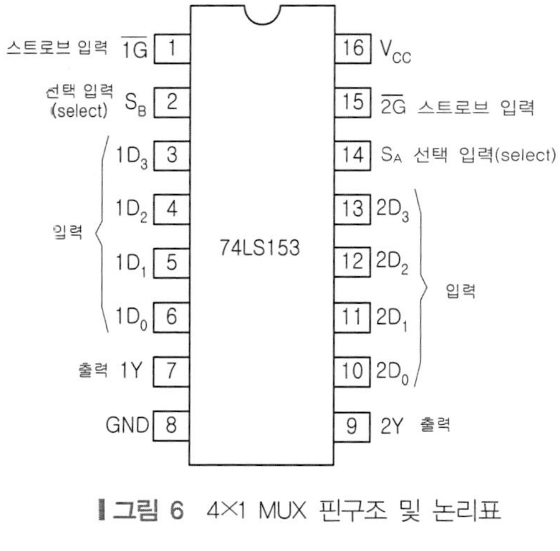

▌그림 6 4×1 MUX 핀구조 및 논리표

(2) (1)의 회로를 C를 입력 변수로, A와 B를 선택선으로 하는 MUX 회로를 74LS153을 이용하여 다시 설계하고, 출력전압을 측정하여 [표 7]의 Y2에 기록하고 Y1값과 비교하시오.

표 7

입력			출력	출력
A	B	C	Y1	Y2
0	0	0		
0	0	5		
0	5	0		
0	5	5		
5	0	0		
5	0	5		
5	5	0		
5	5	5		

3.3 실험 7 (8×1 MUX로 조합회로 구성하기)

출력 Y가 아래와 같은 부울 함수일 때 A를 입력 변수로, B, C와 D를 선택선으로 하는 8×1 MUX 회로를 [그림 7]과 같은 74LS151로 설계하고, 출력전압을 측정하여 [표 8]에 기록하시오.

$$Y=A'BC+A'C'D+ABC'D'+A(B'C+BC'D)$$

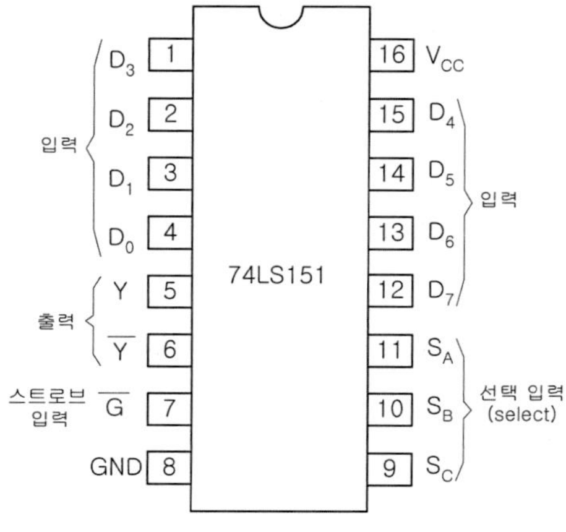

그림 7 8×1 MUX (74LS151)

Ⅰ표 8Ⅰ 8×1 MUX 논리표

입력				출력
A	B	C	D	Y
0	0	0	0	
0	0	0	1	
0	0	1	0	
0	0	1	1	
0	1	0	0	
0	1	0	1	
0	1	1	0	
0	1	1	1	
1	0	0	0	
1	0	0	1	
1	0	1	0	
1	0	1	1	
1	1	0	0	
1	1	0	1	
1	1	1	0	
1	1	1	1	

3.4 실험 8 (1×4 DEMUX)

[그림 8]과 같은 1×4 DEMUX 회로를 NOT 게이트(74LS04)와 3입력 AND 게이트(74LS11)로 구성하고 S1과 S2를 각각 선택선으로 하여 입력 전압 I가 주어질 때의 출력 전압을 측정하여 [표 9]에 기록하시오.

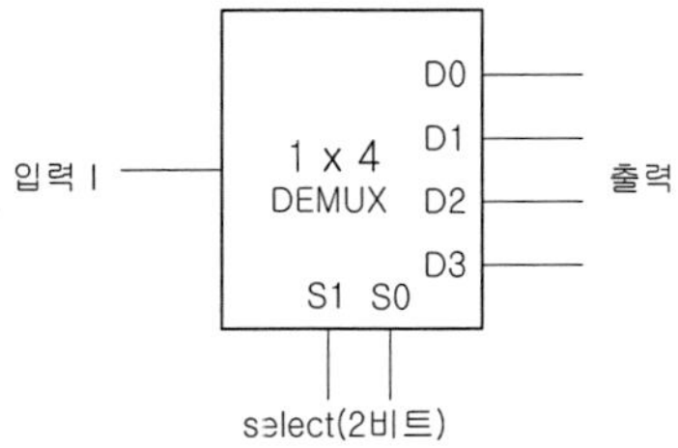

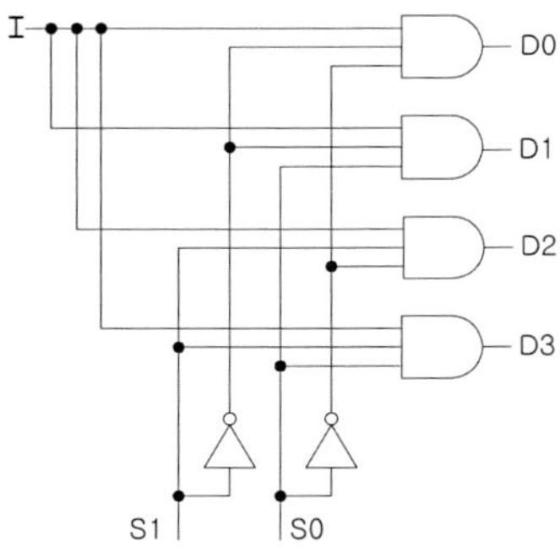

Ⅰ그림 8 1×4 DEMUX의 회로도 및 블록도

표 9 1×4 DEMUX의 출력 선택을 위한 논리표

입력	선택선(select)		출력(선택된 입력)			
I	S1	S0	D0	D1	D2	D3
0	0	0				
1	0	0				
0	0	1				
1	0	1				
0	1	0				
1	1	0				
0	1	1				
1	1	1				

MEMO

실험 예비 보고서

실험 08 인코더, 디코더, 멀티플렉서 및 디멀티플렉서

실험 일자 : 20 년 월 일 (요일) 교시
실험 장소 : 관 호
담당 교수 :

학과명	학과 반
실험조	
학 번	
성 명	

평가 및 확인	
지시 및 지적사항	

실험예비 문제

아래의 예비 문제를 실험 전에 풀어보시오.

1. 2×4 디코더(74LS139) 두 개를 이용하여 3×8 디코더를 설계하시오.

2. 3×8 디코더(74LS138) 두 개를 이용하여 4×16 디코더를 설계하시오.

3. 출력 Y가 <실험 예비 문제 3>의 논리표를 만족할 때 A를 입력 변수로, B와 C를 선택선으로 하는 MUX 회로를 <실험 예비 문제 3>의 74LS153으로 설계하시오.

MEMO

실험 결과 보고서

실험 08 인코더, 디코더, 멀티플렉서 및 디멀티플렉서

실험 일자 : 20 년 월 일 (요일) 교시
실험 장소 : 관 호
담당 교수 :

학과명	학과 반
실험조	
학 번	
성 명	

평가 및 확인	
지시 및 지적사항	

실험결과 기록

1. 인코더

1.1 실험 1 (2진수 4×2 인코더)

74LS32를 이용하여 [그림 1]의 회로를 브레드보드에 구성한 후 입력에 따른 출력을 진리표 [표 1]에 기록하시오.

표 1 4×2 인코더 진리표

입력				출력	
I_0	I_1	I_2	I_3	Y_1	Y_0
1	0	0	0		
0	1	0	0		
0	0	1	0		
0	0	0	1		

1.2 실험 2 (10진-BCD 우선순위 인코더)

74LS147를 이용하여 [그림 2]의 회로를 브레드보드에 구성하고 입력 전압에 따른 출력 전압을 측정하여 논리표 [표 2]에 기록하고 그 기능을 설명하시오.

표 2 10진-BCD 우선 인코더의 논리표

입력									출력			
$\overline{D1}$	$\overline{D2}$	$\overline{D3}$	$\overline{D4}$	$\overline{D5}$	$\overline{D6}$	$\overline{D7}$	$\overline{D8}$	$\overline{D9}$	$\overline{Y3}$	$\overline{Y2}$	$\overline{Y1}$	$\overline{Y0}$
1	1	1	1	1	1	1	1	1				
×	×	×	×	×	×	×	×	0				
×	×	×	×	×	×	×	0	1				
×	×	×	×	×	×	0	1	1				
×	×	×	×	×	0	1	1	1				
×	×	×	×	0	1	1	1	1				
×	×	×	0	1	1	1	1	1				
×	×	0	1	1	1	1	1	1				
×	0	1	1	1	1	1	1	1				
0	1	1	1	1	1	1	1	1				

2. 디코더

2.1 실험 3 (2×4 디코더)

AND 게이트(74LS08)와 NOT 게이트(74LS04)를 이용하여 [그림 3]의 회로를 브레드보드에 구성하고 [표 3]에 측정치를 기록하시오. 또한 [그림 4]의 74LS139를 이용하여 브레드보드에 구성하고 입력값에 따른 출력을 [표 4]에 측정하여 기록하시오.

❚표 3❚ 2×4 디코더의 논리표

입력		출력			
A	B	Y0	Y1	Y2	Y3
0	0				
0	1				
1	0				
1	1				

$Y0 = \overline{A}\ \overline{B}$

$Y1 = \overline{A}\ B$

$Y2 = A\ \overline{B}$

$Y3 = A\ B$

❚표 4❚ 74LS139 논리표

입력			출력			
$\overline{E}$	D_B	D_A	$\overline{Y0}$	$\overline{Y1}$	$\overline{Y2}$	$\overline{Y3}$
H	×	×				
L	0	0				
L	0	1				
L	1	0				
L	1	1				

2.2 실험 4 (2×4 디코더로 3×8 디코더 만들기)

<실험 예비 문제 1>에서처럼 2×4 디코더(74LS139)를 이용하여 3×8 디코더로 설계하여 회로를 그린 후 브레드보드에 구성하고, 입력 전압에 따른 출력 전압을 측정하여 [표 5]에 기록하시오.

▌표 5▌

입력			출력	출력
A	B	C	Z1	Z2
0	0	0		
0	0	5		
0	5	0		
0	5	5		
5	0	0		
5	0	5		
5	5	0		
5	5	5		

3. 멀티플렉서와 디멀티플렉서

3.1 실험 5 (4×1 MUX)

4×1 MUX를 3입력 NAND 게이트(74LS10), 2입력 NAND 게이트(74LS00)와 4입력 NAND 게이트(74LS20)로 [그림 5]의 회로를 브레드보드에 구성하고, 입력 전압에 대한 출력 전압을 측정하여 [표 6]에 기록하시오. 단 D0~D3는 임의의 값을 입력한 후 측정하시오.

▌표 6▌ 4×1 MUX의 데이터 선택을 위한 논리표

선택선(select)		출력(선택된 입력) Y
S1	S0	
0	0	
0	1	
1	0	
1	1	

3.2 실험 6 (4×1 MUX로 조합회로 구성하기)

(1) 출력 Y가 아래 [그림 6]의 논리표를 만족할 때 A를 입력 변수로, B와 C를 선택선으로 하는 4×1 MUX 회로를 74LS153으로 설계하여 회로를 그리고 브레드보드에

구성한 후, 입력 전압에 따른 출력 전압을 측정하여 [표 7]의 Y1에 기록하시오.

(2) (1)의 회로를 C를 입력 변수로, A와 B를 선택선으로 하는 MUX 회로를 74LS153을 이용하여 다시 설계하여 그리고, 입력 전압에 따른 출력 전압을 측정하여 [표 7]의 Y2에 기록하고 Y1값과 비교하시오.

❙표 7❙

입력			출력	출력
A	B	C	Y1	Y2
0	0	0		
0	0	5		
0	5	0		
0	5	5		
5	0	0		
5	0	5		
5	5	0		
5	5	5		

3.3 실험 7 (8×1 MUX로 조합회로 구성하기)

출력 Y가 아래와 같은 부울 함수일 때 A를 입력 변수로, B, C와 D를 선택선으로 하는 8×1 MUX 회로를 [그림 7]과 같은 74LS151로 설계하여 그리고, 입력 전압에 따른 출력 전압을 측정하여 [표 8]에 기록하시오.

$$Y=A'BC+A'C'D+ABC'D'+A(B'C+BC'D)$$

표 8 8×1 MUX 논리표

입력				출력
A	B	C	D	Y
0	0	0	0	
0	0	0	1	
0	0	1	0	
0	0	1	1	
0	1	0	0	
0	1	0	1	
0	1	1	0	
0	1	1	1	
1	0	0	0	
1	0	0	1	
1	0	1	0	
1	0	1	1	
1	1	0	0	
1	1	0	1	
1	1	1	0	
1	1	1	1	

3.4 실험 8 (1×4 DEMUX)

[그림 8]과 같은 1×4 DEMUX 회로를 NOT 게이트(74LS04)와 3입력 AND 게이트(74LS11)로 브레드보드에 구성하고 S1과 S2를 각각 선택선으로 하여 입력 전압 I가 주어질 때의 출력 전압을 측정하여 [표 9]에 기록하시오.

표 9 1×4 DEMUX의 출력 선택을 위한 논리표

입력	선택선(select)		출력(선택된 입력)			
I	S1	S0	D0	D1	D2	D3
0	0	0				
1	0	0				
0	0	1				
1	0	1				
0	1	0				
1	1	0				
0	1	1				
1	1	1				

4. 실험을 통해 알게 된 중요한 사항과 느낀 점을 간략하게 정리하시오.

09 플립플롭(FLIP-FLOP)

실험예비 지식

본 장에서는 순차회로의 기본이 되는 NAND 게이트로 구성된 래치(latch)와 NOR 게이트로 구성된 래치 구조에 대하여 알아보고, 1비트 기억소자가 되는 플립플롭(flip-flop; F/F)에 대하여 공부한다.

NOR 게이트를 이용한 RS 래치

[그림 1]은 NOR 게이트로 구성된 RS래치와 기호이며, 논리식은 아래와 같다. [표 1]은 그에 대한 논리표이다.

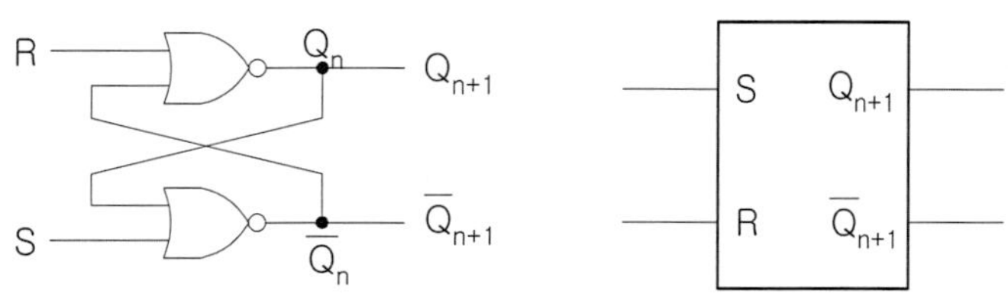

그림 1 NOR 게이트로 구성한 RS 래치 및 기호

▶ 논리식

$$Q_{n+1} = \overline{R+\overline{Q}_n} = \overline{R+\overline{S+Q_n}} = \overline{R}(S+Q_n) = \overline{R}S+\overline{R}Q_n$$

$$\overline{Q}_{n+1} = \overline{S+Q_n} = \overline{S+\overline{R+\overline{Q}_n}} = \overline{S}(R+\overline{Q}_n) = \overline{S}R+\overline{S}\,\overline{Q}_n$$

I 표 1 I NOR RS 래치에 대한 논리표

입력		출력		
S	R	Q_{n+1}	$\overline{Q}_{n+1}$	
0	0	Q_n	$\overline{Q}_n$	→ (이전상태 유지)
0	1	0	1	→ (Reset 상태)
1	0	1	0	→ (Set 상태)
1	1	0	0	→ (부정)

NAND 게이트를 이용한 RS 래치

[그림 2]는 NAND 게이트로 구성된 RS래치와 기호이며, 논리식은 아래와 같다. [표 2]는 그에 대한 논리표이다.

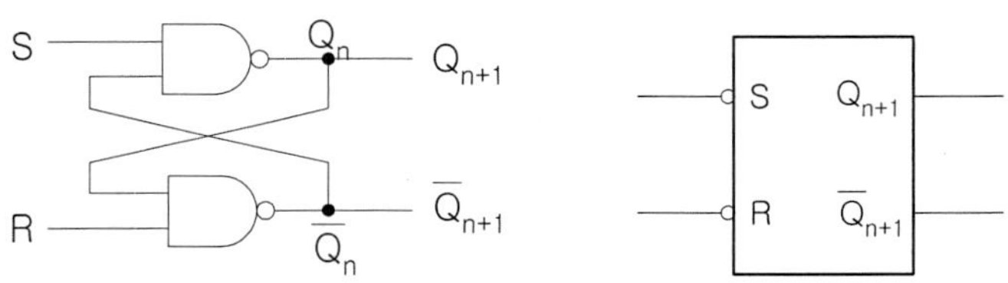

I 그림 2 NAND 게이트로 구성한 RS 래치 및 기호

▶ 논리식

$$Q_{n+1} = \overline{S\,\overline{Q}_n} = \overline{S\,\overline{R\,Q_n}} = \overline{S} + (R\,Q_n)$$

$$\overline{Q}_{n+1} = \overline{R\,Q_n} = \overline{R\,\overline{S \cdot \overline{Q}_n}} = \overline{R} + (S \cdot \overline{Q}_n)$$

I 표 2 I NAND RS 래치에 대한 논리표

입력		출력		
S	R	Q_{n+1}	$\overline{Q}_{n+1}$	
0	0	1	1	→ (부정)
0	1	1	0	→ (Set 상태)
1	0	0	1	→ (Reset 상태)
1	1	Q_n	$\overline{Q}_n$	→ (이전상태 유지)

NOR 게이트로 구성된 동기식 RS 플립플롭

[그림 3]은 AND 게이트와 NOR 게이트로 구성된 RS 래치에 기반한 RS 플립플롭(RS F/F)과 기호이며, 논리식은 아래와 같다. [표 3]은 그에 대한 논리표이다.

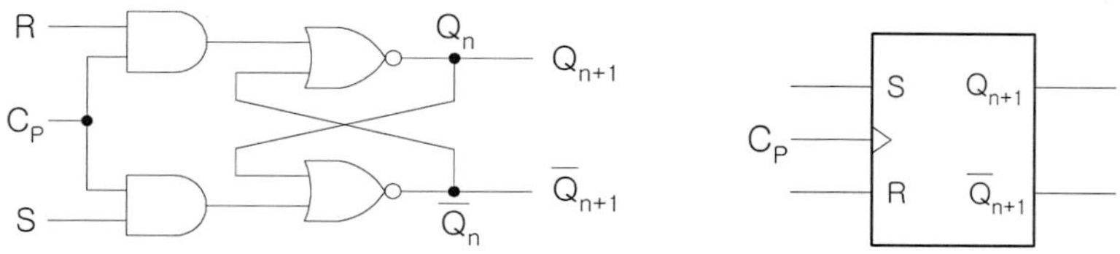

그림 3 NOR 게이트로 구성한 RS 플립플롭

▶ 논리식

$$Q_{n+1} = \overline{RC_P + \overline{Q}_n} = \overline{RC_P + \overline{SC_P + Q_n}} = \overline{RC_P} \cdot (SC_P + Q_n)$$
$$= (\overline{R} + \overline{C}_P)(SC_P + Q_n) = \overline{R}SC_P + SC_P\overline{C}_P + \overline{R}Q_n + \overline{C}_PQ_n$$
$$= \overline{R}SC_P + Q_n(\overline{R} + \overline{C}_P)$$

$$\overline{Q}_{n+1} = \overline{SC_P + Q_n} = \overline{SC_P + \overline{RC_P + \overline{Q}_n}} = \overline{SC_P} \cdot (RC_P + \overline{Q}_n)$$
$$= (\overline{S} + \overline{C}_P)(RC_P + \overline{Q}_n) = \overline{S}RC_P + RC_P\overline{C_P} + \overline{S}\,\overline{Q}_n + \overline{C}_P\overline{Q}_n$$
$$= \overline{S}RC_P + \overline{Q}_n(\overline{S} + \overline{C}_P)$$

표 3 NOR 게이트로 구성한 RS 플립플롭의 논리식

입력			출력		
CP	S	R	Q_{n+1}	$\overline{Q}_{n+1}$	
0	×	×	Q_n	$\overline{Q}_n$	→ (이전상태 유지)
1	0	0	Q_n	$\overline{Q}_n$	→ (이전상태 유지)
1	0	1	0	1	→ (Reset 상태)
1	1	0	1	0	→ (Set 상태)
1	1	1	0	0	→ (부정)

NAND 게이트로 구성된 동기식 RS 플립플롭

[그림 4]는 NAND 게이트로 구성된 RS 래치에 기반한 RS 플립플롭(RS F/F)과 기호이며, 논리식은 아래와 같다. [표 4]는 그에 대한 논리표이다.

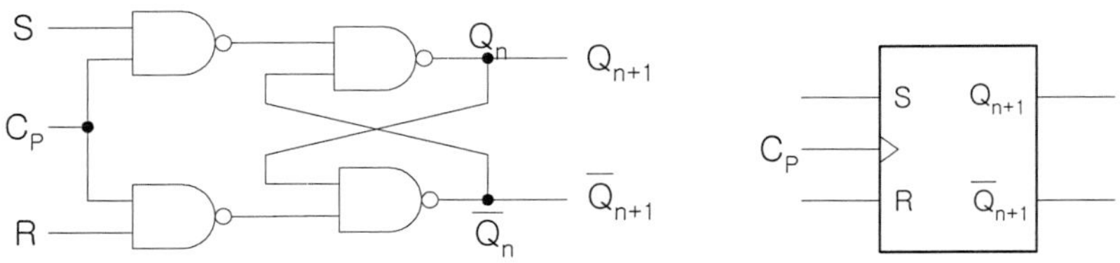

그림 4 NAND 게이트로 구성한 RS 플립플롭

▶ 논리식

$$Q_{n+1} = \overline{\overline{S C_P} \cdot \overline{Q}_n} = \overline{\overline{S C_P} \cdot \overline{\overline{R C_P} \cdot Q_n}} = S C_P + Q_n \overline{R C_P}$$

$$= S C_P + Q_n (\overline{R} + \overline{C}_P)$$

$$\overline{Q}_{n+1} = \overline{\overline{R C_P} \cdot Q_n} = \overline{\overline{R C_P} \cdot \overline{\overline{S C_P} \cdot \overline{Q}_n}} = R C_P + \overline{Q}_n \overline{S C_P}$$

$$= R C_P + \overline{Q}_n (\overline{S} + \overline{C}_P)$$

표 4 NAND 게이트로 구성한 RS 플립플롭의 논리표

입력			출력		
CP	S	R	Q_{n+1}	$\overline{Q}_{n+1}$	
0	×	×	Q_n	$\overline{Q}_n$	→ (이전상태 유지)
1	0	0	Q_n	$\overline{Q}_n$	→ (이전상태 유지)
1	0	1	0	1	→ (Reset 상태)
1	1	0	1	0	→ (Set 상태)
1	1	1	1	1	→ (부정)

NOR 게이트로 구성된 동기식 RS 플립플롭의 S와 R 모두 1이면 Q_{n+1} 나 $\overline{Q}_{n+1}$ 모두 "0"이 되는 부정의 상태가 되고, NAND 게이트로 구성된 동기식 RS 플립플롭 또한 S와 R 모두 1이면 Q_{n+1} 나 $\overline{Q}_{n+1}$ 모두 "1"이 되는 부정의 상태가 된다. 이를 개선하기 위해 만들어진 것이 JK F/F, D F/F 및 T F/F이다.

JK 플립플롭

[그림 5]는 Q_{n+1} 나 $\overline{Q}_{n+1}$ 의 출력을 K와 J 입력단으로 피드백하여 부정의 상태를 해소한 JK 플립플롭이다. NAND 게이트에 AND를 추가하여 구성된 JK 플립플롭(JK F/F)과 기호이며, 논리식은 아래와 같다. [표 5]는 그에 대한 논리표이다.

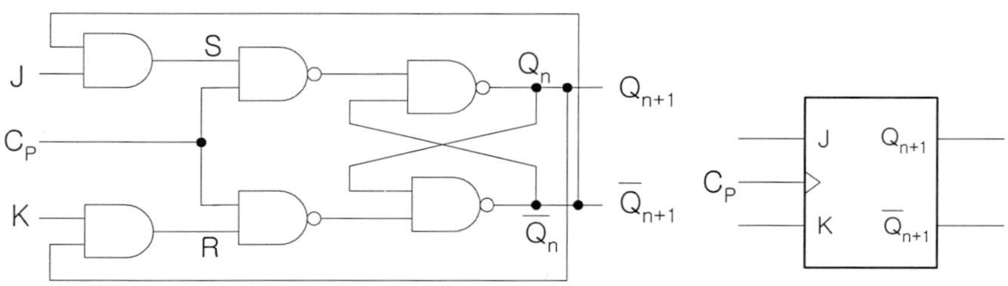

그림 5 JK 플립플롭의 회로도

▶ 논리식

$$Q_{n+1} = J\overline{Q}_n + (\overline{K Q_n}\ Q_n) = J\overline{Q}_n + Q_n(\overline{K} + \overline{Q}_n) = J\overline{Q}_n + \overline{K} Q_n$$

$$\overline{Q}_{n+1} = KQ_n + (\overline{J\overline{Q}_n} \cdot \overline{Q}_n) = KQ_n + \overline{Q}_n(\overline{J} + Q_n) = KQ_n + \overline{J}\,\overline{Q}_n$$

표 5 JK 플립플롭의 논리표

입력			출력		
C_P	J	K	Q_{n+1}	$\overline{Q}_{n+1}$	
0	×	×	Q_n	$\overline{Q}_n$	→ (이전상태 유지)
1	0	0	Q_n	$\overline{Q}_n$	→ (이전상태 유지)
1	0	1	0	1	→ (Reset 상태)
1	1	0	1	0	→ (Set 상태)
1	1	1	$\overline{Q}_n$	Q_n	→ (이전상태 반전)

J와 K 모두 1이면 Q_{n+1} 나 $\overline{Q}_{n+1}$ 모두 이전 상태가 반전되어 나타나 부정의 상태가 되지 못하는 것을 알 수 있다.

D 플립플롭

D 플립플롭은 지연(delay) 플립플롭의 약자이며, JK 플립플롭의 K 입력단에 NOT 게이트를 추가하여 구성해 J나 K 입력단에 둘 다 0을 입력하거나 둘 다 1을 입력할 수 없는 구조로 구성되며 [그림 6]은 D 플립플롭(D F/F)과 기호이며, 논리식은 아래와 같다. [표 6]은 그에 대한 논리표이다.

그림 6 D 플립플롭

▶ 논리식

$$Q_{n+1} = D + (D\ Q_n) = D(1 + Q_n) = D$$

$$\overline{Q}_{n+1} = \overline{D} + (\overline{D}\ \overline{Q}_n) = \overline{D}(1 + \overline{Q}_n) = \overline{D}$$

표 6 D 플립플롭의 논리표

입력		출력		
C_P	D	Q_{n+1}	$\overline{Q}_{n+1}$	
0	×	Q_n	$\overline{Q}_n$	→ (이전상태 유지)
1	0	0	1	→ (Reset 상태)
1	1	1	0	→ (Set 상태)

T 플립플롭

T 플립플롭은 토글(toggle) 플립플롭의 약자이며, JK 플립플롭의 K 입력단을 묶어 J나 K 입력단에 둘 다 0을 입력하거나 둘 다 1을 입력하는 구조로 구성되며 [그림 7]은 T 플립플롭(T F/F)과 기호이며, 논리식은 아래와 같다. [표 7]은 그에 대한 논리표

이다.

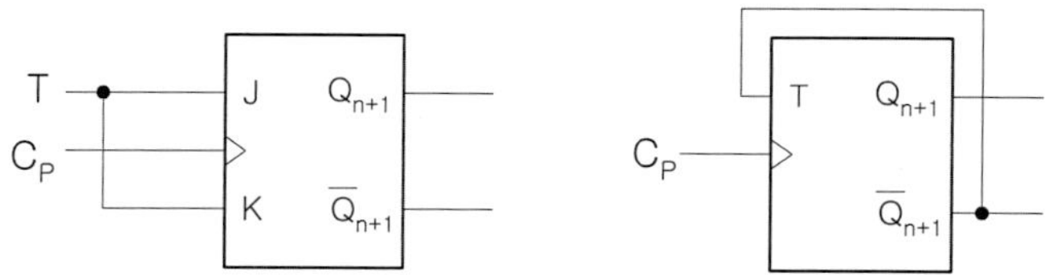

그림 7 T 플립플롭

▶ 논리식

$$Q_{n+1} = J\overline{Q}_n + \overline{K}Q_n = T\overline{Q}_n + \overline{T}Q_n$$

$$\overline{Q}_{n+1} = KQ_n + \overline{J}\,\overline{Q}_n = TQ_n + \overline{T}\,\overline{Q}_n$$

표 7 T 플립플롭의 논리표

입력		출력		
C_P	T	Q_{n+1}	$\overline{Q}_{n+1}$	
0	×	Q_n	$\overline{Q}_n$	→ (이전상태 유지)
1	0	Q_n	$\overline{Q}_n$	→ (이전상태 유지)
1	1	$\overline{Q}_n$	Q_n	→ (이전상태 반전)

실험예비 문제

1. JK 플립플롭을 이용하여 D 플립플롭 회로를 구성하시오.

2. JK 플립플롭을 이용하여 T 플립플롭 회로를 구성하시오.

3. 하강모서리 클록을 가진 JK 플립플롭에서 클록펄스와 J, K 입력이 다음과 같이

인가될 때 출력 Q와 $\overline{\mathrm{Q}}$는 어떻게 변하는지 타이밍도를 그리시오. 단, 처음에 Q는 리셋 상태이고 $\overline{\mathrm{PR}}$ = HIGH, $\overline{\mathrm{CLR}}$ = HIGH 이다.

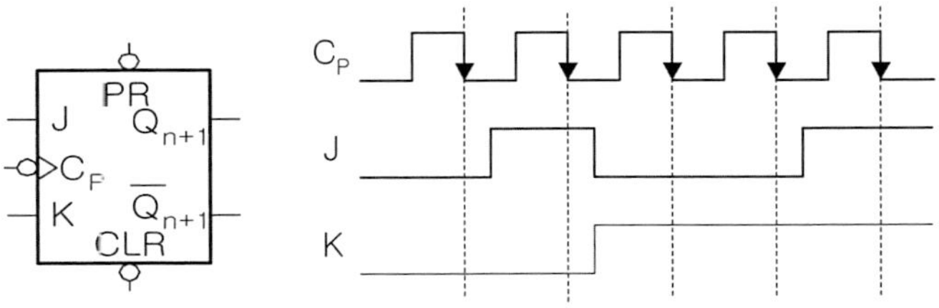

4. 상승모서리 클록을 가진 D 플립플롭에서 클록펄스와 D 입력이 아래와 같이 인가될 때 출력 Q와 $\overline{\mathrm{Q}}$는 어떻게 변하는지 타이밍도를 그리시오. 단, 처음에 Q는 리셋 상태이고 $\overline{\mathrm{PR}}$ = HIGH, $\overline{\mathrm{CLR}}$ = HIGH 이다.

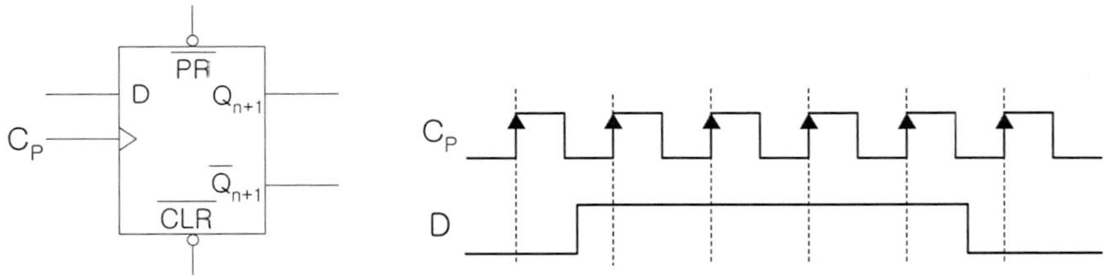

5. 하강모서리 클록을 가진 T 플립플롭에서 클록펄스와 T 입력이 아래와 같이 인가될 때 출력 Q와 $\overline{\mathrm{Q}}$는 어떻게 변하는지 타이밍도를 그리시오. 단, 처음에 Q는 리셋 상태이고 $\overline{\mathrm{PR}}$ = HIGH, $\overline{\mathrm{CLR}}$ = HIGH 이다.

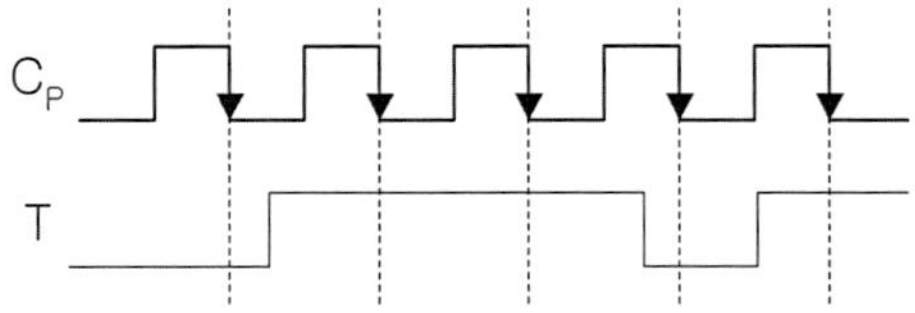

실험하기

RS 플립플롭

1. 실험 1 (NOR RS 래치 회로)

(1) 아래 그림과 같은 NOR RS 래치 회로의 출력 함수식을 구하시오.

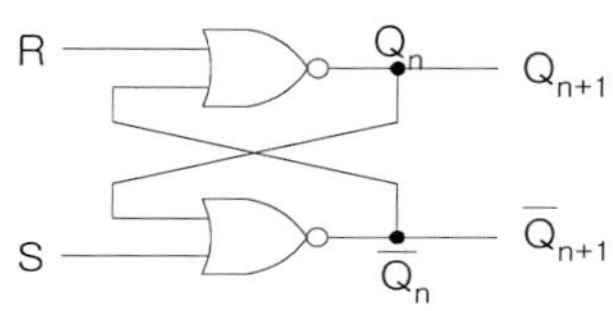

(2) NOR RS 래치 회로를 브레드보드에 구성하고 [표 1]의 입력 전압을 순서대로 인가했을 때의 출력전압을 측정하여 기록하시오.

표 1

입력		출력	
S	R	Q_{n+1}	$\overline{Q}_{n+1}$
0	5		
0	0		
5	0		
0	0		
5	5		

(3) [표 1]의 실험결과를 보고 NOR RS 래치의 진리표를 만족하는지에 대하여 논하시오.

2. 실험 2 (NAND RS 래치 회로)

(1) 다음 그림과 같은 NAND RS 래치 회로의 출력 함수식을 구하시오.

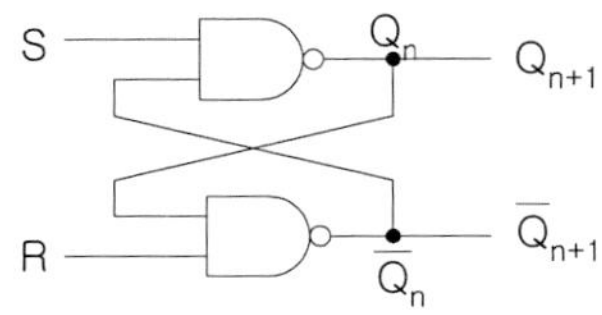

(2) NAND RS 래치 회로를 브레드보드에 구성하고 [표 2]의 입력 전압을 순서대로 인가했을 때의 출력 전압을 측정하여 기록하시오.

▌표 2▌

입력		출력	
S	R	Q_{n+1}	$\overline{Q}_{n+1}$
0	5		
5	5		
5	0		
5	5		
0	5		

(3) [표 2]의 실험결과를 보고 NAND RS 래치의 진리표를 만족하는지에 대하여 논하시오.

3. 실험 3 (JK 플립플롭)

(1) 74LS76으로 JK 플립플롭의 입·출력을 브레드보드에 구성하시오.

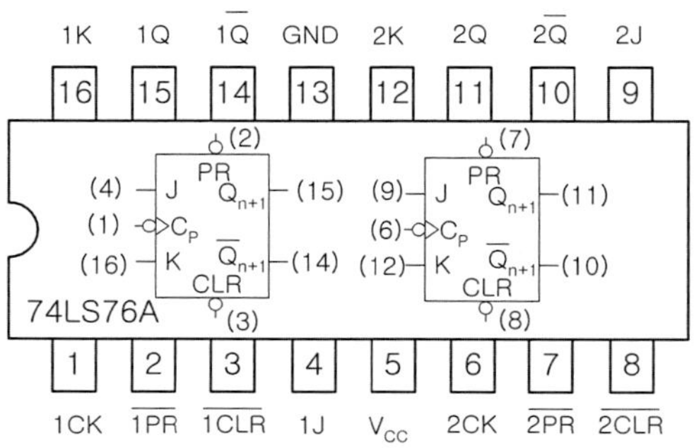

(2) [표 3]과 같이 임의의 J, K값에 대하여 플립플롭의 $\overline{PR}=0V$, $\overline{CLR}=5V$로 하였을 때 출력값 Q_{n+1}와 $\overline{Q}_{n+1}$ 값을 기록하시오. 또한 이 때 CP를 인가하면 출력의 변화가 있는지를 관찰하시오. (초기값은 0으로 하고 실험할 것)

▌표 3▐

입력					출력	
Cp	$\overline{PR}$	$\overline{CLR}$	J	K	Q_{n+1}	$\overline{Q}_{n+1}$
↓	0	5	0	0		
↓	0	5	0	5		
↓	0	5	5	0		
↓	0	5	5	5		

(3) [표 4]와 같이 임의의 J, K값에 대하여 플립플롭의$\overline{PR}=5V$, $\overline{CLR}=0V$로 하였을 때 출력값Q_{n+1}와 $\overline{Q}_{n+1}$ 값을 기록하시오. 또한 이 때 CP를 인가하면 출력의 변화가 있는지를 관찰하시오. (초기값은 0으로 하고 실험할 것)

▌표 4▐

입력					출력	
Cp	$\overline{PR}$	$\overline{CLR}$	J	K	Q_{n+1}	$\overline{Q}_{n+1}$
↓	5	0	0	0		
↓	5	0	0	5		
↓	5	0	5	0		
↓	5	0	5	5		

(4) [표 5]와 같이 임의의 J, K값에 대하여 플립플롭의 $\overline{PR}=5V$, $\overline{CLR}=5V$로 하였을 때 출력값 Q_{n+1}와 $\overline{Q}_{n+1}$ 값을 기록하시오. 또한 이 때 CP를 인가하면 출력의 변화가 있는지를 관찰하시오. (초기값은 0으로 하고 실험할 것)

▌표 5▐

입력					출력	
C_P	$\overline{PR}$	$\overline{CLR}$	J	K	Q_{n+1}	$\overline{Q}_{n+1}$
↓	5	5	0	0		
↓	5	5	0	5		
↓	5	5	5	0		
↓	5	5	5	5		

(5) (1)~(4)까지의 실험결과로 JK 플립플롭의 동작에 대하여 다음 물음에 답하시오.

① $\overline{PR}$ = 0V, $\overline{CLR}$ = 5V로 하였을 때 출력 상태는? 이 때 클록펄스와 J, K 입력 변화 시 출력의 변화가 있는가?

② $\overline{PR}$ = 5V, $\overline{CLR}$ = 0V로 하였을 때 출력 상태는? 이 때 클록펄스와 J, K 입력 변화 시 출력의 변화가 있는가?

③ $\overline{PR}$ = 5V, $\overline{CLR}$ = 5V로 하였을 때 출력 상태는? 이 때 클록펄스와 J, K 입력 변화 시 출력의 변화가 있는가?

4. 실험 4 (JK 플립플롭을 이용한 D 플립플롭)

(1) 74LS76은 하강모서리 클록을 가진 JK 플립플롭이다. 이 플립플롭과 NOT 게이트를 이용하여 D 플립플롭을 브레드보드에 구성하시오.

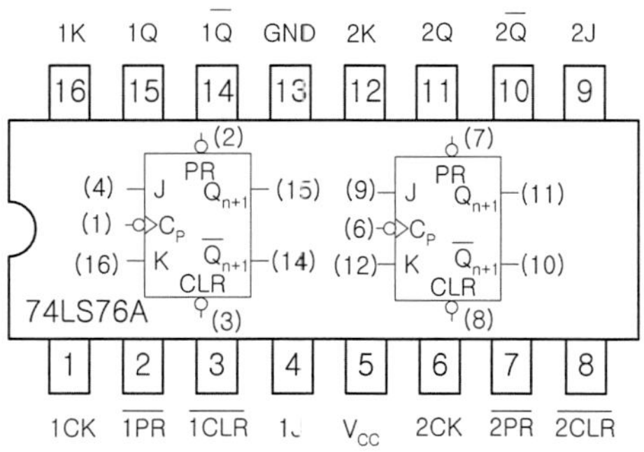

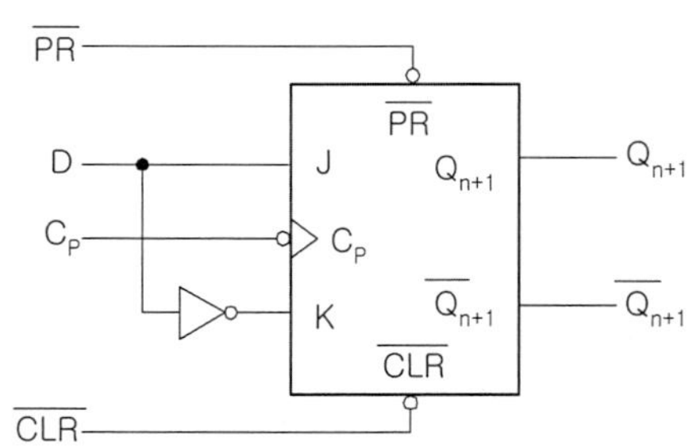

(2) [표 6]과 같이 임의의 D값에 대하여 플립플롭의 $\overline{PR}$ = 0V, $\overline{CLR}$ = 5V로 하였을

때 출력값 Q_{n+1} 와 $\overline{Q}_{n+1}$ 값을 기록하시오. 또한 이 때 CP를 인가하면 출력의 변화가 있는지를 관찰하시오. (초기값은 0으로 하고 실험할 것)

▌표 6▌

입력				출력	
Cp	$\overline{PR}$	$\overline{CLR}$	D	Q_{n+1}	$\overline{Q}_{n+1}$
↓	0	5	0		
↓	0	5	5		

(3) [표 7]과 같이 임의의 D값에 대하여 플립플롭의 $\overline{PR}=5V$, $\overline{CLR}=0V$로 하였을 때 출력값 Q_{n+1} 와 $\overline{Q}_{n+1}$ 값을 기록하시오. 또한 이 때 CP를 인가하면 출력의 변화가 있는지를 관찰하시오. (초기값은 0으로 하고 실험할 것)

▌표 7▌

입력				출력	
Cp	$\overline{PR}$	$\overline{CLR}$	D	Q_{n+1}	$\overline{Q}_{n+1}$
↓	5	0	0		
↓	5	0	5		

(4) [표 8]과 같이 임의의 D값에 대하여 플립플롭의 $\overline{PR}=5V$, $\overline{CLR}=5V$로 하였을 때 출력값 Q_{n+1} 와 $\overline{Q}_{n+1}$ 값을 기록하시오. 또한 이 때 CP를 인가하면 출력의 변화가 있는지를 관찰하시오. (초기값은 0으로 하고 실험할 것)

▌표 8▌

입력				출력	
Cp	$\overline{PR}$	$\overline{CLR}$	D	Q_{n+1}	$\overline{Q}_{n+1}$
↓	5	5	0		
↓	5	5	5		

(5) (1)~(4)까지의 실험결과로 D 플립플롭의 동작에 대하여 물음에 답하시오.

① $\overline{PR}=0V$, $\overline{CLR}=5V$로 하였을 때 출력 상태는? 이 때 클록펄스와 D입력 변화 시 출력의 변화가 있는가?

② $\overline{PR}=5V$, $\overline{CLR}=0V$로 하였을 때 출력 상태는? 이 때 클록펄스와 D입력 변화 시 출력의 변화가 있는가?

③ $\overline{PR}=5V$, $\overline{CLR}=5V$로 하였을 때 출력 상태는? 이 때 클록펄스와 D입력 변화 시 출력은 어떻게 변화하는가?

5. 실험 5 (D 플립플롭)

(1) 74LS74는 상승모서리 클록을 가진 D 플립플롭이다. 이 플립플롭을 이용하여 플립플롭의 입출력을 브레드보드에 구성하시오.

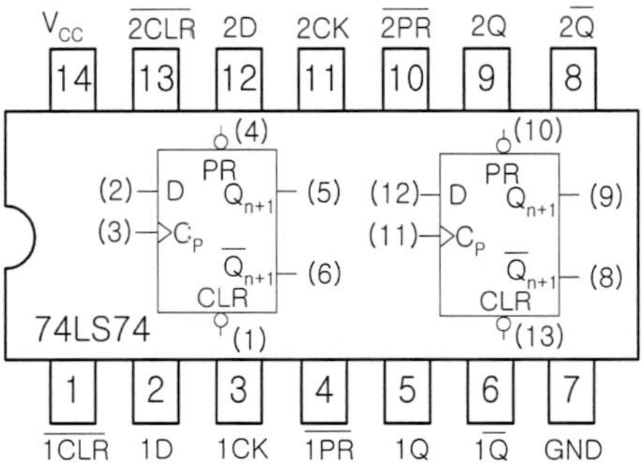

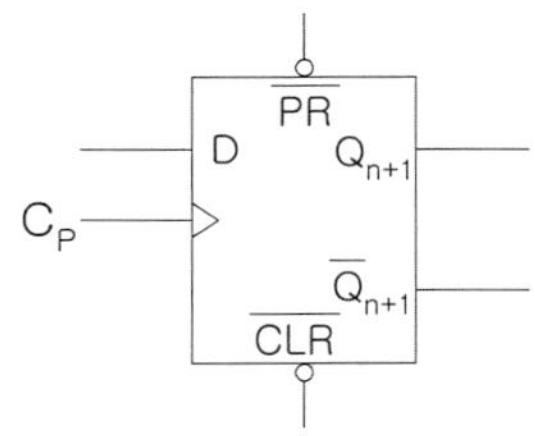

(2) 아래 [표 9]와 같은 입력을 인가했을 때 출력전압을 측정하여 기록하시오.

| 표 9 |

입력				출력	
C_P	$\overline{PR}$	$\overline{CLR}$	D	Q_{n+1}	$\overline{Q}_{n+1}$
1	0	5	0		
2	0	5	5		
3	5	0	0		
4	5	0	5		
5	0	0	0		
6	0	0	5		
7	5	5	0		
8	5	5	5		

(3) (2)의 결과를 보고 프리셋과 클리어는 각각 어떤 역할을 하는지 설명하시오.

6. 실험 6 (JK 플립플롭을 이용한 T 플립플롭)

(1) 74LS76은 하강모서리 클록을 가진 JK 플립플롭이다. 이 플립플롭을 이용하여 T 플립플롭을 브레드보드에 구성하시오.

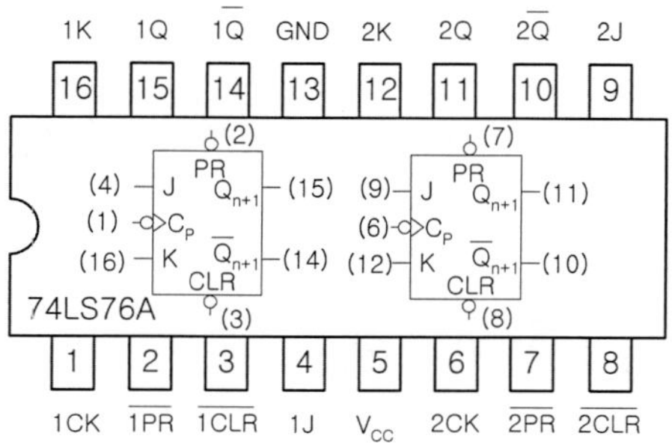

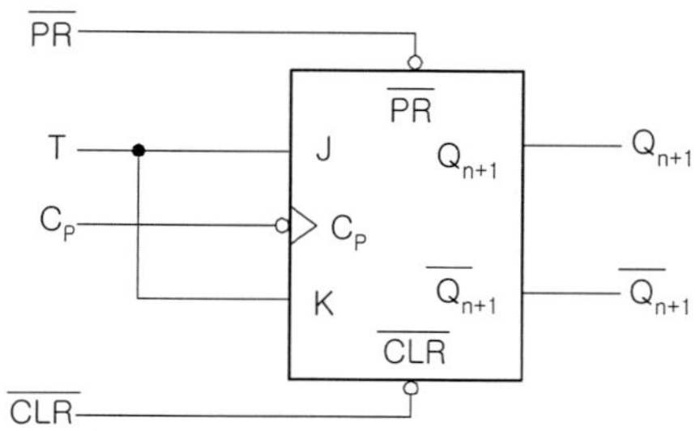

(2) [표 10]과 같이 임의의 T값에 대하여 플립플롭의 $\overline{PR} = 0V$, $\overline{CLR} = 5V$ 로 하였을 때 출력값 Q_{n+1} 와 $\overline{Q}_{n+1}$ 값을 기록하시오. 또한 이 때 CP를 인가하면 출력의 변화가 있는지를 관찰하시오. (초기값은 0으로 하고 실험할 것)

표 10

입력				출력	
C_P	$\overline{PR}$	$\overline{CLR}$	T	Q_{n+1}	$\overline{Q}_{n+1}$
↓	0	5	0		
↓	0	5	5		

(3) [표 11]과 같이 임의의 T값에 대하여 플립플롭의 $\overline{PR} = 5V$, $\overline{CLR} = 0V$로 하였을 때 출력값 Q_{n+1} 와 $\overline{Q}_{n+1}$ 값을 기록하시오. 또한 이 때 CP를 인가하면 출력의 변화가 있는지를 관찰하시오. (초기값은 0으로 하고 실험할 것)

표 11

입력				출력	
C_P	$\overline{PR}$	$\overline{CLR}$	T	Q_{n+1}	$\overline{Q}_{n+1}$
↓	5	0	0		
↓	5	0	5		

(4) [표 12]와 같이 임의의 T값에 대하여 플립플롭의 $\overline{PR}=5V$, $\overline{CLR}=5V$로 하였을 때 출력값 Q_{n+1}와 $\overline{Q}_{n+1}$ 값을 기록하시오. 또한 이 때 CP를 인가하면 출력의 변화가 있는지를 관찰하시오. (초기값은 0으로 하고 실험할 것)

▌표 12▐

입력				출력	
Cp	$\overline{PR}$	$\overline{CLR}$	T	Q_{n+1}	$\overline{Q}_{n+1}$
↓	5	5	0		
↓	5	5	5		

(5) 아래 [표 13]과 같은 입력을 인가했을 때 출력전압을 측정하여 기록하시오.

▌표 13▐

입력				출력	
Cp	$\overline{PR}$	$\overline{CLR}$	D	Q_{n+1}	$\overline{Q}_{n+1}$
1	0	5	0		
2	0	5	5		
3	5	5	5		
4	5	5	5		
5	5	5	5		
6	5	5	0		
7	5	5	0		
8	5	5	5		
9	5	0	0		
10	5	0	5		
11	0	0	0		
12	0	0	5		

(6) (1)~(5)까지의 실험결과로 T 플립플롭의 동작에 대하여 물음에 답하시오.

① $\overline{PR}=0V$, $\overline{CLR}=5V$로 하였을 때 출력 상태는? 이 때 클록펄스와 T 입력 변화 시 출력의 변화가 있는가?

② $\overline{PR}=5V$, $\overline{CLR}=0V$로 하였을 때 출력 상태는? 이 때 클록펄스와 T 입력 변화 시 출력의 변화가 있는가?

③ $\overline{PR}=5V$, $\overline{CLR}=5V$로 하였을 때 출력 상태는? 이 때 클록펄스와 T 입력 변화 시 출력은 어떻게 변화하는가?

실험 예비 보고서

실험 09 플립플롭(FLIP-FLOP)

실험 일자 : 20 년 월 일 (요일) 교시
실험 장소 : 관 호
담당 교수 :

학과명	학과 반
실험조	
학 번	
성 명	

평가 및 확인	
지시 및 지적사항	

실험예비 문제

아래의 예비 문제를 실험 전에 풀어보시오.

1. JK 플립플롭을 이용하여 D 플립플롭 회로를 구성하시오.

2. JK 플립플롭을 이용하여 T 플립플롭 회로를 구성하시오.

3. 하강모서리 클록을 가진 JK 플립플롭에서 클록펄스와 J, K 입력이 아래와 같이 인가될 때 출력 Q와 $\overline{Q}$는 어떻게 변하는지 타이밍도를 그리시오. 단, 처음에 Q는 리셋 상태이고 $\overline{PR}$ = HIGH, $\overline{CLR}$ = HIGH이다.

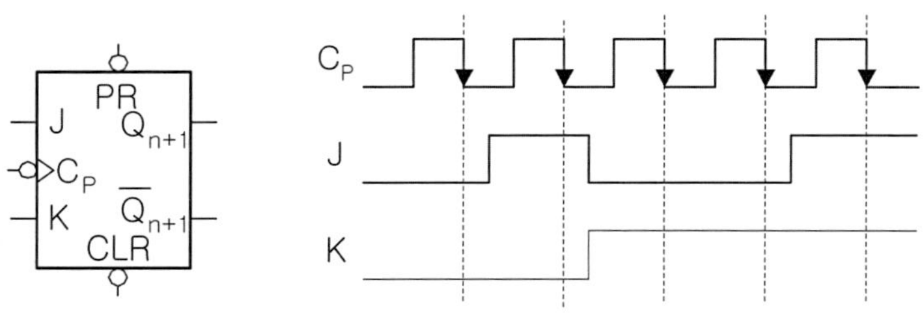

4. 상승모서리 클록을 가진 D 플립플롭에서 클록펄스와 D 입력이 아래와 같이 인가될 때 출력 Q와 $\overline{Q}$는 어떻게 변하는지 타이밍도를 그리시오. 단, 처음에 Q는 리셋 상태이고 $\overline{PR}$ = HIGH, $\overline{CLR}$ = HIGH 이다.

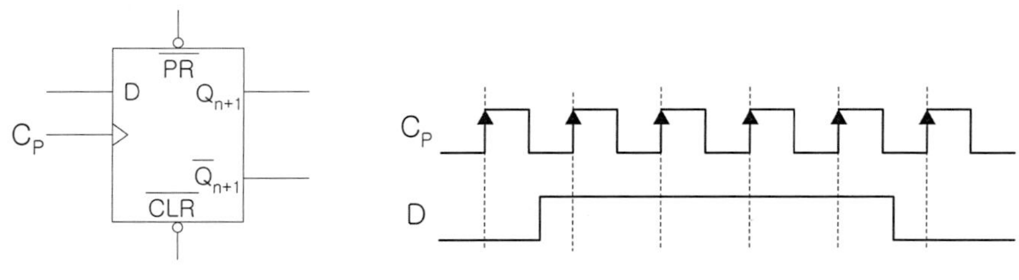

5. 하강모서리 클록을 가진 T 플립플롭에서 클록펄스와 T 입력이 아래와 같이 인가될 때 출력 Q와 $\overline{Q}$는 어떻게 변하는지 타이밍도를 그리시오. 단, 처음에 Q는 리셋 상태이고 $\overline{PR}$ = HIGH, $\overline{CLR}$ = HIGH 이다.

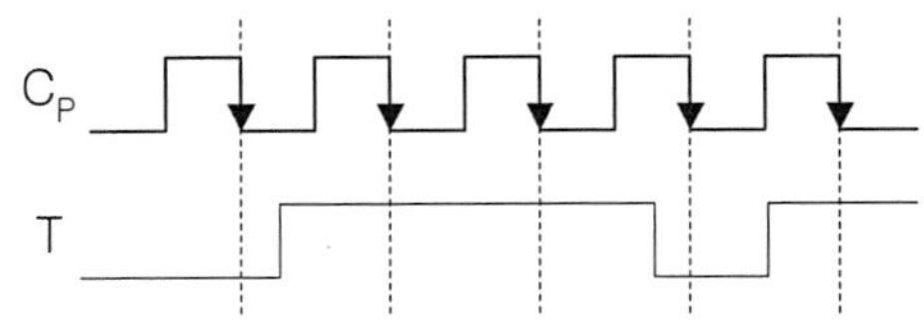

실험 결과 보고서

실험 09 플립플롭(FLIP-FLOP)

실험 일자 : 20 년 월 일 (요일) 교시
실험 장소 : 관 호
담당 교수 :

학과명	학과 반
실험조	
학 번	
성 명	

평가 및 확인	
지시 및 지적사항	

실험결과 기록

1. 실험 1 (NOR RS 래치 회로)

(1) 아래 그림과 같은 NOR RS 래치 회로의 출력 함수식을 구하시오.

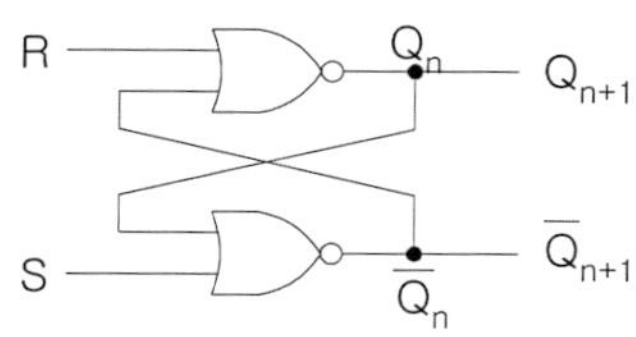

(2) NOR RS 래치 회로를 74LS02를 이용해 브레드보드에 구성하고 [표 1]의 입력 전압을 순서대로 인가했을 때의 출력전압을 측정하여 기록하시오.

[표 1]

입력		출력	
S	R	Q_{n+1}	$\overline{Q}_{n+1}$
0	5		
0	0		
5	0		
0	0		
0	5		

(3) [표 1]의 실험결과를 보고 NOR RS 래치의 진리표를 만족하는지에 대하여 논하시오.

2. 실험 2 (NAND RS 래치 회로)

(1) 아래 그림과 같은 NAND RS 래치 회로의 출력 함수식을 구하시오.

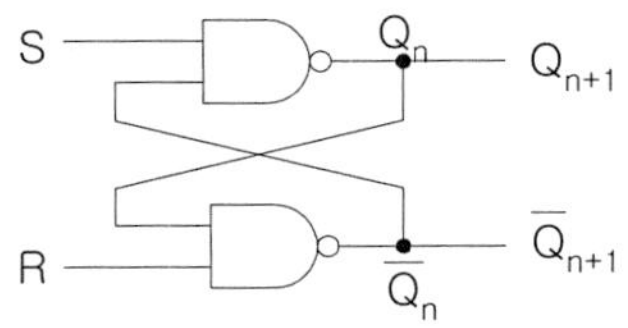

(2) NAND RS 래치 회로를 7400을 이용해 브레드보드에 구성하고 [표 2]의 입력 전압을 순서대로 인가했을 때의 출력 전압을 측정하여 기록하시오.

▌표 2▐

입력		출력	
S	R	Q_{n+1}	$\overline{Q}_{n+1}$
0	5		
5	5		
5	0		
5	5		
0	0		

(3) [표 2]의 실험결과를 보고 NAND RS 래치의 진리표를 만족하는지에 대하여 논하시오.

3. 실험 3 (JK 플립플롭)

(1) 74LS76으로 JK 플립플롭의 입, 출력을 브레드보드에 구성하시오.

(2) [표 3]과 같이 임의의 J, K값에 대하여 플립플롭의 $\overline{PR}=0V$, $\overline{CLR}=5V$로 하였을 때 출력값 Q_{n+1}와 $\overline{Q}_{n+1}$값을 기록하시오. 또한 이 때 CP를 인가하면 출력의 변화가 있는지를 관찰하시오. (초기값은 0으로 하고 실험할 것)

▌표 3▐

입력					출력	
C_P	$\overline{PR}$	$\overline{CLR}$	J	K	Q_{n+1}	$\overline{Q}_{n+1}$
↓	0	5	0	0		
↓	0	5	0	5		
↓	0	5	5	0		
↓	0	5	5	5		

(3) [표 4]와 같이 임의의 J, K값에 대하여 플립플롭의 $\overline{PR}=5V$, $\overline{CLR}=0V$로 하였을 때 출력값 Q_{n+1}와 $\overline{Q}_{n+1}$값을 기록하시오. 또한 이 때 CP를 인가하면 출력의 변화가 있는지를 관찰하시오. (초기값은 0으로 하고 실험할 것)

▌표 4▐

입력					출력	
C_P	$\overline{PR}$	$\overline{CLR}$	J	K	Q_{n+1}	$\overline{Q}_{n+1}$
↓	5	0	0	0		
↓	5	0	0	5		
↓	5	0	5	0		
↓	5	0	5	5		

(4) [표 5]와 같이 임의의 J, K값에 대하여 플립플롭의 $\overline{PR}=5V$, $\overline{CLR}=5V$로 하였을 때 출력값 Q_{n+1}와 $\overline{Q}_{n+1}$값을 기록하시오. 또한 이 때 CP를 인가하면 출력의 변화가 있는지를 관찰하시오. (초기값은 0으로 하고 실험할 것)

▌표 5▐

입력					출력	
C_P	$\overline{PR}$	$\overline{CLR}$	J	K	Q_{n+1}	$\overline{Q}_{n+1}$
↓	5	5	0	0		
↓	5	5	0	5		
↓	5	5	5	0		
↓	5	5	5	5		

(5) (1)~(4)까지의 실험결과로 JK 플립플롭의 동작에 대하여 다음 물음에 답하시오.

① $\overline{PR}=0V$, $\overline{CLR}=5V$로 하였을 때 출력 상태는? 이 때 클록펄스와 J, K 입력 변화 시 출력의 변화가 있는가?

② $\overline{PR}=5V$, $\overline{CLR}=0V$로 하였을 때 출력 상태는? 이 때 클록펄스와 J, K 입력 변화 시 출력의 변화가 있는가?

③ $\overline{PR}=5V$, $\overline{CLR}=5V$로 하였을 때 출력 상태는? 이 때 클록펄스와 J, K 입력 변화 시 출력의 변화가 있는가?

4. 실험 4 (JK 플립플롭를 이용한 D 플립플롭)

(1) 74LS76은 하강모서리 클록을 가진 JK 플립플롭이다. 이 플립플롭과 NOT 게이트를 이용하여 D 플립플롭을 브레드보드에 구성하시오.

(2) [표 6]과 같이 임의의 D값에 대하여 플립플롭의 $\overline{PR}=0V$, $\overline{CLR}=5V$로 하였을 때 출력값 Q_{n+1}와 $\overline{Q}_{n+1}$값을 기록하시오. 또한 이 때 CP를 인가하면 출력의 변화가 있는지를 관찰하시오. (초기값은 0으로 하고 실험할 것)

❙표 6❙

입력				출력	
Cp	$\overline{PR}$	$\overline{CLR}$	D	Q_{n+1}	$\overline{Q}_{n+1}$
↓	0	5	0		
↓	0	5	5		

(3) [표 7]과 같이 임의의 D값에 대하여 플립플롭의 $\overline{PR}=5V$, $\overline{CLR}=0V$로 하였을 때 출력값 Q_{n+1}와 $\overline{Q}_{n+1}$값을 기록하시오. 또한 이 때 CP를 인가하면 출력의 변화가 있는지를 관찰하시오. (초기값은 0으로 하고 실험할 것)

표 7

입력				출력	
Cp	$\overline{PR}$	$\overline{CLR}$	D	Q_{n+1}	$\overline{Q}_{n+1}$
↓	5	0	0		
↓	5	0	5		

(4) [표 8]과 같이 임의의 D값에 대하여 플립플롭의 $\overline{PR}=5V$, $\overline{CLR}=5V$로 하였을 때 출력값 Q_{n+1}와 $\overline{Q}_{n+1}$ 값을 기록하시오. 또한 이 때 CP를 인가하면 출력의 변화가 있는지를 관찰하시오. (초기값은 0으로 하고 실험할 것)

표 8

입력				출력	
Cp	$\overline{PR}$	$\overline{CLR}$	D	Q_{n+1}	$\overline{Q}_{n+1}$
↓	5	5	0		
↓	5	5	5		

(5) (1)~(4)까지의 실험결과로 D 플립플롭의 동작에 대하여 물음에 답하시오.

① $\overline{PR}=0V$, $\overline{CLR}=5V$로 하였을 때 출력 상태는? 이 때 클록펄스와 D입력 변화 시 출력의 변화가 있는가?

② $\overline{PR}=5V$, $\overline{CLR}=0V$로 하였을 때 출력 상태는? 이 때 클록펄스와 D입력 변화 시 출력의 변화가 있는가?

③ $\overline{PR}=5V$, $\overline{CLR}=5V$로 하였을 때 출력 상태는? 이 때 클록펄스와 D입력 변화 시 출력은 어떻게 변화하는가?

5. 실험 5 (D 플립플롭)

(1) 74LS74는 상승모서리 클록을 가진 D 플립플롭이다. 이 플립플롭을 이용하여 플립플롭의 입출력을 브레드보드에 구성하시오.

(2) 아래 [표 9]와 같은 입력을 인가했을 때 출력전압을 측정하여 기록하라.

▌표 9▐

입력				출력	
Cp	$\overline{PR}$	$\overline{CLR}$	D	Q_{n+1}	$\overline{Q}_{n+1}$
1	0	5	0		
2	0	5	5		
3	5	0	0		
4	5	0	5		
5	0	0	0		
6	0	0	5		
7	5	5	0		
8	5	5	5		

(3) (2)의 결과를 보고 프리셋과 클리어는 각각 어떤 역할을 하는지 설명하시오.

6. 실험 6 (JK 플립플롭을 이용한 T 플립플롭)

(1) 74LS76은 하강모서리 클록을 가진 JK 플립플롭이다. 이 플립플롭을 이용하여 T 플립플롭을 브레드보드에 구성하시오.

(2) [표 10]과 같이 임의의 T값에 대하여 플립플롭의 $\overline{PR}$ =0V, $\overline{CLR}$ =5V로 하였을 때 출력값 Q_{n+1} 와 $\overline{Q}_{n+1}$ 값을 기록하시오. 또한 이 때 CP를 인가하면 출력의 변화가 있는지를 관찰하시오. (초기값은 0으로 하고 실험할 것)

▌표 10▐

입력				출력	
Cp	$\overline{PR}$	$\overline{CLR}$	T	Q_{n+1}	$\overline{Q}_{n+1}$
↓	0	5	0		
↓	0	5	5		

(3) [표 11]과 같이 임의의 T값에 대하여 플립플롭의 $\overline{PR}$ = 5V, $\overline{CLR}$ = 0V 로 하였을 때 출력값 Q_{n+1} 와 $\overline{Q}_{n+1}$ 값을 기록하시오. 또한 이 때 CP를 인가하면 출력의 변화가 있는지를 관찰하시오. (초기값은 0으로 하고 실험할 것)

▌표 11▐

입력				출력	
Cp	$\overline{PR}$	$\overline{CLR}$	T	Q_{n+1}	$\overline{Q}_{n+1}$
↓	5	0	0		
↓	5	0	5		

(4) [표 12]와 같이 임의의 T값에 대하여 플립플롭의 $\overline{PR}$ = 5V, $\overline{CLR}$ = 5V로 하였을 때 출력값 Q_{n+1} 와 $\overline{Q}_{n+1}$ 값을 기록하시오. 또한 이 때 CP를 인가하면 출력의 변화가 있는지를 관찰하시오. (초기값은 0으로 하고 실험할 것)

▌표 12▐

입력				출력	
Cp	$\overline{PR}$	$\overline{CLR}$	T	Q_{n+1}	$\overline{Q}_{n+1}$
↓	5	5	0		
↓	5	5	5		

(5) 아래 [표 13]과 같은 입력을 인가했을 때 출력전압을 측정하여 기록하라.

▌표 13▐

입력				출력	
Cp	$\overline{PR}$	$\overline{CLR}$	T	Q_{n+1}	$\overline{Q}_{n+1}$
1	0	5	0		
2	0	5	5		
3	5	5	5		
4	5	5	5		
5	5	5	5		
6	5	5	0		
7	5	5	0		
8	5	5	5		
9	5	0	0		
10	5	0	5		
11	0	0	0		
12	0	0	5		

(6) (1)~(5)까지의 실험결과로 T 플립플롭의 동작에 대하여 물음에 답하시오.

① $\overline{PR}$ = 0V, $\overline{CLR}$ = 5V로 하였을 때 출력 상태는? 이 때 클록펄스와 T 입력 변화 시 출력의 변화가 있는가?

② $\overline{PR}$ = 5V, $\overline{CLR}$ = 0V로 하였을 때 출력 상태는? 이 때 클록펄스와 T 입력 변화 시 출력의 변화가 있는가?

③ $\overline{PR}$ = 5V, $\overline{CLR}$ = 5V로 하였을 때 출력 상태는? 이 때 클록펄스와 T 입력 변화 시 출력은 어떻게 변화하는가?

7. 실험을 통해 알게 된 중요한 사항과 느낀 점을 간략하게 정리하시오.

10 순차회로 설계

| 실험예비 지식 |

본 장에서는 순차회로를 설계하는 과정과 JK 플립플롭, D 플립플롭, T 플립플롭으로 설계된 회로를 각기 다른 플립플롭으로 설계 변경하는 방법에 대하여 공부할 것이다. 또한 상태방정식, 상태표나 상태도를 보고 상태의 수를 줄여 플립플롭의 수를 줄이는 방법을 공부해본다. 본 실험에 사용될 회로는 M. Mano의 교재[3]에서 다룬 이론을 실제 회로로 확인해보기 위해 교재에서 상당수의 회로로 재구성하여 보았음을 밝힌다.

순차회로의 해석

1. D 플립플롭을 이용한 순차회로 해석

[그림 1]의 두 개의 D flip-flop A, B와 한 개의 입력 x 및 한 개의 출력 y를 갖는 순차회로의 다음 상태식과 출력은 다음과 같으며, 상태표는 [표 1]과 같다.

$$A(t+1) = Ax + Bx$$
$$B(t+1) = Ax + B'x$$
$$y = AB$$

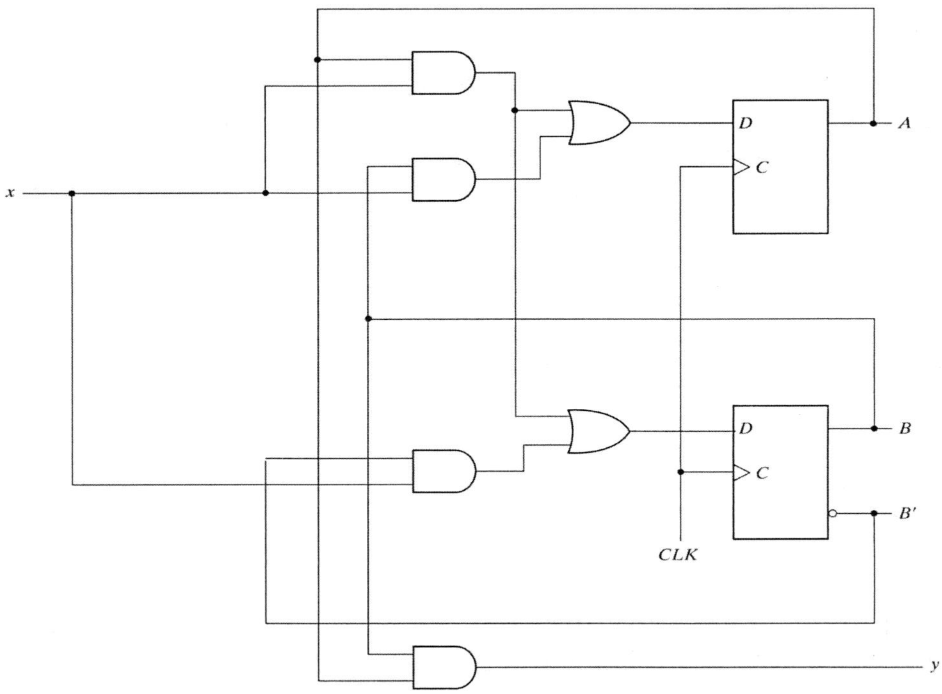

▌그림 1 D 플립플롭으로 구성된 순차회로

▌표 13▌ 순차논리회로의 상태표

현 상태	입력	다음 상태	출력
A B	x	A B	y
0 0	0	0 0	0
0 0	1	0 1	0
0 1	0	0 0	0
0 1	1	1 0	0
1 0	0	0 0	0
1 0	1	1 1	0
1 1	0	0 0	1
1 1	1	1 1	1

2. T 플립플롭을 이용한 순차회로 해석

[그림 2]의 두 개의 T flip-flop A, B와 1개의 입력 x 및 한 개의 출력 y를 갖는 순차회로의 입력 함수와 출력 함수는 $T_A = Bx$, $T_B = x$ 및 $y = AB$이다. 다음 상태식은 다음과 같으며, 상태표는 [표 2]와 같다.

$A(t+1) = AB'+Ax'+A'Bx$

$B(t+1) = x \oplus B$

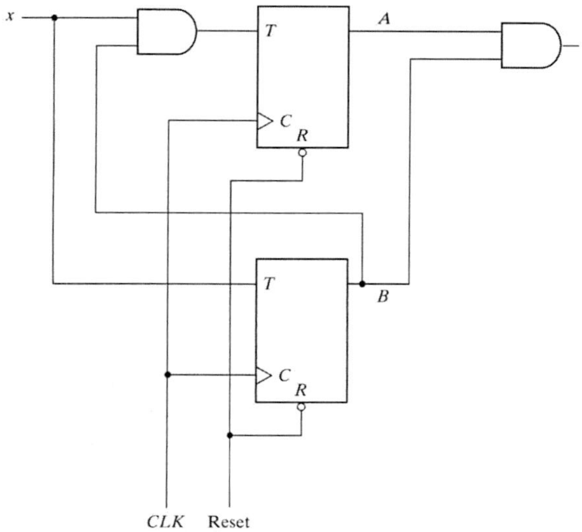

▌그림 2 T 플립플롭으로 구성된 순차회로

▌표 2▌ 순차논리회로의 상태표

현 상태		입력	다음 상태		출력
A	*B*	*x*	*A*	*B*	*y*
0	0	0	0	0	0
0	0	1	0	1	0
0	1	0	0	1	0
0	1	1	1	0	0
1	0	0	1	0	0
1	0	1	1	1	0
1	1	0	1	1	1
1	1	1	0	0	1

상태축소

1. 순차회로의 설계 시 입력에 따른 다음 상태와 출력이 동일한 현재 상태를 찾아 현재 상태를 제거(축소)할 수 있으며, 축소된 상태에 따라 플립플롭의 수를 줄일 수도 있게 된다. [그림 3]의 상태도가 주어진 경우 상태표는 [표 3]과 같으며, 축소된 상태표는 [표 4]처럼 구할 수 있고 그에 따른 축소된 상태도는 [그림 4]와 같다.

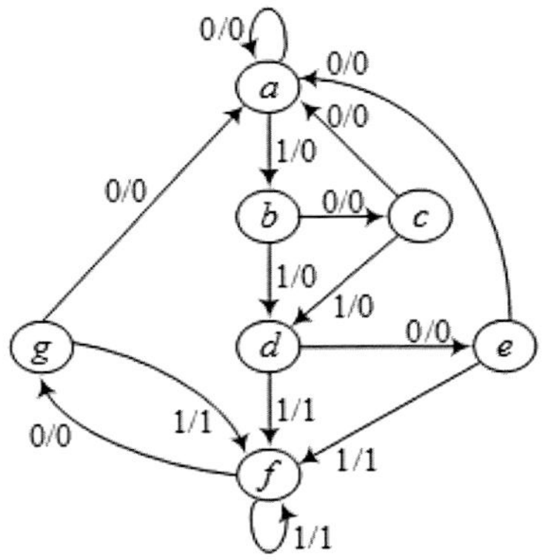

▌그림 3 상태도

▌표 3▌ 상태표

Present State	Next State		Output	
	x=0	x=1	x=0	x=1
a	a	b	0	0
b	c	d	0	0
c	a	d	0	0
d	e	f	0	1
e	a	f	0	1
f	g	f	0	1
g	a	f	0	1

▌표 4▌ 축소된 상태표

Present State	Next State		Output	
	x=0	x=1	x=0	x=1
a	a	b	0	0
b	c	d	0	0
c	a	d	0	0
d	e	f	0	1
e	a	f	0	1

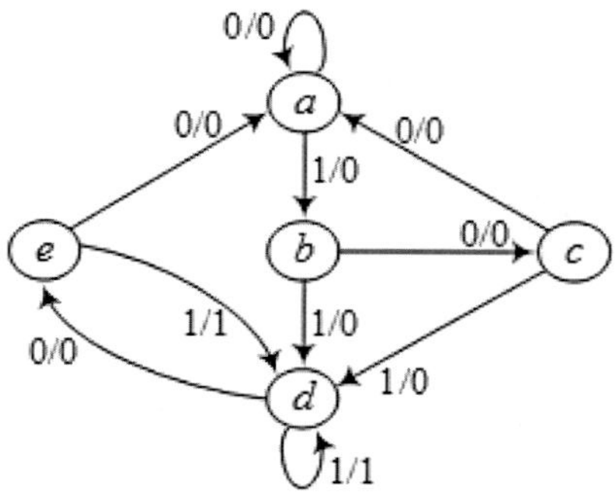

▎그림 4 축소된 상태도

순차회로의 설계 과정

1. 순차회로의 설계 단계는 다음의 단계에 따라 설계된다.
   1) 상태도 또는 상태표를 구한다.
   2) 필요하다면 상태의 수를 줄인다.
   3) 각 상태에 2진수 값을 지정한다.
   4) 2진수 코드의 상태표를 구한다.
   5) 사용할 플립플롭의 종류를 선택한다.
   6) 간소화된 플립플롭의 입력식과 출력식을 구한다.
   7) 논리도를 그린다.

2. 순차회로 설계에 사용되는 여기표

▎표 5▎ 여기표

현재 상태	다음 상태	D F/F 입력	JK F/F 입력		T F/F 입력
Q(t)	Q(t+1)	D	J	K	T
0	0	0	0	X	0
0	1	1	1	X	1
1	0	0	X	1	1
1	1	1	X	0	0

3. 순차회로 설계 예1 :
   [그림 5]의 순차논리회로로부터 유도한 상태도와 상태표는 [그림 6]과 [표 6]이다. 이 상태표로부터 구한 다음 상태방정식은 다음과 같다.

▶ 입력식

$J_A = B \qquad K_A = Bx'$

$J_B = x' \qquad K_B = A'x + Ax' = A \oplus x$

▶ 다음 상태방정식

$A(t+1) = A'B + AB' + Ax$

$B(t+1) = B'x' + ABx + \ A'Bx'$

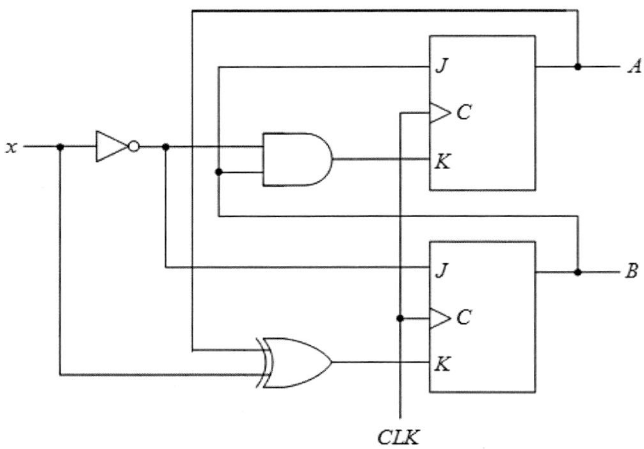

▌그림 5 JK 플립플롭으로 구성된 순차회로

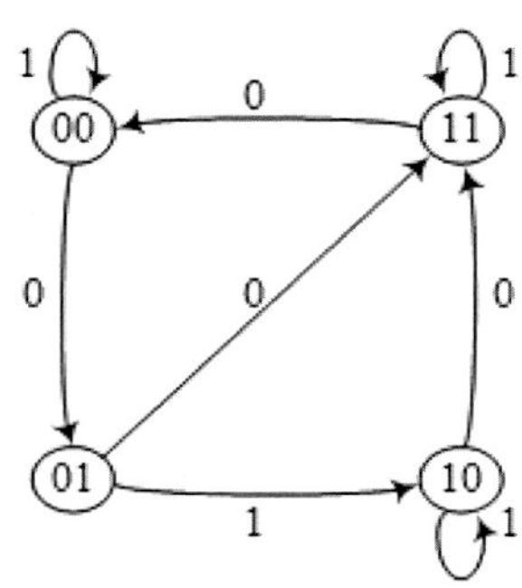

▌그림 6 [그림 5]의 상태도

표 6 [그림 6]의 상태표

현재 상태		입력	플립플롭 입력				다음 상태	
A	B	x	J_A	K_A	J_B	K_B	A	B
0	0	0	0	0	1	0	0	1
0	0	1	0	0	0	1	0	0
0	1	0	1	1	1	0	1	1
0	1	1	1	0	0	1	1	0
1	0	0	0	0	1	1	1	1
1	0	1	0	0	0	0	1	0
1	1	0	1	1	1	1	0	0
1	1	1	1	0	0	0	1	1

실험예비 문제

1. 두 개의 **D flip-flop** A, B와 두 개의 입력 x와 y를 갖는 순차회로를 설계하시오. 두 개의 입력 x와 y에 따라 다음과 같이 동작하는 **동기식 순차회로**임.

x	y	순차회로의 기능
0	0	A, B의 출력을 모두 보수화
0	1	count down (11→10→01→00→11 반복)
1	0	count up (00→01→10→11→00 반복)
1	1	변화 없음 (전상태 유지)

2. [그림 7]의 순차회로에서 두 개의 **T flip-flop** A, B와 1개의 입력 x 및 1개의 출력 y를 갖는 논리도를 **D flip-flop**을 이용한 순차회로로 설계변경 하시오.

   1) 회로의 **입력함수**와 **출력함수**를 구하고,
   2) **상태표**(여기표 포함)와 **상태도**를 유도하고,
   3) **A, B의 다음상태식**을 구하고,
   4) **D flip-flop 입력식**을 구하고, **순차회로의 논리도**를 그리시오.

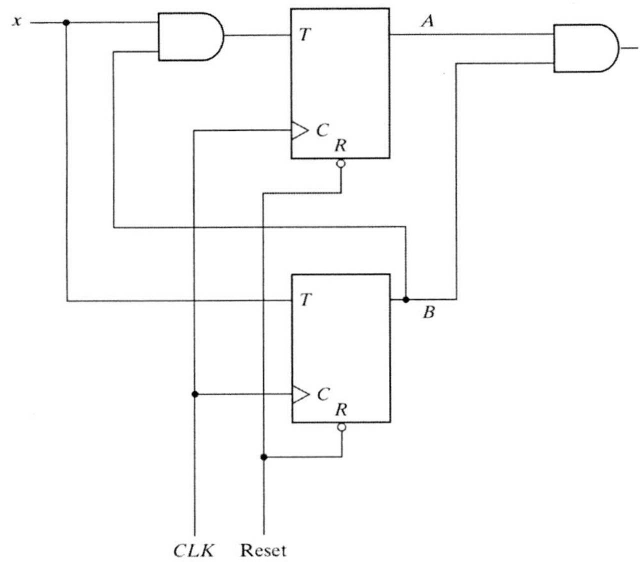

▎그림 7 T F/F 사용한 순차회로

3. [그림 8]처럼 주어진 상태도로부터 상태표와 flip-flop 입력 함수 및 출력함수를 유도하고 JK flip-flop을 이용한 순차회로를 설계하시오.

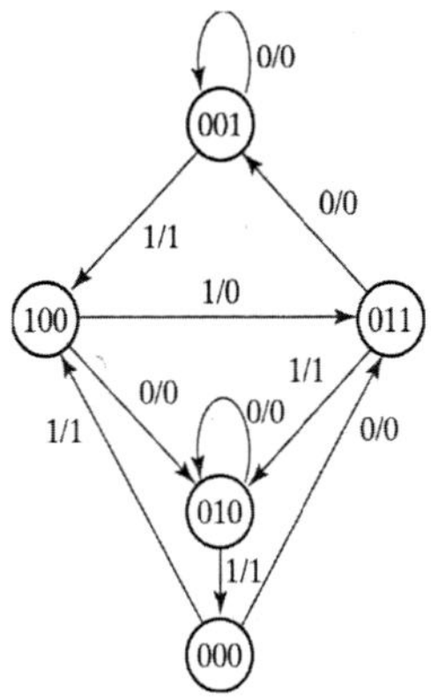

▎그림 8 상태도

실험하기

1. 순차회로 설계

1.1 실험 1 (D F/F 순차회로)

<실험 예비지식>의 [그림 1]의 회로를 D F/F(74LS74)로 구성한 후 다음의 입력 전압을 가한 후의 다음 상태와 출력 전압을 측정하여 [표 7]을 완성하시오.

【표 7】 D F/F 사용 순차논리회로의 상태표

현 상태	입력	다음 상태	출력
A B	x	A B	y
0 0	0		
0 0	1		
0 1	0		
0 1	1		
1 0	0		
1 0	1		
1 1	0		
1 1	1		

1.2 실험 2 (T F/F 순차회로)

<실험 예비지식>의 [그림 2]의 T F/F 순차회로를 JK F/F(74LS76)으로 구성한 후 다음의 입력 전압을 가한 후의 다음 상태와 출력 전압을 측정하여 [표 8]을 완성하시오.

[표 8] T F/F 사용 순차논리회로의 상태표

현 상태	입력	다음 상태	출력
A B	x	A B	y
0 0	0		
0 0	1		
0 1	0		
0 1	1		
1 0	0		
1 0	1		
1 1	0		
1 1	1		

1.3 실험 3 (D F/F 순차회로)

<실험 예비문제 1>의 순차회로를 설계한 후 D F/F(74LS74)를 이용하여 브레드보드에 구성하고, 다음의 입력 전압을 가한 후의 다음상태의 전압을 측정하여 [표 9]에 기록하시오.

[표 9] D F/F 사용 순차논리회로의 상태표

현 상태	입력		다음 상태
A B	x	y	A B
0 0	0	0	
0 0	0	1	
0 0	1	0	
0 0	1	1	
0 1	0	0	
0 1	0	1	
0 1	1	0	
0 1	1	1	
1 0	0	0	
1 0	0	1	
1 0	1	0	
1 0	1	1	
1 1	0	0	
1 1	0	1	
1 1	1	0	
1 1	1	1	

1.4 실험 4 (F/F 변경하여 순차회로 설계하기)

(1) <실험 예비문제 2> [그림 7]의 T F/F 순차회로를 JK F/F(74LS76)를 이용해 구성하고 다음의 입력 전압을 가한 후의 다음상태와 출력 전압을 측정하여 [표 10]을 기록하시오.

(2) 또한 <실험 예비문제 2>에서 JK F/F으로 설계 변경한 순차회로를 구성한 후 [표 10]에 기록하시오.

표 10 T F/F, JK F/F 사용 순차논리회로의 상태표

현 상태	입력	다음 상태	출력	다음 상태	출력
A B	x	A B	y	A B	y
0 0	0				
0 0	1				
0 1	0				
0 1	1				
1 0	0				
1 0	1				
1 1	0				
1 1	1				

1.5 실험 5 (상태축소)

(1) 다음 상태표의 상태를 줄여 축소된 상태표, 상태도 및 T flip-flop 입력 함수와 출력식을 구하시오.

현 상태	다음 상태 (ABC)		출력 (y)	
ABC	x = 0	x = 1	x = 0	x = 1
000	010	001	0	1
001	101	010	0	1
010	000	011	0	0
011	011	101	1	0
100	100	110	1	1
101	101	111	0	1
110	111	000	0	1
111	000	011	0	0

(2) **JK flip-flop(74LS76)**을 이용해 설계한 **T flip-flop** 동기식 순차회로를 브레드보드에 구성하고, 입력 전압에 대한 출력 전압을 측정하여 [표 11]에 기록하시오.

▌표 11▌ 축소된 상태표

현 상태	다음 상태 (*ABC*)		출력 (*y*)	
ABC	x = 0	x = 1	x = 0	x = 1

실험 예비 보고서

실험 10 순차회로 설계

실험 일자 : 20 년 월 일 (요일) 교시
실험 장소 : 관 호
담당 교수 :

학과명	학과 반
실험조	
학 번	
성 명	

평가 및 확인	
지시 및 지적사항	

실험예비 문제

아래의 예비 문제를 실험 전에 풀어보시오.

1. 두 개의 ***D* flip-flop** A, B와 두 개의 입력 x와 y를 갖는 순차회로를 설계하시오. 두 개의 입력 x와 y에 따라 다음과 같이 동작하는 **동기식 순차회로**임.

x	y	순차회로의 기능
0	0	A, B의 출력을 모두 보수화
0	1	count down (11→10→01→00→11 반복)
1	0	count up (00→01→10→11→00 반복)
1	1	변화 없음 (전상태 유지)

2. [그림 7]의 순차회로에서 두 개의 **T flip-flop** A, B와 한 개의 입력 x 및 한 개의 출력 y를 갖는 논리도를 **D flip-flop**을 이용한 순차회로로 설계변경 하시오.

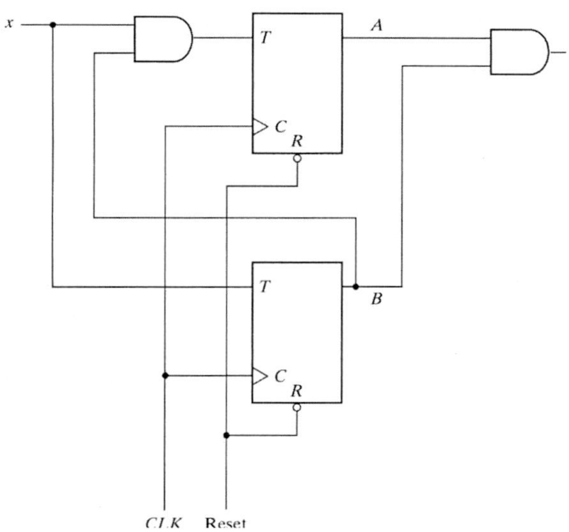

그림 7 T F/F 사용한 순차회로

(1) 회로의 **입력함수**와 **출력함수**를 구하시오.

(2) **상태표**(여기표 포함)와 **상태도**를 유도하시오.

(3) **A, B의 다음상태식**을 구하시오.

(4) ***D* flip-flop 입력식**을 구하고, **순차회로의 논리도**를 그리시오.

3. [그림 8]처럼 주어진 상태도로부터 상태표와 flip-flop 입력 함수 및 출력함수를 유도하고 JK flip-flop을 이용한 순차회로를 설계하시오.

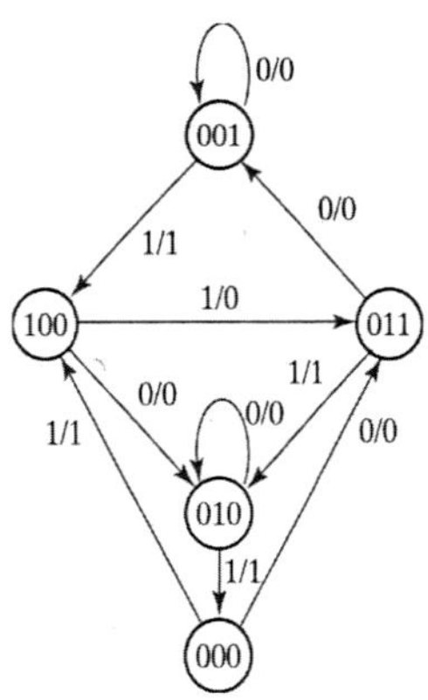

▌그림 8 상태도

(1) 상태도로부터 상태표(여기표를 포함)를 유도하시오.

(2) 출력 함수를 유도하시오.

(3) **A, B, C의 다음상태식**을 구하시오.

(4) ***JK* flip-flop 입력식**을 구하고, **순차회로의 논리도**를 그리시오.

MEMO

실험 결과 보고서

실험 10 순차회로 설계

실험 일자 : 20 년 월 일 (요일) 교시
실험 장소 : 관 호
담당 교수 :

학과명	학과 반
실험조	
학 번	
성 명	

평가 및 확인	
지시 및 지적사항	

실험결과 기록

순차회로 설계

1. 실험 1 (D F/F 순차회로)

<실험 예비지식>의 [그림 1]의 회로를 D F/F(74LS74)로 구성한 후 다음의 입력 전압을 가한 후의 다음상태와 출력 전압을 측정하여 [표 7]을 완성하시오.

[표 7] D F/F 사용 순차논리회로의 상태표

현 상태	입력	다음 상태	출력
A B	*x*	*A B*	*y*
0 0	0		
0 0	1		
0 1	0		
0 1	1		
1 0	0		
1 0	1		
1 1	0		
1 1	1		

2. 실험 2 (T F/F 순차회로)

<실험 예비지식>의 [그림 2]의 T F/F 순차회로를 JK F/F(74LS76)으로 구성한 후 다음의 입력 전압을 가한 후의 다음상태와 출력 전압을 측정하여 [표 8]을 완성하시오.

[표 8] T F/F 사용 순차논리회로의 상태표

현 상태	입력	다음 상태	출력
A B	*x*	*A B*	*y*
0 0	0		
0 0	1		
0 1	0		
0 1	1		
1 0	0		
1 0	1		
1 1	0		
1 1	1		

3. 실험 3 (D F/F 순차회로)

<실험 예비문제 1>의 순차회로를 설계한 후 D F/F(74LS74)를 이용하여 브레드보드에 구성하고, 다음의 입력 전압을 가한 후의 다음상태의 전압을 측정하여 [표 9]에 기록하시오.

▌표 9▐ D F/F 사용 순차논리회로의 상태표

현 상태		입력		다음 상태	
A	*B*	*x*	*y*	*A*	*B*
0	0	0	0		
0	0	0	1		
0	0	1	0		
0	0	1	1		
0	1	0	0		
0	1	0	1		
0	1	1	0		
0	1	1	1		
1	0	0	0		
1	0	0	1		
1	0	1	0		
1	0	1	1		
1	1	0	0		
1	1	0	1		
1	1	1	0		
1	1	1	1		

4. 실험 4 (F/F 변경하여 순차회로 설계하기)

(1) <실험 예비문제 2> [그림 7]의 T F/F 순차회로를 JK F/F(74LS76)를 이용해 구성하고 다음의 입력 전압을 가한 후의 다음상태와 출력 전압을 측정하여 [표 9]를 기록하시오.

(2) 또한 <실험 예비문제 2>에서 D F/F으로 설계 변경한 순차회로를 구성한 후 [표 9]에 기록하시오.

▌표 9▐ T F/F, D F/F 사용 순차논리회로의 상태표

현 상태		입력	다음 상태		출력	다음 상태		출력
A	*B*	*x*	*A*	*B*	*y*	*A*	*B*	*y*
0	0	0						
0	0	1						
0	1	0						
0	1	1						
1	0	0						
1	0	1						
1	1	0						
1	1	1						

5. 실험 5 (상태축소)

(1) 다음 상태표 [표 10]의 상태를 줄여 축소된 상태표를 구해 [표 11]에 기록하시오.

▌표 10▐ 원상태표

현 상태 *ABC*	다음 상태 (*ABC*)		출력 (*y*)	
	x = 0	x = 1	x = 0	x = 1
000	010	001	0	1
001	101	010	0	1
010	000	011	0	0
011	011	101	1	0
100	100	110	1	1
101	101	111	0	1
110	111	000	0	1
111	000	011	0	0

▌표 11▐ 축소된 상태표

현 상태 *ABC*	다음 상태 (*ABC*)		출력 (*y*)	
	x = 0	x = 1	x = 0	x = 1

(2) 축소된 상태표로부터 상태도를 그리시오.

(3) 축소된 상태표로부터 T flip-flop 입력 함수와 출력식을 구하시오.

(4) ***JK* flip-flop(74LS76)**을 이용해 설계한 ***T* flip-flop** 동기식 순차회로를 브레드보드에 구성하고, 입력 전압에 대한 출력 전압을 측정하여 [표 12]에 기록하고 [표 11]과 비교하시오.

표 12 축소된 상태표

현 상태 *ABC*	다음 상태 (*ABC*)		출력 (*y*)	
	x = 0	x = 1	x = 0	x = 1

6. 실험을 통해 알게 된 중요한 사항과 느낀 점을 간략하게 정리하시오.

11 비동기식 카운터

실험예비 지식

클럭 펄스의 수를 세는 카운터에는 비동기식 카운터(asynchronous counter)와 동기식 카운터(synchronous counter)가 있다. 본 장에서는 그 중 비동기식 카운터에 대하여 공부할 것이다. 리플업 카운터, 리플다운 카운터 및 m-mod 카운터를 다룰 것이다.

리플 업 카운터(Ripple up counter)

리플 업(ripple up) 카운터는 비동기식 카운터로 이전 단의 플립플롭 출력 Qn이 다음 단 플립플롭의 클럭 펄스로 인가되는 구조이며 클럭 펄스가 하나씩 인가될 때마다 1씩 증가하는 카운터이다. JK 플립플롭을 이용하여 3비트 8진 리플 업 카운터를 설계하면 [그림 1]과 같다.

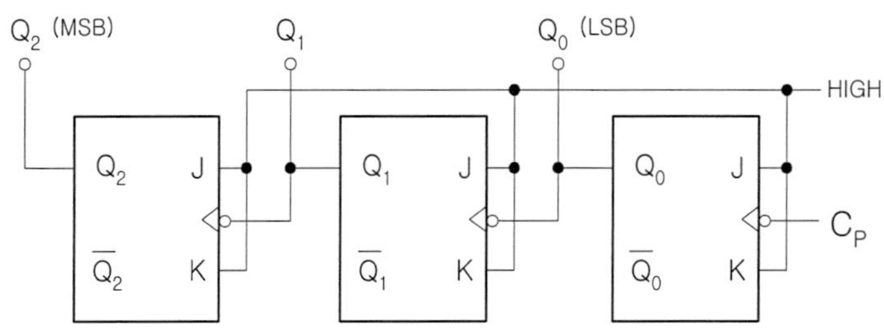

그림 1 3비트 8진 리플 업 카운터

이 회로에서 출력은 Q2, Q1, Q0의 여덟 개의 상태가 1씩 증가하며 변화하는 비동기식 업(up) 카운터의 기능을 수행한다. 이 카운터에 대한 출력 파형과 상태전이표는 [그림 2]와 같다. 이 카운터는 10진수로 0~7까지 여덟 개의 상태를 1씩 증가하며 센 다음 다시 0부터 시작하여 카운트를 반복하므로 mod-8 카운터라 한다.

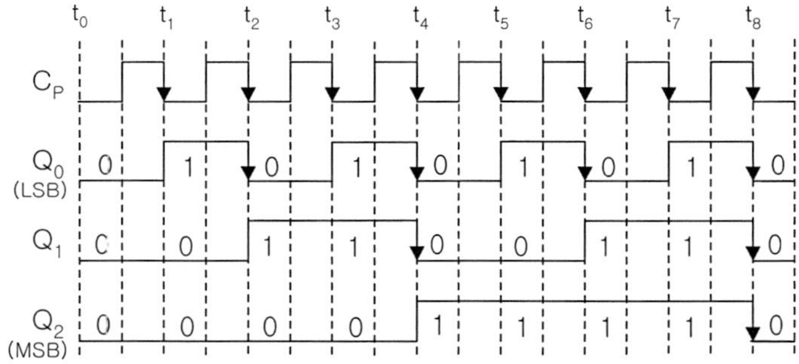

입력		출력		
시간	C_P	Q_2	Q_1	Q_0
t_0		0	0	0
t_1	↓	0	0	1
t_2	↓	0	1	0
t_3	↓	0	1	1
t_4	↓	1	0	0
t_5	↓	1	0	1
t_6	↓	1	1	0
t_7	↓	1	1	1

그림 2 3비트 8진 리플 업 카운터의 출력 파형 및 상태천이

리플 다운 카운터(Ripple down counter)

리플 다운(ripple down) 카운터도 비동기식 카운터로 이전단의 플립플롭 출력 $\overline{Qn}$이 다음단 플립플롭의 클럭 펄스로 인가되는 구조이며 클럭 펄스가 하나씩 인가될 때마다 1씩 감소하는 카운터이다. JK 플립플롭을 이용하여 3비트 8진 리플다운 카운터를 설계하면 [그림 3]과 같다.

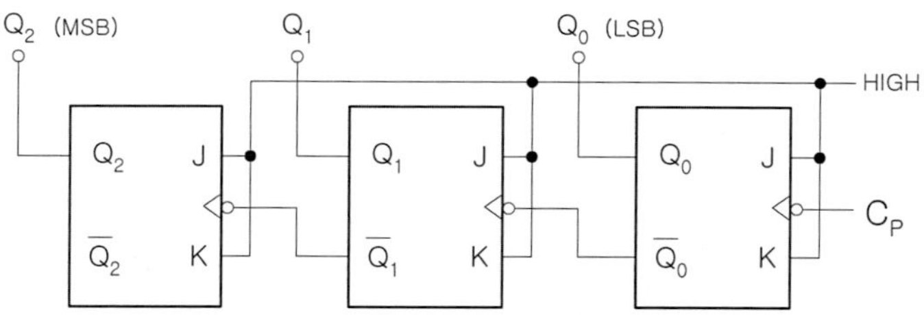

그림 3 3비트 8진 리플다운 카운터

이 회로에서 출력은 Q2, Q1, Q0의 3비트로 Q2가 MSB, Q0이 LSB로 되어 클럭 펄스가 인가될 때마다 111~000 까지 여덟 개의 상태가 1씩 감소하며 변화하는 비동기식 다운(down) 카운터의 기능을 수행한다. 이 카운터에 대한 출력 파형과 상태천이표는 [그림 4]와 같다. 이 카운터는 10진수로 7~0까지 여덟 개의 상태를 1씩 감소하며 센 다음 다시 이를 반복 수행한다. 이 예에서 보여준 리플다운 카운터도 8진 카운터 또는 mod-8 카운터이다.

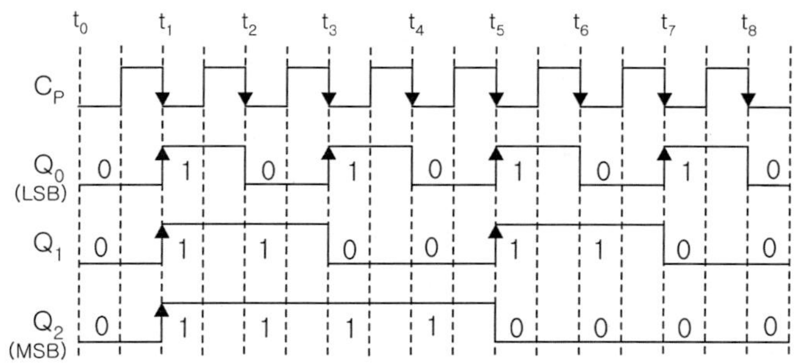

입력		출력		
시간	C_P	Q_2	Q_1	Q_0
t_0		0	0	0
t_1	↓	1	1	1
t_2	↓	1	1	0
t_3	↓	1	0	1
t_4	↓	1	0	0
t_5	↓	0	1	1
t_6	↓	0	1	0
t_7	↓	0	0	1

그림 4 3비트 8진 리플다운 카운터의 출력 파형 및 상태천이

리플 업/다운 카운터(Ripple up/down counter)

2×1 멀티플렉서를 이용하면 리플 업 카운터와 리플다운 카운터를 병행하여 쓸 수 있는 리플 업/다운 카운터를 구성할 수 있다. MUX의 선택선 S = 0로 하면 MUX의 입력 A가 다음 단 플립플롭의 클럭 펄스로 인가되어 리플 업 카운터의 기능을 수행하고, MUX의 선택선 S = 1로 하면 MUX의 입력 B가 다음 단 플립플롭의 클럭 펄스로 인가되어 리플 다운 카운터의 기능을 수행한다. 3비트 8진 리플 업/다운 카운터를 설계하면 [그림 5]와 같다.

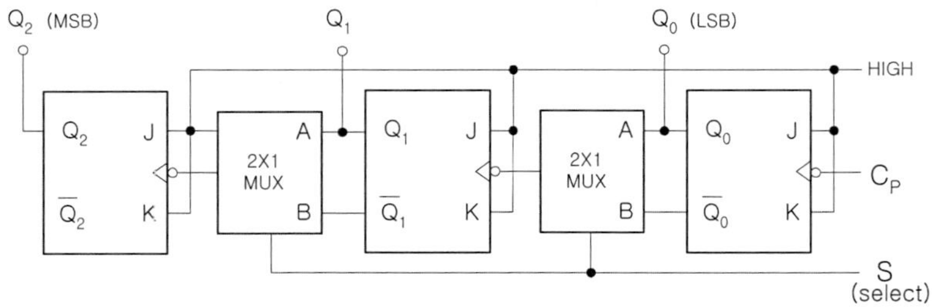

그림 5 3비트 8진 리플 업/다운 카운터

mod-n 카운터(mod-n counter)

2비트 리플카운터는 mod-4의 4진 카운터이며 0~3까지, 3비트 리플카운터는 mod-8의 8진 카운터이며 0~7까지, 4비트 리플카운터는 mod-16의 16진 카운터이며 0~15까지의 수를 카운트한다. 이와 같이 mod-2, 4, 8, 16등의 카운터는 단순히 플립플롭을 직렬로 연결하여 구성할 수 있으나 이절에서는 이것 이외의 mod-3, 5, 6, 7, 9, 10···· 등의 비동기식 카운터의 구성에 대하여 설명한다.

(1) 비동기식 10진 카운터

비동기식 10진 카운터는 0~9까지의 수를 1씩 증가하며 카운트하기 위하여 4비트가 필요하며 네 개의 플립플롭이 필요로 한다. 네 개의 플립플롭을 직렬로 연결하면 최대 0~15까지 카운트 할 수 있는데 mod-10으로 하려면 9(10012)까지 카운트하고 10번째 펄스가 들어올 때 자동적으로 모든 플립플롭 출력이 0으로 reset 되도록 회로를 설계하여야 한다. 이 카운터의 상태천이도는 [그림 6]과 같고 회로도는 [그림 7]과 같다. 이 회로에서 1001이 되는 경우에만 NAND 게이트의 출력이 $\overline{Q_0 Q_3} = 0$이 되어 모든 플립플롭의 J = 0, K = 1인 상태가 되어 4비트 모두 reset되어 출력은 0000로 돌

아가 다시 카운트가 반복된다.

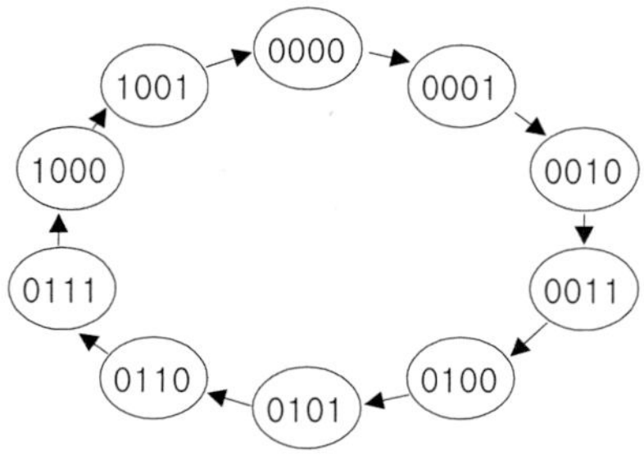

▌그림 6 비동기식 10진 카운터의 상태도

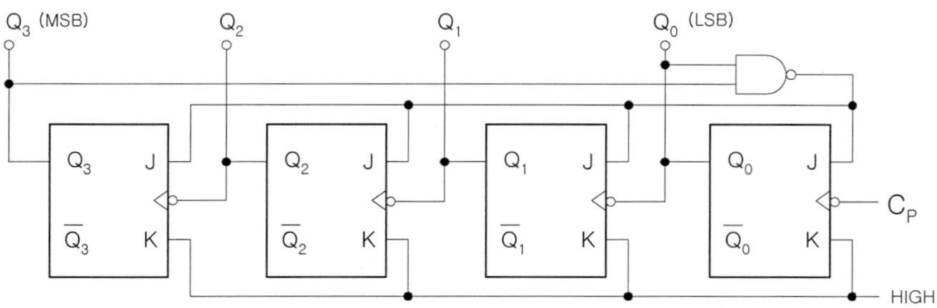

▌그림 7 비동기식 10진 카운터

(2) 비동기식 리셋형 mod-n 카운터

비동기식 리셋(reset)형 카운터는 원하는 수까지를 계수한 후 각 단의 출력을 논리게이트(NAND 게이트)를 써서 디코딩(decoding)하고 계수기를 리셋 시켜 처음부터 다시 카운트하는 회로이다. 예를 들어 mod-6 비동기식 리셋형 카운터의 설계방법을 설명하면 다음과 같다.

① NAND 게이트의 출력을 모든 플립플롭의 클리어(clear)단자에 연결 한다.

② NAND 게이트의 입력은 카운트할 수 중 가장 큰 수에 1을 더한 수에 대한 민텀항(표준적)을 입력한다. mod-6 카운터의 경우 0~5까지 카운트하므로 (5+1)=6에 해당하는 2진수는 110 이고, 이것을 표준적으로 고치면 $Q_2 Q_1 \overline{Q}_0$가 되고 이 값을 NAND 게이트의 입력으로 한다.

③ 각 플립플롭의 JK 입력은 모두 HIGH로 하여 토글(toggle)동작을 하도록 하 고, 프리셋(preset) 단자도 HIGH 값을 인가하여 토글동작에 영향을 주지 않도록 한다.

구현된 mod-6 비동기식 리셋형 카운터에 대한 회로는 [그림 8]과 같다.

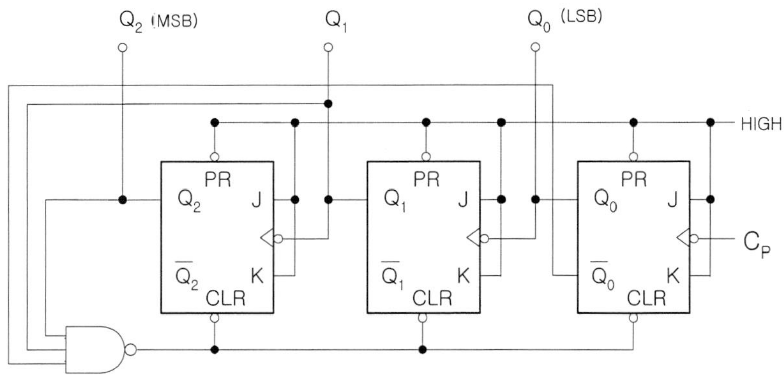

▌그림 8 mod–6 비동기식 리셋형 카운터

이 회로에서와 같이 000~101까지 카운트 한 다음 110이 되는 순간 이 값을 NAND 게이트에서 디코드(검출)하여 모든 플립플롭을 리셋시킨다. 리셋 후 이 카운터는 다시 000부터 1씩 증가하며 카운트를 반복한다. 이 회로의 타이밍도를 그리면 [그림 9]와 같다. 타이밍도에서와 같이 110을 검출 후 NAND 게이트와 플립플롭의 전파지연 시간 때문에 모든 플립플롭의 리셋 동작은 짧은 펄스의 지연 이후에 나타나게 되어 시스템의 오동작 원인이 될 수 있다. 이러한 짧은 펄스를 글리치(glitch)라 한다.

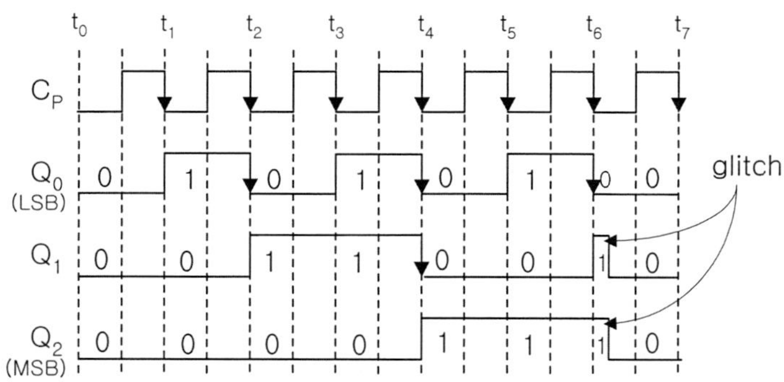

▌그림 9 리셋형 카운터에서 발생되는 글리치(glitch)

실험예비 문제

1. [그림 8]의 비동기식 리셋형 카운터는 글리치가 발생할 수 있으므로 [그림 7]처럼 $Q_2Q_1Q_0 = 110$일 때 NAND 게이트의 출력 JK 플립플롭 입력단 J에 연결해 $J=0$이 되도록 수정하여 글리치가 발생하지 않는 비동기식 순차회로를 구성하시오.

2. mod-9 비동기식 카운터를 [그림 7]과 같은 방식으로 JK 플립플롭을 이용하여 구성하시오.

실험하기

비동기식 리플 업/다운 카운터

1. 실험 1 (비동기식 리플 업 카운터)

(1) JK 플립플롭(74LS76)을 이용하여 아래의 회로를 브레드보드에 구성하시오. 단, J, K, 프리셋 단자는 모두 HIGH로 연결하시오.

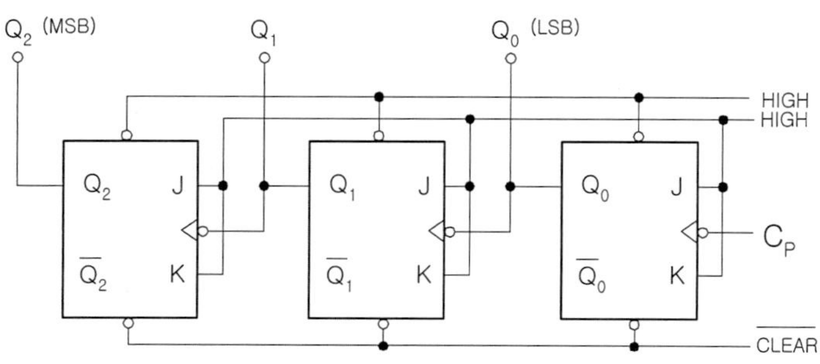

그림 10 비동기식 리플 업 카운터

(2) 클리어 단자에 LOW 신호를 입력하여 모든 플립플롭을 reset한 후 HIGH 값을 인가하시오.

(3) 클럭 펄스를 인가한 후 출력 상태를 조사하여 [표 1]에 기록하시오.

▌표 1▐

입력		출력		
시간	C_P	Q_2	Q_1	Q_0
t_0				
t_1	↓			
t_2	↓			
t_3	↓			
t_4	↓			
t_5	↓			
t_6	↓			
t_7	↓			

(4) 이 카운터의 타이밍도를 완성하고 카운터의 이름을 적으시오.

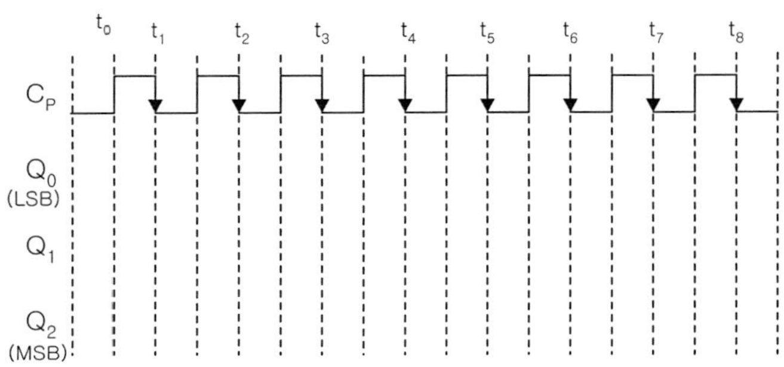

2. 실험 2 (비동기식 리플다운 카운터)

(1) JK 플립플롭(74LS76)을 이용하여 아래의 회로를 브레드보드에 구성하시오. 단, J, K, 프리셋 단자는 모두 HIGH로 연결하시오.

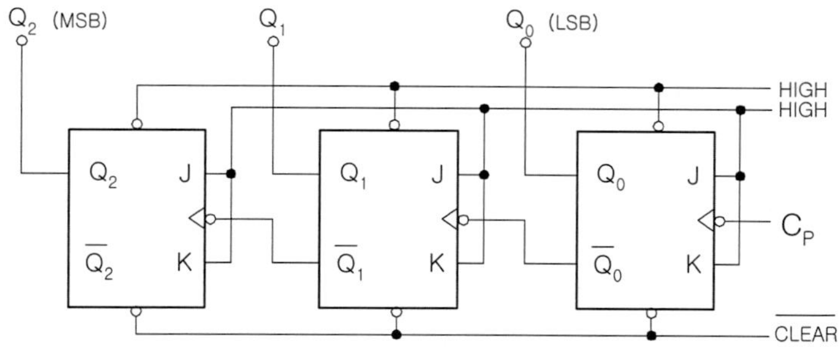

그림 11 비동기식 리플다운 카운터

(2) 클리어 단자에 LOW 신호를 입력하여 모든 플립플롭을 reset한 후 HIGH 값을 인가하시오.

(3) 클럭 펄스를 인가한 후 출력 상태를 조사하여 [표 2]에 기록하시오.

표 2

입력		출력		
시간	C_P	Q_2	Q_1	Q_0
t_0				
t_1	↓			
t_2	↓			
t_3	↓			
t_4	↓			
t_5	↓			
t_6	↓			
t_7	↓			

(4) 이 카운터의 타이밍도를 완성하고 카운터의 이름을 적으시오.

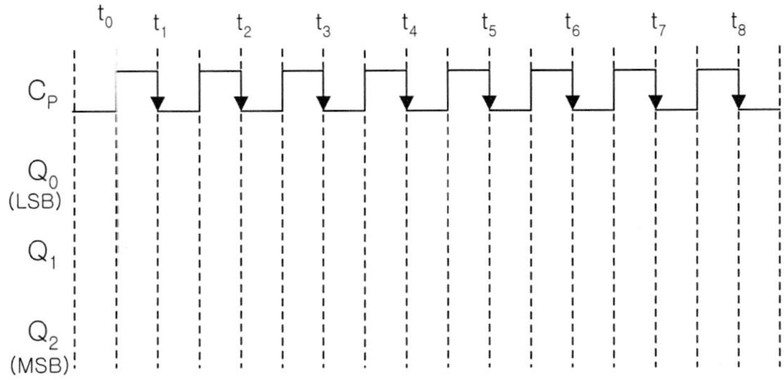

3. 실험 3 (비동기식 리플 업/다운 카운터)

(1) JK 플립플롭(74LS76)과 2×1 MUX(74LS157)를 이용하여 아래 [그림 12]의 회로를 브레드보드에 구성하시오. 단, J, K, 프리셋 단자는 모두 HIGH로 연결하시오.

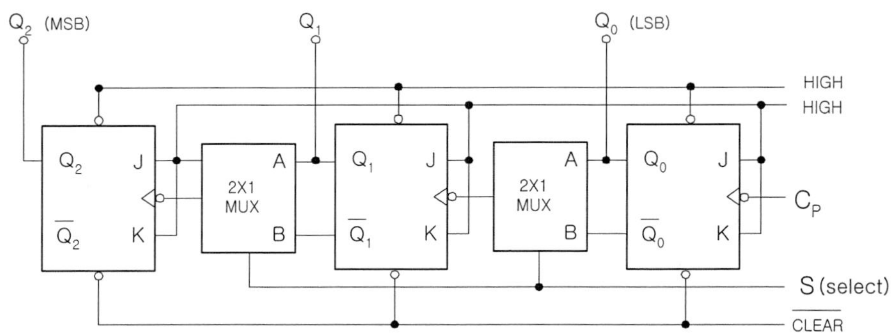

▌그림 12 비동기식 리플 업/다운 카운터

(2) 클리어 단자에 LOW 신호를 입력하여 모든 플립플롭을 reset한 후 HIGH 값을 인가하고 MUX의 select 단자에 LOW 신호를 입력하시오.

(3) 클럭 펄스를 인가한 후 출력 상태를 조사하여 [표 3]에 기록하시오.

▌표 3▌

입력		출력		
시간	C_P	Q_2	Q_1	Q_0
t_0				
t_1	↓			
t_2	↓			
t_3	↓			
t_4	↓			
t_5	↓			
t_6	↓			
t_7	↓			

(4) 이 카운터의 타이밍도를 완성하고 카운터의 이름을 적으시오.

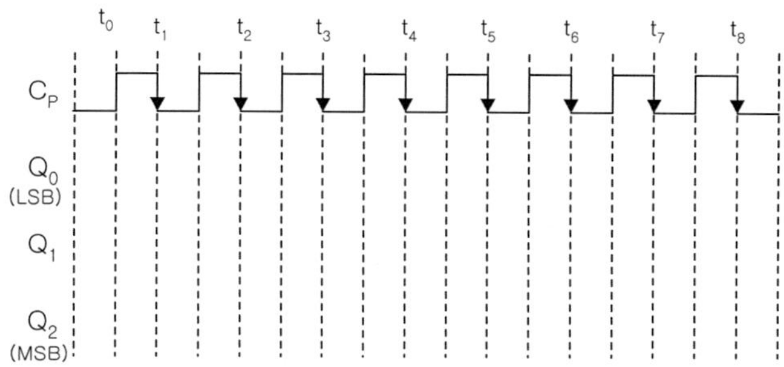

(5) 클리어 단자에 LOW 신호를 입력하여 모든 플립플롭을 reset한 후 HIGH 값을 인가하고 MUX의 select 단자에 HIGH 신호를 입력하시오.

(6) 클럭 펄스를 인가한 후 출력 상태를 조사하여 [표 4]에 기록하시오.

▌표 4▌

입력		출력		
시간	C_P	Q_2	Q_1	Q_0
t_0				
t_1	↓			
t_2	↓			
t_3	↓			
t_4	↓			
t_5	↓			
t_6	↓			
t_7	↓			

(7) 이 카운터의 타이밍도를 완성하고 카운터의 이름을 적으시오.

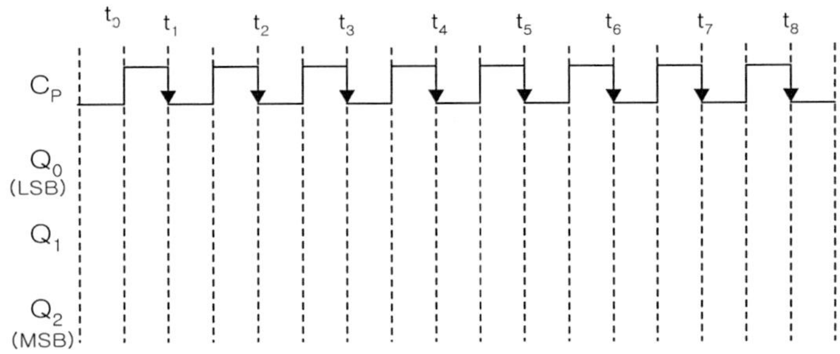

4. 실험 4 (비동기식 10진 카운터)

(1) NAND 게이트(74LS00)와 JK 플립플롭(74LS76)을 이용하여 아래 [그림 13]의 회로를 브레드보드에 구성하시오.

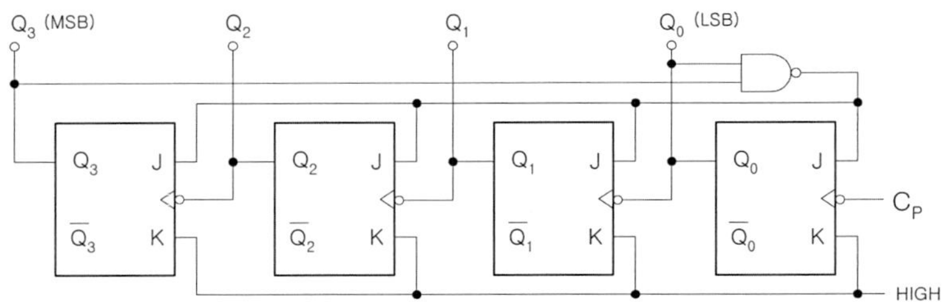

▌그림 13 비동기식 10진 카운터

(2) 클럭 펄스를 인가한 후 출력 상태를 조사하여 [표 5]에 기록하시오.

▌표 5▐

입력		출력			
시간	C_P	Q_3	Q_2	Q_1	Q_0
t_0					
t_1	↓				
t_2	↓				
t_3	↓				
t_4	↓				
t_5	↓				
t_6	↓				
t_7	↓				
t_8	↓				
t_9	↓				

(3) 이 카운터의 타이밍도를 완성하고 카운터의 이름을 적으시오.

5. 실험 5 (mod-n 비동기식 리셋형 카운터)

(1) NAND 게이트(74LS00)와 JK 플립플롭(74LS76)을 이용하여 아래 [그림 14]의 회로를 브레드보드에 구성하시오.

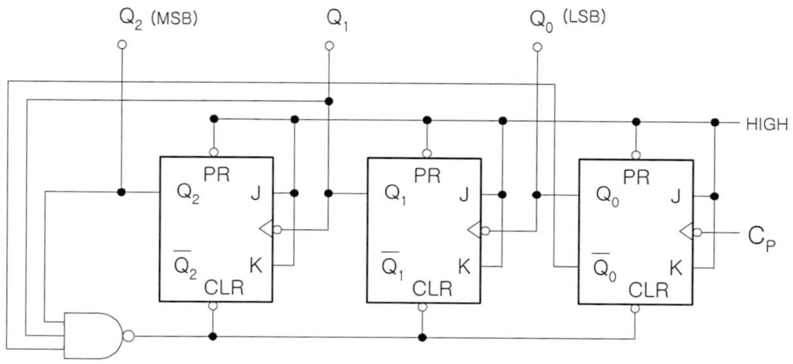

▮그림 14 m-mod 비동기식 리셋형 카운터

(2) 클럭 펄스를 인가한 후 출력 상태를 조사하여 [표 6]에 기록하시오.

▮표 6▮

입력		출력		
시간	C_P	Q_2	Q_1	Q_0
t_0				
t_1	↓			
t_2	↓			
t_3	↓			
t_4	↓			
t_5	↓			
t_6	↓			
t_7	↓			

(3) 이 카운터의 타이밍도를 완성하고 카운터의 이름을 적으시오.

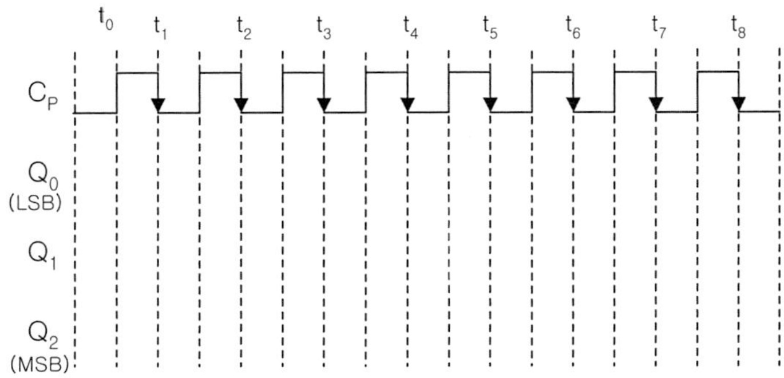

6. 실험 6 (mod-7 비동기식 카운터)

(1) 글리치가 생기지 않게 mod-7 기능을 하는 비동기식 카운터 회로를 설계하시오.

(2) NAND 게이트(74LS00)와 JK 플립플롭(74LS76)을 이용하여 글리치가 생기지 않는 mod-7 비동기식 카운터를 브레드보드에 구성하시오.

(3) 클럭 펄스를 인가한 후 출력 상태를 조사하여 [표 7]에 기록하시오.

❙표 7❙

입력		출력		
시간	C_P	Q_2	Q_1	Q_0
t_0				
t_1	↓			
t_2	↓			
t_3	↓			
t_4	↓			
t_5	↓			
t_6	↓			

(4) 이 카운터의 타이밍도를 완성하고 카운터의 이름을 적으시오.

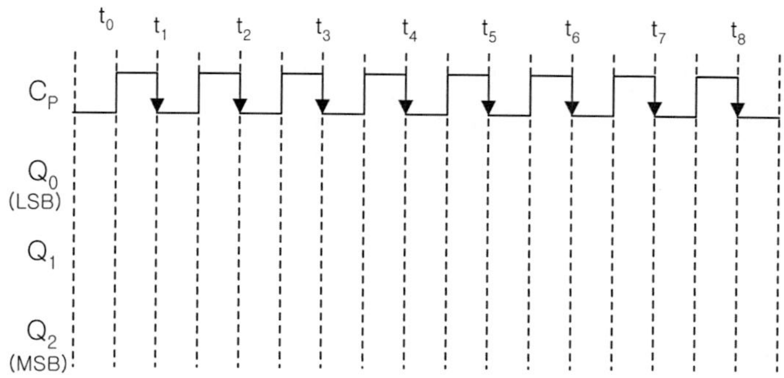

MEMO

실험 예비 보고서

실험 11 비동기식 카운터

실험 일자 : 20 년 월 일 (요일) 교시
실험 장소 : 관 호
담당 교수 :

학과명	학과 반
실험조	
학 번	
성 명	

평가 및 확인	
지시 및 지적사항	

실험예비 문제

아래의 예비 문제를 실험 전에 풀어보시오.

1. [그림 8]의 비동기식 리셋형 카운터는 글리치가 발생할 수 있으므로 [그림 7]처럼 $Q_2Q_1Q_0 = 110$일 때 NAND 게이트의 출력 JK 플립플롭 입력단 J에 연결해 $J=0$이 되도록 수정하여 글리치가 발생하지 않는 비동기식 순차회로를 구성하시오.

2. mod-9 비동기식 카운터를 [그림 7]과 같은 방식으로 JK 플립플롭을 이용하여 구성하시오.

MEMO

실험 결과 보고서

실험 11 비동기식 카운터

실험 일자 : 20 년 월 일 (요일) 교시
실험 장소 : 관 호
담당 교수 :

학과명	학과 반
실험조	
학 번	
성 명	

✂

평가 및 확인	
지시 및 지적사항	

실험결과 기록

비동기식 리플 업/다운 카운터

1. 실험 1 (비동기식 리플 업 카운터)

(1) JK 플립플롭(74LS76)을 이용하여 [그림 10]의 비동기식 리플 업 카운터 회로를 브레드보드에 구성하시오. 단, J, K, 프리셋 단자는 모두 HIGH로 연결하시오.

(2) 클리어 단자에 LOW 신호를 입력하여 모든 플립플롭을 reset한 후 HIGH 값을 인가하시오.

(3) 클럭 펄스를 인가한 후 출력 상태를 조사하여 [표 1]에 기록하시오.

[표 1]

입력		출력		
시간	C_P	Q_2	Q_1	Q_0
t_0				
t_1	↓			
t_2	↓			
t_3	↓			
t_4	↓			
t_5	↓			
t_6	↓			
t_7	↓			

(4) 이 카운터의 타이밍도를 완성하고 카운터의 이름을 적으시오.

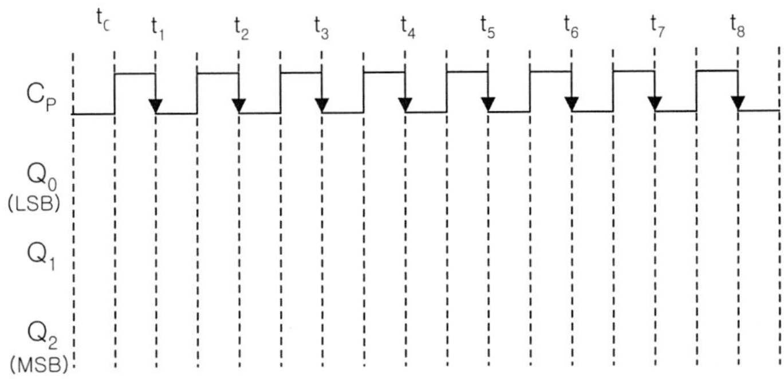

2. 실험 2 (비동기식 리플 다운 카운터)

(1) JK 플립플롭(74LS76)을 이용하여 [그림 11]의 비동기식 리플 다운 카운터 회로를 브레드보드에 구성하시오. 단, J, K, 프리셋 단자는 모두 HIGH로 연결하시오.

(2) 클리어 단자에 LOW 신호를 입력하여 모든 플립플롭을 reset한 후 HIGH 값을 인가하시오.

(3) 클럭 펄스를 인가한 후 출력 상태를 조사하여 [표 2]에 기록하시오.

▌표 2▐

입력		출력		
시간	C_P	Q_2	Q_1	Q_0
t_0				
t_1	↓			
t_2	↓			
t_3	↓			
t_4	↓			
t_5	↓			
t_6	↓			
t_7	↓			

(4) 이 카운터의 타이밍도를 완성하고 카운터의 이름을 적으시오.

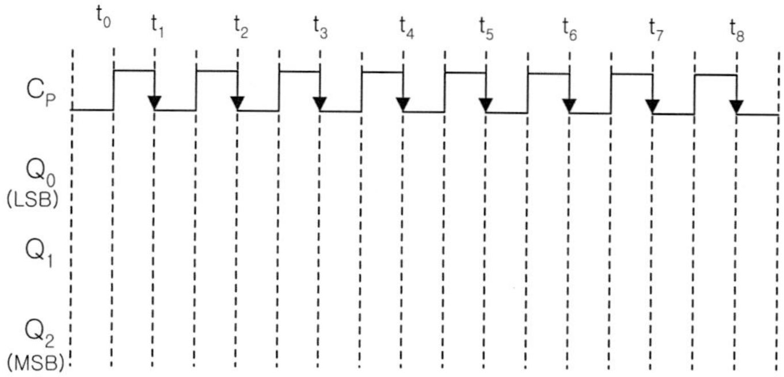

3. 실험 3 (비동기식 리플 업/다운 카운터)

(1) JK 플립플롭(74LS76)과 2×1 MUX(74LS157)를 이용하여 [그림 12]의 회로를 브레드보드에 구성하시오. 단, J, K, 프리셋 단자는 모두 HIGH로 연결하시오.

(2) 클리어 단자에 LOW 신호를 입력하여 모든 플립플롭을 reset한 후 HIGH 값을 인가하고 MUX의 select 단자에 LOW 신호를 입력하시오.

(3) 클럭 펄스를 인가한 후 출력 상태를 조사하여 [표 3]에 기록하시오.

표 3

입력		출력		
시간	C_P	Q_2	Q_1	Q_0
t_0				
t_1	↓			
t_2	↓			
t_3	↓			
t_4	↓			
t_5	↓			
t_6	↓			
t_7	↓			

(4) 이 카운터의 타이밍도를 완성하고 카운터의 이름을 적으시오..

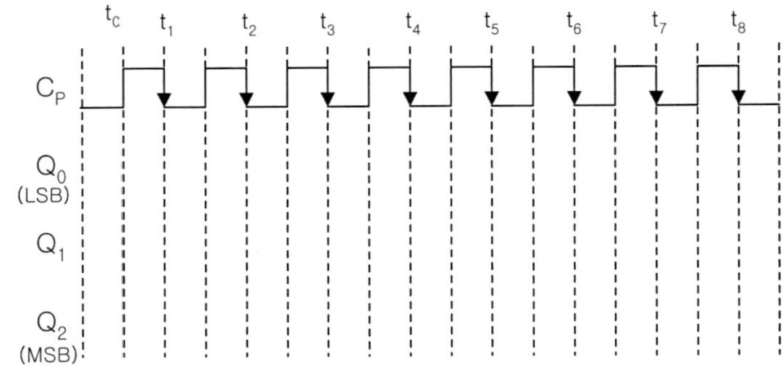

(5) 클리어 단자에 LOW 신호를 입력하여 모든 플립플롭을 reset한 후 HIGH 값을 인가하고 MUX의 select 단자에 HIGH 신호를 입력하시오.

(6) 클럭 펄스를 인가한 후 출력 상태를 조사하여 [표 4]에 기록하시오.

▌표 4▐

입력		출력		
시간	C_P	Q_2	Q_1	Q_0
t_0				
t_1	↓			
t_2	↓			
t_3	↓			
t_4	↓			
t_5	↓			
t_6	↓			
t_7	↓			

(7) 이 카운터의 타이밍도를 완성하고 카운터의 이름을 적으시오.

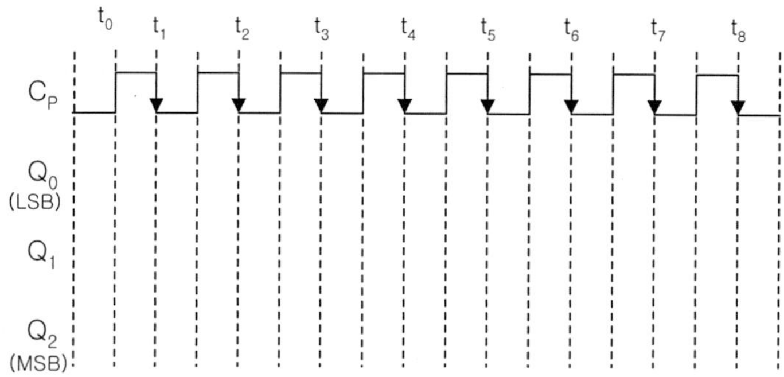

4. 실험 4 (비동기식 10진 카운터)

(1) NAND 게이트(74LS00)와 JK 플립플롭(74LS76)을 이용하여 아래 [그림 13]의 회로를 브레드보드에 구성하시오.

(2) 클럭 펄스를 인가한 후 출력 상태를 조사하여 [표 5]에 기록하시오.

| 표 5 |

입력		출력			
시간	C_P	Q_3	Q_2	Q_1	Q_0
t_0					
t_1	↓				
t_2	↓				
t_3	↓				
t_4	↓				
t_5	↓				
t_6	↓				
t_7	↓				
t_8	↓				
t_9	↓				

(3) 이 카운터의 타이밍도를 완성하고 카운터의 이름을 적으시오.

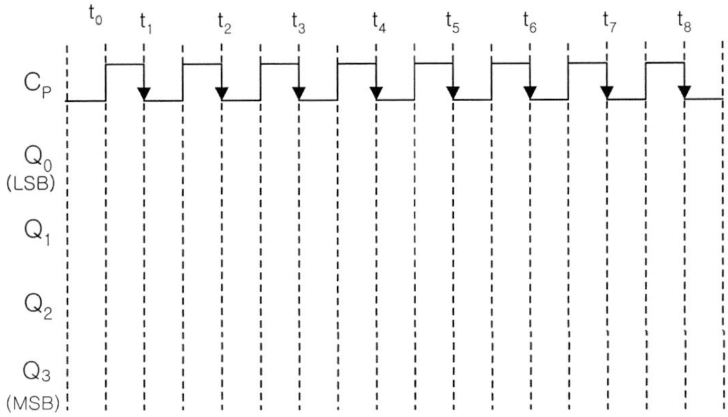

5. 실험 5 (mod-n 비동기식 리셋형 카운터)

(1) NAND 게이트(74LS00)와 JK 플립플롭(74LS76)을 이용하여 [그림 14]의 회로를 브레드보드에 구성하시오.

(2) 클럭 펄스를 인가한 후 출력 상태를 조사하여 [표 6]에 기록하시오.

▌표 6▐

입력		출력		
시간	C_P	Q_2	Q_1	Q_0
t_0				
t_1	↓			
t_2	↓			
t_3	↓			
t_4	↓			
t_5	↓			
t_6	↓			
t_7	↓			

(3) 이 카운터의 타이밍도를 완성하고 카운터의 이름을 적으시오.

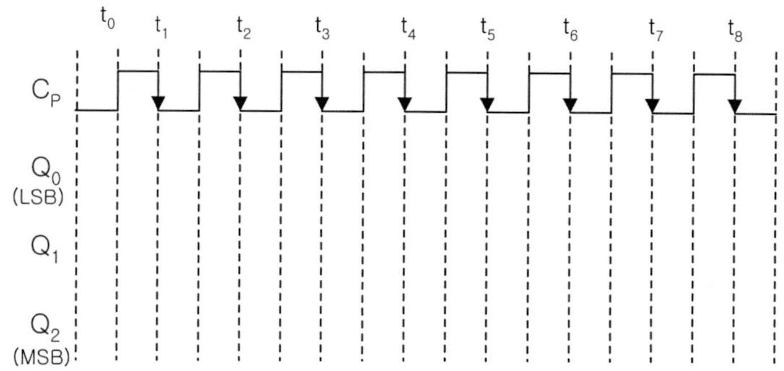

6. 실험 6 (mod–7 비동기식 카운터)

(1) 글리치가 생기지 않게 mod-7 기능을 하는 비동기식 카운터 회로를 설계하시오.

(2) NAND 게이트(74LS00)와 JK 플립플롭(74LS76)을 이용하여 글리치가 생기지 않는 mod-7 비동기식 카운터를 브레드보드에 구성하시오.

(3) 클럭 펄스를 인가한 후 출력 상태를 조사하여 [표 7]에 기록하시오.

【표 7】

입력		출력		
시간	C_P	Q_2	Q_1	Q_0
t_0				
t_1	↓			
t_2	↓			
t_3	↓			
t_4	↓			
t_5	↓			
t_6	↓			

(4) 이 카운터의 타이밍도를 완성하고 카운터의 이름을 적으시오.

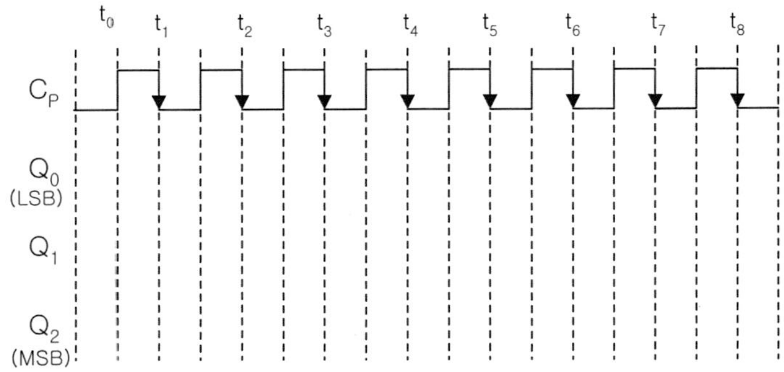

7. 실험을 통해 알게 된 중요한 사항과 느낀 점을 간략하게 정리하시오.

12 동기식 카운터, 링 카운터 및 존슨 카운터

실험예비 지식

본 장에서는 클럭 펄스의 수를 세는 동기식 카운터(synchronous counter)에 대하여 공부할 것이다. 앞 장에서 설명한 비동기식의 카운터에서는 앞단의 플립플롭의 출력 변화를 차례대로 후단의 플립플롭에 전달해 가는 카운트 방식이기 때문에 단수가 증가함에 따라 최종단 플립플롭의 동작지연이 커지는 단점이 발생한다. 이러한 문제점을 해결하기 위한 것이 동기식 카운터이다. 동기식카운터에서는 모든 플립플롭의 클럭 펄스가 공동으로 접속되어 클럭 펄스가 인가되면 모든 플립플롭에 동시에 클럭이 가해져 출력의 변화도 동시에 일어나게 된다. 따라서 게이트 지연시간을 현저히 줄여 글리치(glitch)등의 현상도 발생하지 않게 된다.

동기식 카운터를 설계하기 위해서는 반드시 실험 10에서 공부한 플립플롭의 여기표를 사용하여 상태표를 작성한다. 플립플롭의 상태표는 현재의 입력값에 대하여 다음에 일어날 출력 상태를 지정하는 표이다. 또한 링 카운터는 출력 중 한 비트만이 1의 값인 비트가 한쪽방향으로 순환되는 형태의 카운터로 꼬리물기식 동작을 한다. 존슨 카운터는 시프트(shift) 카운터라고도 하며 n비트의 존슨카운터는 2×n개의 상태수를 가진다.

동기식 8진 업 카운터(Synchronous octal up counter)

동기식 8진 업 카운터의 설계를 위한 상태도는 [그림 1]과 같다. 이 카운터는 3비트 카운터이므로 플립플롭의 개수는 세 개가 필요하며 T 플립플롭을 이용하여 설계할 때 상태도에 따른 해당 플립플롭의 여기표를 작성하면 [표 1]과 같다. 카르노도를 이용하여 플립플롭의 입력 함수식을 결정하면 [그림 2]와 같은 플립플롭의 입력 논리를 결정할 수 있다. 플립플롭의 입력 함수식에 따른 동기식 8진 업 카운터 회로를 그리면 [그림 3]과 같은 회로가 구해진다.

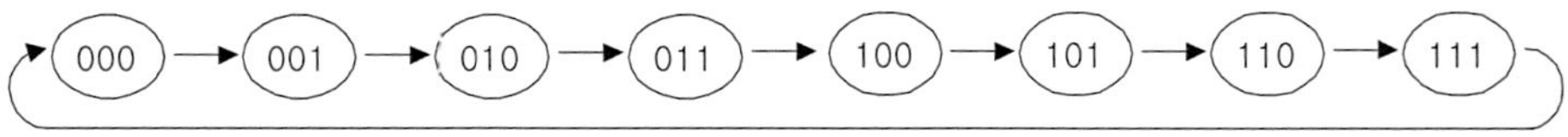

▌그림 1 동기식 8진 업 카운터의 상태도

▌표 1▌ 동기식 8진 업 카운터의 여기표

현재상태			다음상태			플립플롭의 입력		
A(t)	B(t)	C(t)	A(t+1)	B(t+1)	C(t+1)	TA	TB	TC
0	0	0	0	0	1	0	0	1
0	0	1	0	1	0	0	1	1
0	1	0	0	1	1	0	0	1
0	1	1	1	0	0	1	1	1
1	0	0	1	0	1	0	0	1
1	0	1	1	1	0	0	1	1
1	1	0	1	1	1	0	0	1
1	1	1	0	0	0	1	1	1

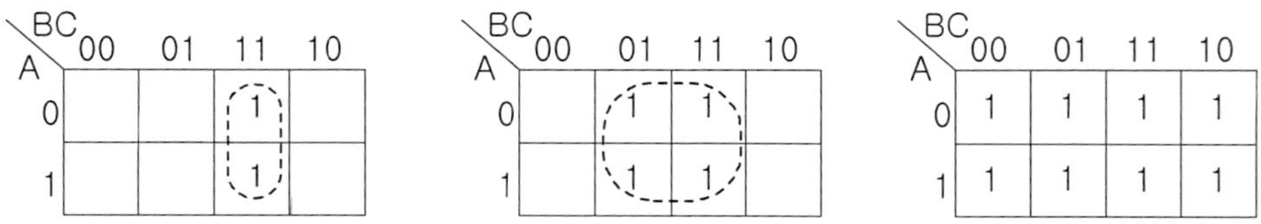

(a) TA = BC (b) TB = C (c) TC = 1

▌그림 2 카르노도를 이용한 입력 변수 결정

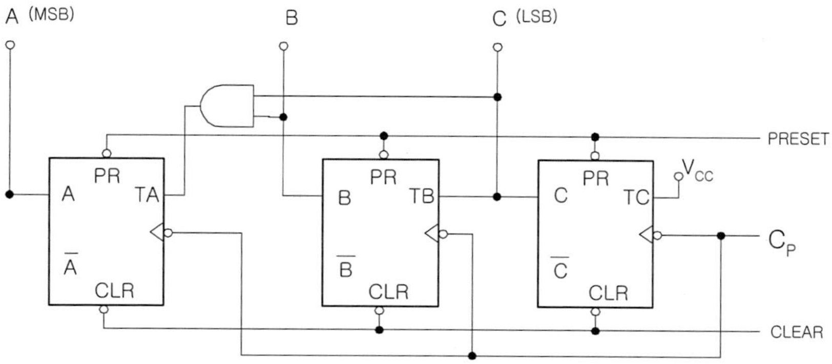

❙그림 3 동기식 8진 업 카운터

동기식 BCD 10진 카운터(Synchronous BCD decimal counter)

BCD 10진 카운터는 가장 많이 쓰이는 카운터로 IC화 된 것도 다수 있다. T 플립플롭을 이용하여 BCD 10진 카운터를 설계하면 여기표는 [표 2]와 같다. 카르노도를 이용하여 플립플롭의 입력 함수를 결정하면 아래 [그림 4]와 같이 결정할 수 있다. 플립플롭의 입력 함수식에 따른 동기식 BCD 10진 카운터 회로는 [그림 5]와 같이 얻을 수 있다.

❙표 2❙ 동기식 BCD 10카운터의 여기표

현재상태				다음상태				플립플롭의 입력			
A(t)	B(t)	C(t)	D(t)	A(t+1)	B(t+1)	C(t+1)	D(t+1)	TA	TB	TC	TD
0	0	0	0	0	0	0	1	0	0	0	1
0	0	0	1	0	0	1	0	0	0	1	1
0	0	1	0	0	0	1	1	0	0	0	1
0	0	1	1	0	1	0	0	0	1	1	1
0	1	0	0	0	1	0	1	0	0	0	1
0	1	0	1	0	1	1	0	0	0	1	1
0	1	1	0	0	1	1	1	0	0	0	1
0	1	1	1	1	0	0	0	1	1	1	1
1	0	0	0	1	0	0	1	0	0	0	1
1	0	0	1	0	0	0	0	1	0	0	1

AB \ CD	00	01	11	10
00				
01			1	
11	X	X	X	X
10		1	X	X

(a) TA = AD+BCD

AB \ CD	00	01	11	10
00			1	
01			1	
11	X	X	X	X
10			X	X

(b) TB = CD

AB \ CD	00	01	11	10
00		1	1	
01		1	1	
11	X	X	X	X
10			X	X

(c) TC = $\overline{A}$ D

AB \ CD	00	01	11	10
00	1	1	1	1
01	1	1	1	1
11	X	X	X	X
10	1	1	X	X

(d) TD = 1

▌그림 4 카르노도를 이용한 입력 변수 결정

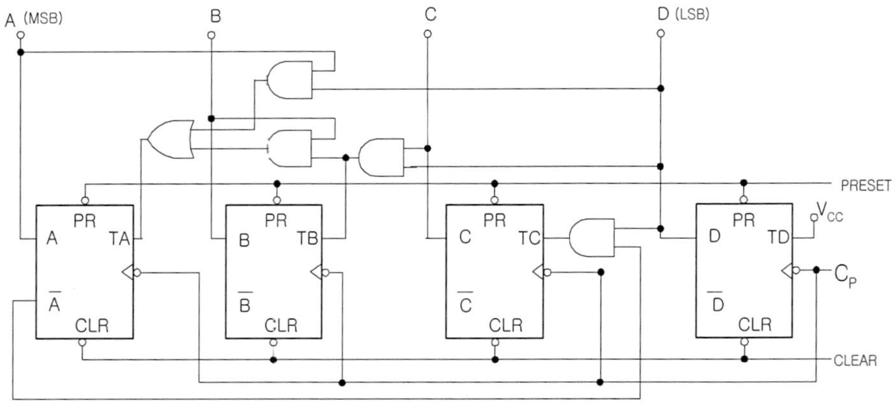

▌그림 5 동기식 BCD 10진 카운터

링 카운터(ring counter)

링 카운터(ring counter)는 출력 중 한 비트만이 1이 되고 입력 펄스에 따라서 1의 값을 갖는 비트의 위치가 한쪽 방향으로 순환되는 카운터이다. 링 카운터에서는 1의 값이 한 단으로부터 다음 단으로 시프트되기 때문에 시프트 레지스터의 형태로 생각할 수 있다. [그림 6]에서와 같이 각 단 사이의 연결은 각단의 출력 Q가 다음단의 입력 J에 연결되고 각 단의 출력 $\overline{Q}$는 다음단의 입력 K에 연결된다. 마지막 단에서도 출력 Q가 첫단의 입력 J에, $\overline{Q}$는 첫단의 입력 K에 피드백되어 연결된다.

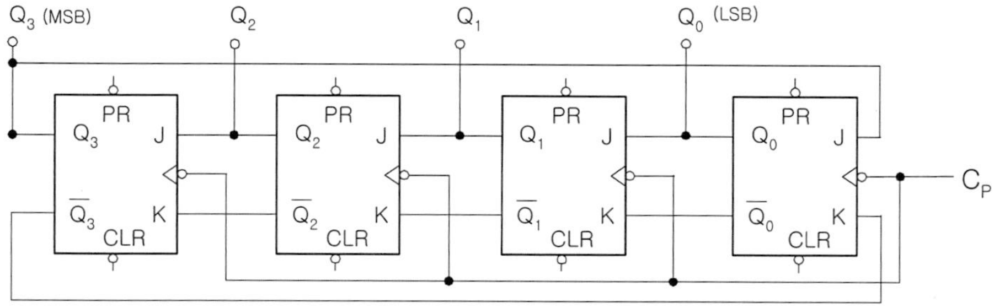

그림 6 단 링 카운터

링 카운터 출력의 초기값을 Q0Q1Q1Q3 = 1000으로 할 때 클럭펄스에 따른 출력의 변화는 [표 3]과 같고 이에 대한 타이밍도는 [그림 7]과 같다.

표 3 4단 링 카운터의 순차

C_P	Q_0	Q_1	Q_2	Q_3
0	1	0	0	0
1	0	1	0	0
2	0	0	1	0
3	0	0	0	1

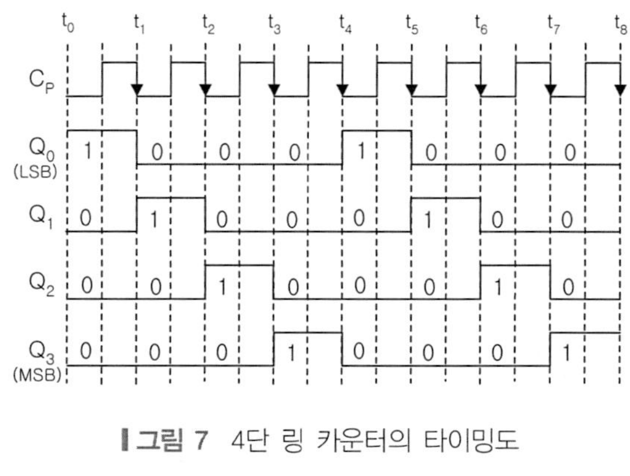

그림 7 4단 링 카운터의 타이밍도

존슨 카운터(Johnson counter)

존슨 카운터는 시프트 카운터(shift counter)라고도 하며 n비트의 존슨 카운터는 총 2×n개의 출력 상태를 갖는다. 예를 들어 4비트의 존슨 카운터는 여덟 개의 상태를 갖는다. 존슨 카운터는 [그림 8]과 같이 각단의 출력 Q는 다음단의 입력 J에 연결되고 각 단의 출력 $\overline{Q}$는 다음단의 입력 K에 연결된다. 그러나 마지막 단에서는 출력 Q가 첫단의 입력 K에, $\overline{Q}$는 첫 단의 입력 J에 연결된다. 4비트 존슨 카운터의 상태표는 [표 4]와 같고 이 카운터의 타이밍도는 [그림 9]와 같다.

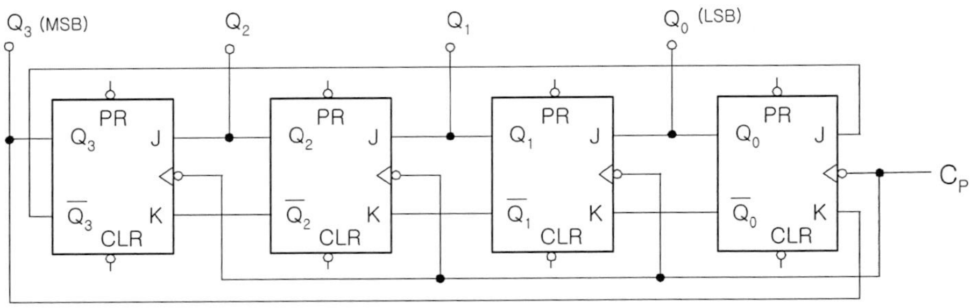

▍그림 8 4단 존슨 카운터

▍표 4▍ 4단 존슨 카운터의 순차

C_P	Q_0	Q_1	Q_2	Q_3
0	0	0	0	0
1	1	0	0	0
2	1	1	0	0
3	1	1	1	0
4	1	1	1	1
5	0	1	1	1
6	0	0	1	1
7	0	0	0	1
8	0	0	0	0

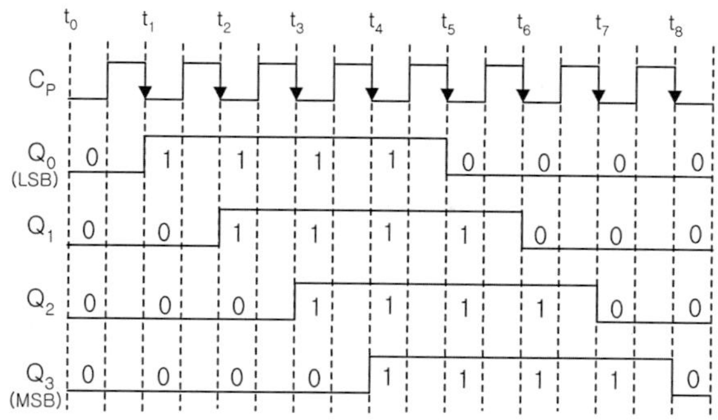

▌그림 9 4단 존슨 카운터의 타이밍도

▌실험예비 문제▐

1. 동기식 16진 업 카운터를 설계하시오. 네 개의 JK 플립플롭을 이용해 T 플립플롭으로 구성하시오.

2. 동기식 10진 다운 카운터를 설계하시오. 네 개의 JK 플립플롭을 이용해 T 플립플롭으로 구성하시오.

▌실험하기▐

동기식 카운터

1. 실험 1 (동기식 8진 업 카운터)

(1) JK 플립플롭(74LS76)을 이용하여 아래 [그림 10]의 T 플립플롭 회로를 브레드보드에 구성하시오. 단, 프리셋 단자는 모두 HIGH로 연결하시오.

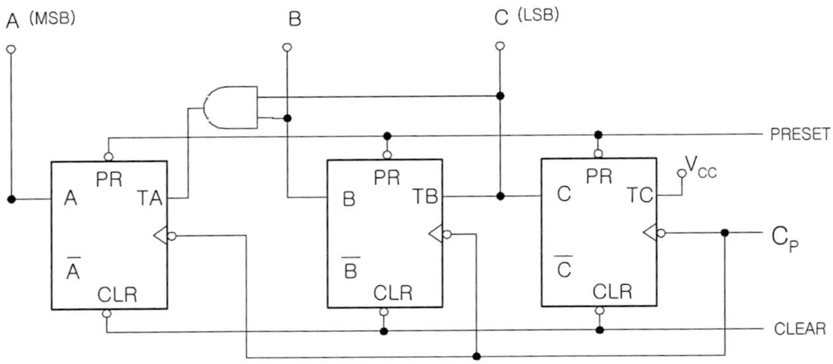

▌그림 10 동기식 8진 업 카운터

(2) 클리어 단자에 LOW 신호를 입력하여 모든 플립플롭을 reset한 후 HIGH 값을 인가하시오.

(3) 클럭 펄스를 인가한 후 출력 상태를 조사하여 [표 5]에 기록하시오.

▌표 5▐

입력		출력		
시간	C_P	Q_2	Q_1	Q_0
t_0				
t_1	↓			
t_2	↓			
t_3	↓			
t_4	↓			
t_5	↓			
t_6	↓			
t_7	↓			

(4) 이 카운터의 타이밍도를 완성하고 카운터의 이름을 적으시오.

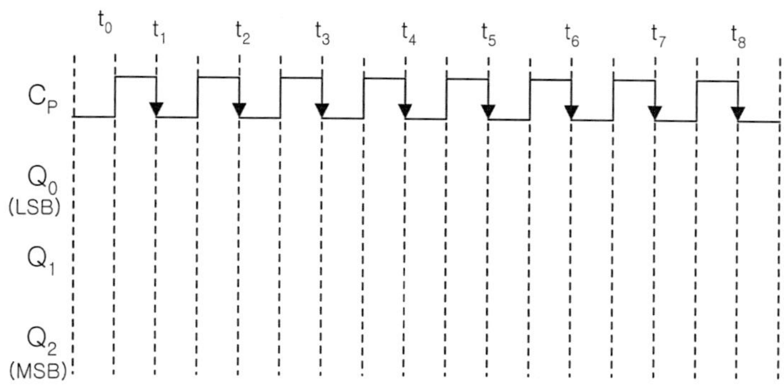

▌그림 11 동기식 8진 업 카운터의 타이밍도

2. 실험 2 (동기식 BCD 10진 업 카운터)

(1) JK 플립플롭(74LS76), AND 게이트(74LS08), OR 게이트(74LS32)를 이용하여 아래 [그림 12]의 회로를 브레드보드에 구성하시오. 단, J, K, 프리셋 단자는 모두 HIGH로 연결하시오.

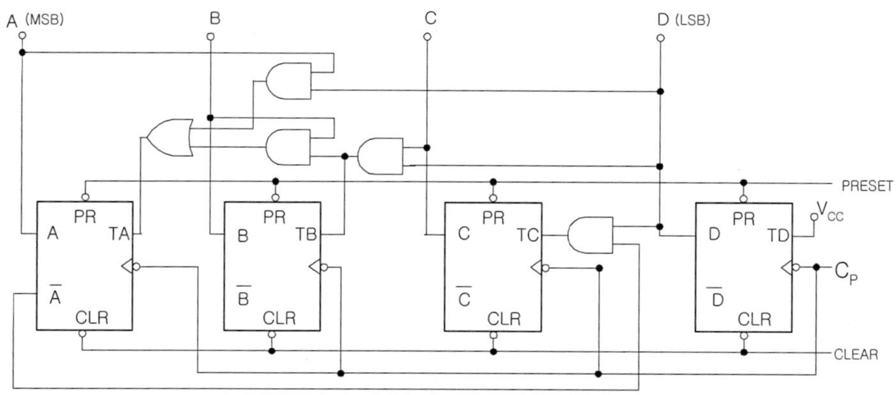

▌그림 12 동기식 BCD 10진 카운터

(2) 클리어 단자에 LOW 신호를 입력하여 모든 플립플롭을 reset한 후 HIGH 값을 인가하시오.

(3) 클럭 펄스를 인가한 후 출력 상태를 조사하여 [표 6]에 기록하시오.

▌표 6▐

입력		출력			
시간	C_P	Q_3	Q_2	Q_1	Q_0
t_0					
t_1	↓				
t_2	↓				
t_3	↓				
t_4	↓				
t_5	↓				
t_6	↓				
t_7	↓				
t_8	↓				
t_9	↓				

(4) 이 카운터의 타이밍도를 아래 [그림 13]에 완성하고 카운터의 이름을 적으시오.

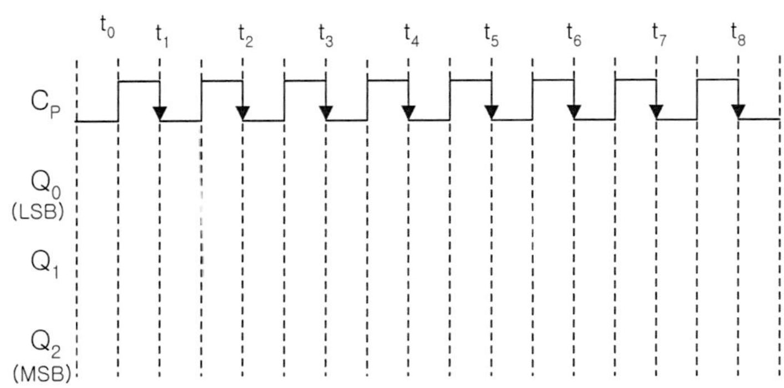

▌그림 13 동기식 BCD 10진 카운터의 타이밍도

3. 실험 3 (동기식 BCD 10진 다운 카운터)

(1) <실험 예비문제 2>에서 설계한 동기식 BCD 10진 다운 카운터를 필요한 게이트와 JK 플립플롭(74LS76)을 이용하여 브레드보드에 구성하시오. 단, 프리셋 단자는 HIGH로 연결하시오.

(2) 클리어 단자에 LOW 신호를 입력하여 모든 플립플롭을 reset한 후 HIGH 값을 인가하시오.

(3) 클럭 펄스를 인가한 후 출력 상태를 조사하여 [표 7]에 기록하시오.

표 7

입력		출력			
시간	C_P	Q_3	Q_2	Q_1	Q_0
t_0					
t_1	↓				
t_2	↓				
t_3	↓				
t_4	↓				
t_5	↓				
t_6	↓				
t_7	↓				
t_8	↓				
t_9	↓				

(4) 이 카운터의 타이밍도를 아래 [그림 14]에 완성하고 카운터의 이름을 적으시오.

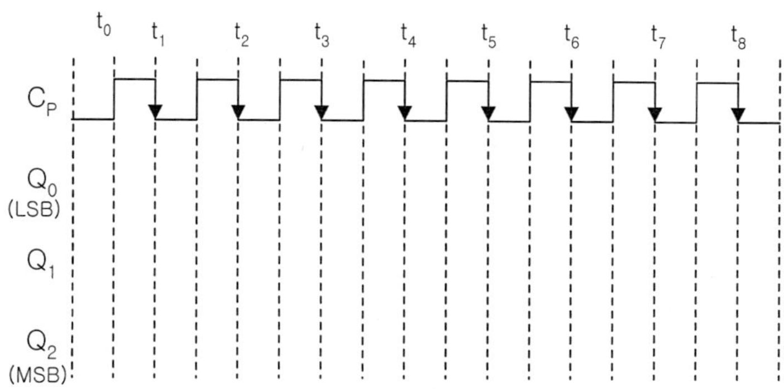

그림 14 동기식 BCD 10진 다운 카운터의 타이밍도

링 카운터, 존슨 카운터

4. 실험 4 (링 카운터)

(1) JK 플립플롭(74LS76)을 이용하여 다음의 [그림 15]의 회로를 구성하시오.

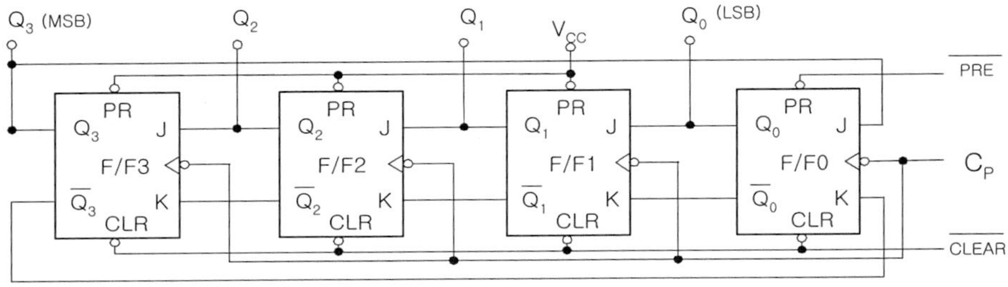

▌그림 15 링 카운터

(2) F/F0을 제외한 모든 플립플롭의 프리셋 입력 단자는 HIGH로 연결하고, CLR 단자에 LOW 신호를 입력하여 모든 플립플롭의 초기값을 0으로 만들고, 다시 CLR 단자에 HIGH 신호를 인가하여 카운터 동작 준비상태로 만드시오.

(3) F/F0의 프리셋 단자에 LOW 신호를 입력하여 Q_0을 Set한 후 다시 HIGH 상태를 유지하시오. 이 상태에서 카운터의 출력은 $Q_0Q_1Q_2Q_3 = 1000$ 상태이다.

(4) 클록펄스를 연속적으로 인가하면서 출력 상태의 값을 측정하여 [표 8]에 기록하시오.

▌표 8▌

C_P	Q_0	Q_1	Q_2	Q_3
0	0	0	0	0
1				
2				
3				
4				
5				
6				
7				
8				

(5) [표 8]에서 측정된 값에 의해 이 카운터의 타이밍도를 [그림 16]에 작성하시오.

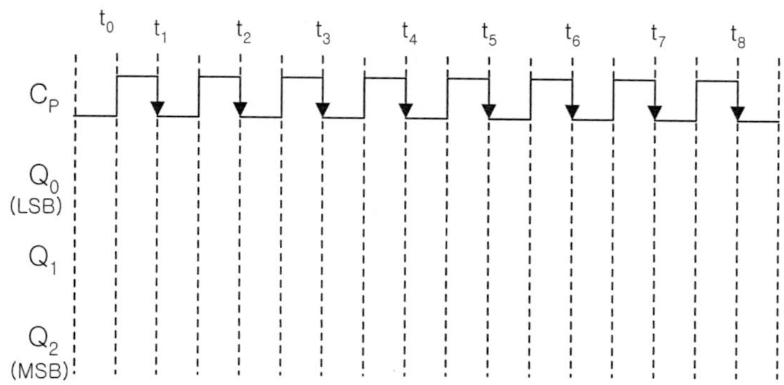

그림 16 링 카운터의 타이밍도

5. 실험 5 (존슨 카운터)

(1) JK 플립플롭(74LS76)을 이용하여 아래 [그림 17]의 회로를 구성하시오.

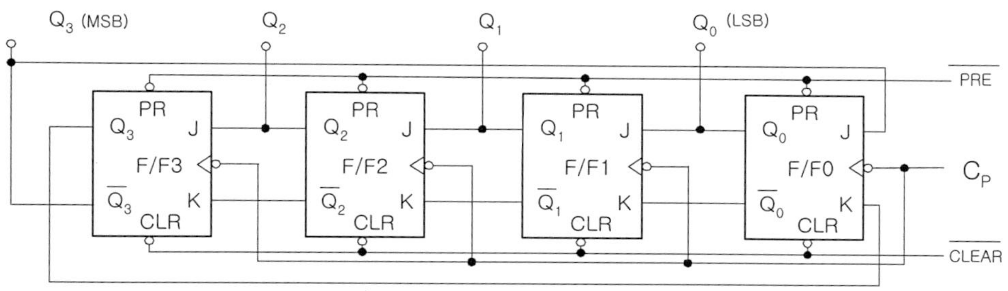

그림 17 링 카운터

(2) 모든 플립플롭의 프리셋 입력 단자는 HIGH로 연결하고, CLR 단자에 LOW 신호를 입력하여 모든 플립플롭의 초기값을 0으로 만드시오. 다시 CLR 단자에 HIGH 신호를 인가하여 카운터 동작 준비상태로 만드시오.

(3) 클록펄스를 연속적으로 인가하면서 출력 상태의 값을 측정하여 [표 9]에 기록하시오.

| 표 9 |

C_P	Q_0	Q_1	Q_2	Q_3
0	0	0	0	0
1				
2				
3				
4				
5				
6				
7				
8				

(4) [표 9]에서 측정된 값에 의해 이 카운터의 타이밍도를 [그림 18]에 그리시오.

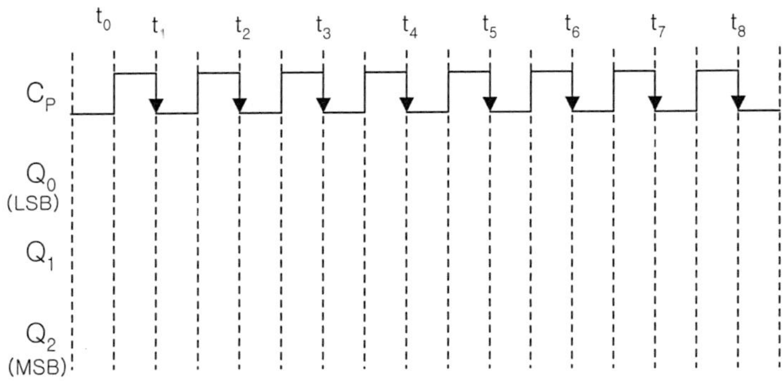

| 그림 18 존슨 카운터의 타이밍도

실험 예비 보고서

실험 12 동기식 카운터, 링 카운터 및 존슨 카운터

실험 일자 : 20 년 월 일 (요일) 교시

실험 장소 : 관 호

담당 교수 :

학과명	학과 반
실험조	
학 번	
성 명	

평가 및 확인	
지시 및 지적사항	

실험예비 문제

아래의 예비 문제를 실험 전에 풀어보시오.

1. 동기식 16진 업 카운터를 설계하시오. 네 개의 JK 플립플롭을 이용해 T 플립플롭으로 구성하시오.

2. 동기식 10진 다운 카운터를 설계하시오. 네 개의 JK 플립플롭을 이용해 T 플립플롭으로 구성하시오.

MEMO

실험 결과 보고서

실험 12 동기식 카운터, 링 카운터 및 존슨 카운터

실험 일자 : 20 년 월 일 (요일) 교시
실험 장소 : 관 호
담당 교수 :

학과명	학과 반
실험조	
학 번	
성 명	

평가 및 확인	
지시 및 지적사항	

실험결과 기록

1. 실험 1 (동기식 8진 업 카운터)

(1) JK 플립플롭(74LS76)을 이용하여 [그림 10]의 T 플립플롭 회로를 브레드보드에 구성하시오. 단, 프리셋 단자는 모두 HIGH로 연결하시오.

(2) 클리어 단자에 LOW 신호를 입력하여 모든 플립플롭을 reset한 후 HIGH 값을 인가하시오.

(3) 클럭 펄스를 인가한 후 출력 상태를 조사하여 [표 5]에 기록하시오.

표 5

입력		출력		
시간	C_P	Q_2	Q_1	Q_0
t_0				
t_1	↓			
t_2	↓			
t_3	↓			
t_4	↓			
t_5	↓			
t_6	↓			
t_7	↓			

(4) 이 카운터의 타이밍도를 완성하고 카운터의 이름을 적으시오.

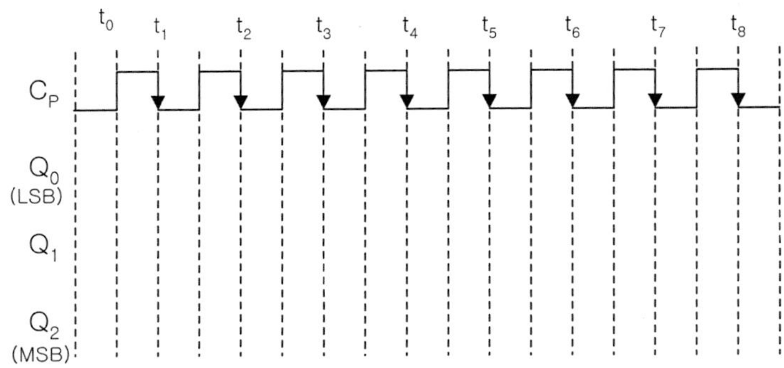

그림 11 동기식 8진 업 카운터의 타이밍도

2. 실험 2 (동기식 BCD 10진 업 카운터)

(1) JK 플립플롭(74LS76), AND 게이트(74LS08), OR 게이트(74LS32)를 이용하여 [그림 12]의 회로를 브레드보드에 구성하시오. 단, J, K, 프리셋 단자는 모두 HIGH로 연결하시오.

(2) 클리어 단자에 LOW 신호를 입력하여 모든 플립플롭을 reset한 후 HIGH 값을 인가하시오.

(3) 클럭 펄스를 인가한 후 출력 상태를 조사하여 [표 6]에 기록하시오.

표 6

입력		출력			
시간	C_P	Q_3	Q_2	Q_1	Q_0
t_0					
t_1	↓				
t_2	↓				
t_3	↓				
t_4	↓				
t_5	↓				
t_6	↓				
t_7	↓				
t_8	↓				
t_9	↓				

(4) 이 카운터의 타이밍도를 아래 [그림 13]에 완성하고 카운터의 이름을 적으시오.

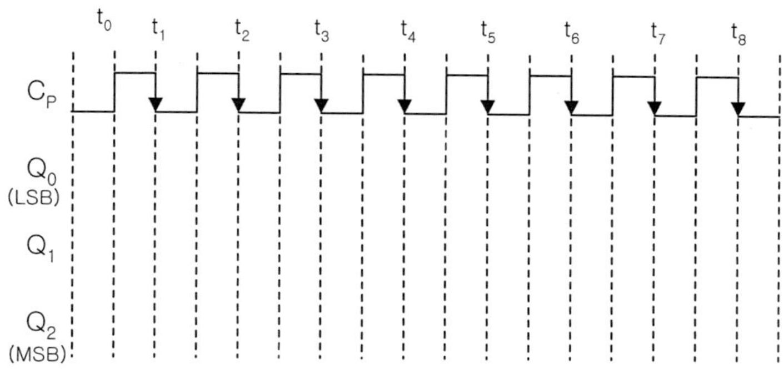

그림 13 동기식 BCD 10진 카운터의 타이밍도

3. 실험 3 (동기식 BCD 10진 다운 카운터)

(1) <실험 예비문제 2>에서 설계한 동기식 BCD 10진 다운카운터를 필요한 게이트와 JK 플립플롭(74LS76)을 이용하여 브레드보드에 구성하시오. 단, 프리셋 단자는 HIGH로 연결하시오.

(2) 클리어 단자에 LOW 신호를 입력하여 모든 플립플롭을 reset한 후 HIGH 값을 인가하시오.

(3) 클럭 펄스를 인가한 후 출력 상태를 조사하여 [표 7]에 기록하시오.

표 7

입력		출력			
시간	C_P	Q_3	Q_2	Q_1	Q_0
t_0					
t_1	↓				
t_2	↓				
t_3	↓				
t_4	↓				
t_5	↓				
t_6	↓				
t_7	↓				
t_8	↓				
t_9	↓				

(4) 이 카운터의 타이밍도를 아래 [그림 14]에 완성하고 카운터의 이름을 적으시오.

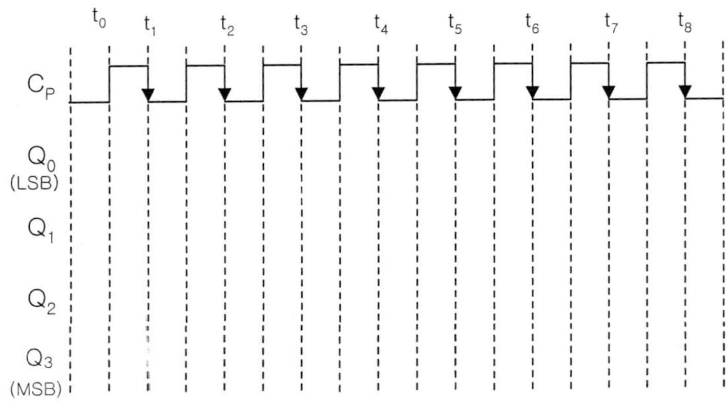

▍그림 13 동기식 BCD 10진 다운 카운터의 타이밍도

링 카운터, 존슨 카운터

4. 실험 4 (링 카운터)

(1) JK 플립플롭(74LS76)을 이용하여 [그림 15]의 회로를 구성하시오.

(2) F/F0을 제외한 모든 플립플롭의 프리셋 입력 단자는 HIGH로 연결하고, CLR 단자에 LOW 신호를 입력하여 모든 플립플롭의 초기값을 0으로 만들고, 다시 CLR 단자에 HIGH 신호를 인가하여 카운터 동작 준비상태로 만드시오.

(3) F/F0의 프리셋 단자에 LOW 신호를 입력하여 Q_0을 Set한 후 다시 HIGH 상태를 유지하시오. 이 상태에서 카운터의 출력은 $Q_0Q_1Q_2Q_3 = 1000$ 상태이다.

(4) 클록펄스를 연속적으로 인가하면서 출력 상태의 값을 측정하여 [표 8]에 기록하시오.

┃표 8┃

C_P	Q_0	Q_1	Q_2	Q_3
0	0	0	0	0
1				
2				
3				
4				
5				
6				
7				
8				

(5) [표 8]에서 측정된 값에 의해 이 카운터의 타이밍도를 [그림 16]에 작성하시오.

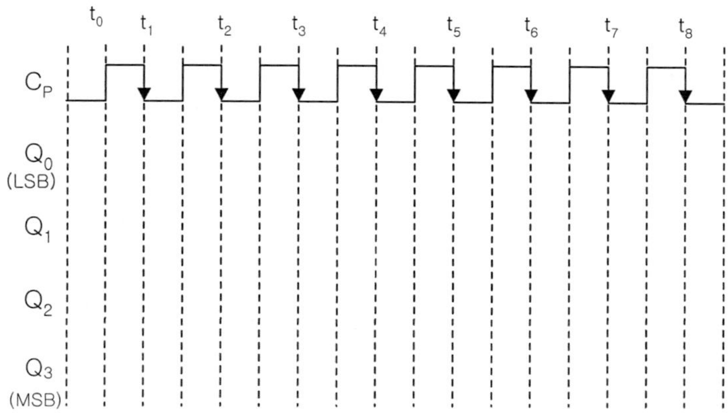

┃그림 13 링 카운터의 타이밍도

5. 실험 5 (존슨 카운터)

(1) JK 플립플롭(74LS76)을 이용하여 [그림 17]의 회로를 구성하시오.

(2) 모든 플립플롭의 프리셋 입력 단자는 HIGH로 연결하고, CLR 단자에 LOW 신호를

입력하여 모든 플립플롭의 초기값을 0으로 만드시오. 다시 CLR 단자에 HIGH 신호를 인가하여 카운터 동작 준비상태로 만드시오.

(3) 클록펄스를 연속적으로 인가하면서 출력 상태의 값을 측정하여 [표 9]에 기록하시오.

▎표 9▐

C_P	Q_0	Q_1	Q_2	Q_3
0	0	0	0	0
1				
2				
3				
4				
5				
6				
7				
8				

(4) [표 9]에서 측정된 값에 의해 이 카운터의 타이밍도를 [그림 18]에 그리시오.

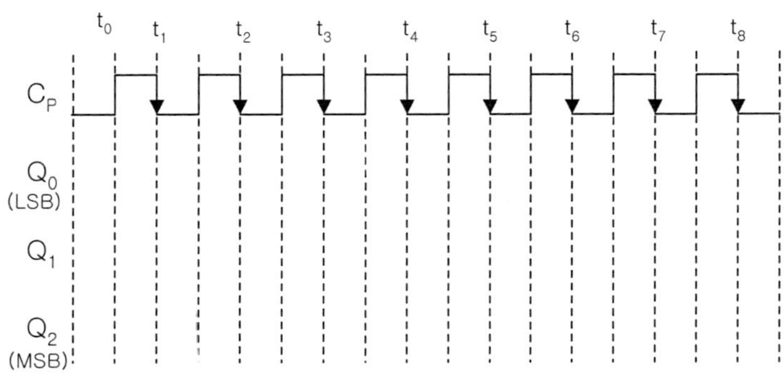

▎그림 13 링존슨 카운터의 타이밍도

6. 실험을 통해 알게 된 중요한 사항과 느낀 점을 간략하게 정리하시오.

13 레지스터

실험예비 지식

플립플롭은 1비트의 2진수를 저장할 수 있는 소자로 여러 개의 플립플롭을 일렬로 배열해 연결하면 여러 비트로 된 2진수를 저장할 수 있는데 이러한 회로를 레지스터(register)라고 한다. 따라서 레지스터는 메모리장치의 구성요소가 되며 마이크로프로세서 등의 CPU회로에서 임시기억장치로 널리 이용된다. 또한 n비트 레지스터는 n개의 플립플롭으로 구성되며, n비트의 2진 정보를 저장할 수 있다. 레지스터는 여러 비트를 일시인 저장 외에도 배열된 비트를 좌측 또는 우측으로 하나씩 이동(shift) 시킬 수 있다. 이러한 회로를 left shift register, right shift register라고 부른다. n비트의 데이터를 저장하기 위하여 n비트의 레지스터에 데이터를 입력시킬 때, n비트를 동시에 시프트(shift)시켜 입력할 수 있는 레지스터를 병렬 레지스터라 하고 한 비트 한 비트씩 시프트 하면서 입력시키는 레지스터를 직렬 레지스터라 한다. 데이터를 출력시킬 때도 n비트를 동시에 출력시키는 병렬출력 레지스터가 있고 하나의 비트를 n번 shift 하면서 출력하는 직렬출력 레지스터가 있다.

레지스터의 종류는 데이터 입출력 형태에 따라 다음과 같이 네 가지 종류로 분류한다.

① 병렬입력-병렬출력 레지스터
② 직렬입력-직렬출력 레지스터
③ 직렬입력-병렬출력 레지스터
④ 병렬입력-병렬출력 레지스터

각각에 대한 블럭도는 [그림 1]과 같다.

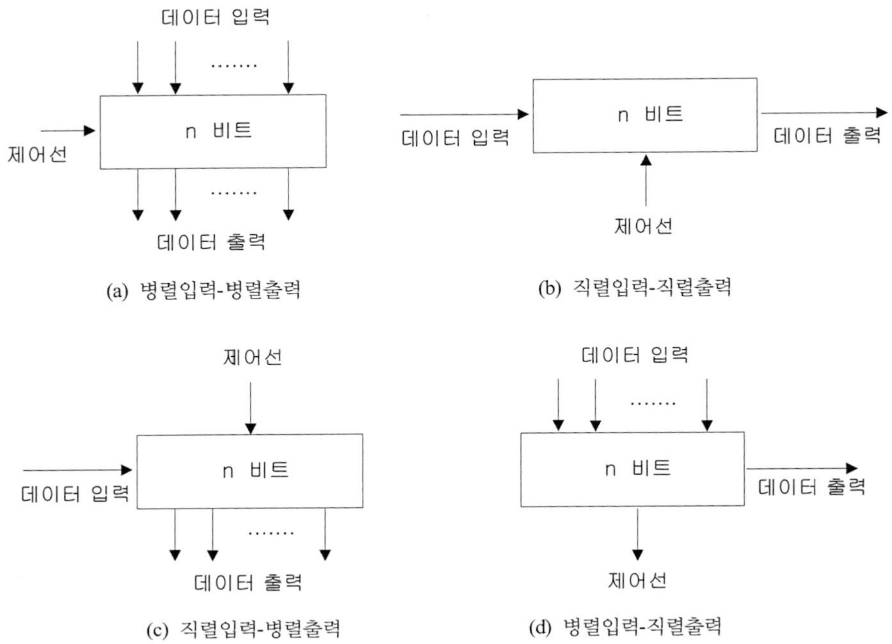

그림 1 레지스터들의 블록도

실험예비 문제

1. 네 개의 JK 플립플롭을 이용해 병렬입력-병렬출력 4비트 레지스터를 구성하시오.

2. 네 개의 JK 플립플롭을 이용해 우 시프트와 좌 시프트가 모두 가능한 4비트 시프트 레지스터를 구성하시오.

실험하기

직렬입력-병렬출력, 직렬입력-직렬출력 레지스터

1. 실험 1 (직렬입력–병렬출력, 직렬입력–직렬출력 레지스터)

(1) JK 플립플롭(74LS76)을 이용하여 아래 회로를 브레드보드에 구성하시오.

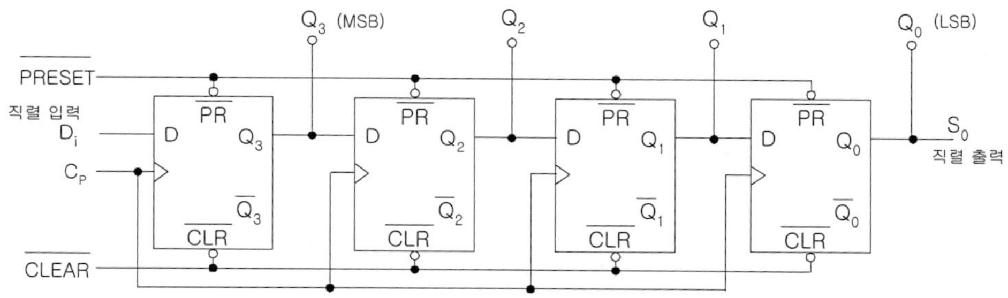

그림 1 직렬입력–직병렬출력 레지스터

(2) 모든 플립플롭의 프리셋 입력 단자는 HIGH로 연결하고, CLR 단자에 LOW 신호를 입력하여 모든 플립플롭의 초기값을 0으로 만든다. 다시 CLR 단자에 HIGH 신호를 인가하여 동작 준비상태로 만든다.

(3) Di 입력을 HIGH로 하고 클록펄스를 인가한 후 S_0, Q_3, Q_2, Q_1, Q_0의 출력 상태의 값을 측정하여 [표 1]에 기입하시오.

(4) Di 입력을 [표 1]에 나타난 순서대로 인가한 후 클록펄스를 인가하여 S_0, Q_3, Q_2, Q_1, Q_0의 출력 상태의 값을 측정하여 [표 1]에 기입하시오.

표 1

클럭수 C_P	직렬입력 D_i	직렬출력 S_0	병렬출력 Q_0	Q_1	Q_2	Q_3
0	X	0	0	0	0	0
1	1					
2	0					
3	0					
4	1					
5	1					
6	0					
7	0					
8	1					
9	1					
10	0					
11	0					
12	1					

(4) [표 1]에서 측정된 값에 의해 이 카운터의 타이밍도를 [그림 2]에 작성하시오.

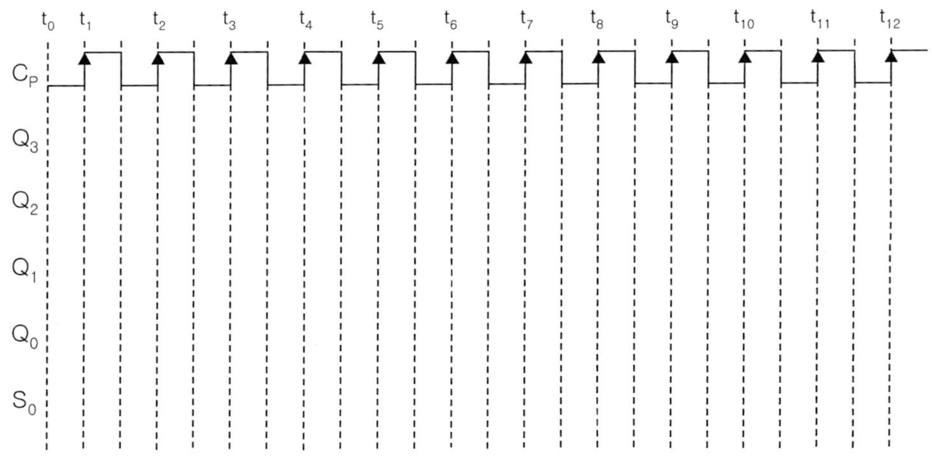

그림 2 직렬입력–직병렬출력 레지스터 타이밍도

병렬입력-병렬출력, 병렬입력-직렬출력 레지스터

2. 실험 2 (병렬입력-병렬출력, 병렬입력-직렬출력 레지스터)

(1) JK 플립플롭(74LS76)과 2×1MUX(74LS157)을 이용하여 아래 [그림 3]의 회로를 브레드보드에 구성하시오.

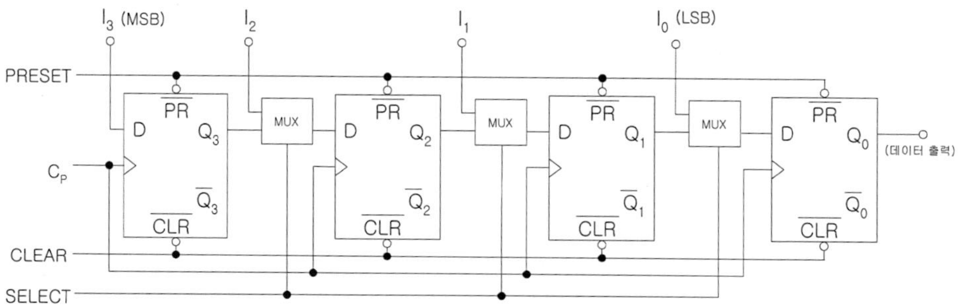

▌그림 3 병렬입력-직병렬출력 레지스터

(2) 모든 플립플롭의 프리셋 입력 단자는 HIGH로 연결하고, MUX의 strobe 단자는 LOW에 연결하시오. CLR 단자에 LOW 신호를 입력하여 모든 플립플롭의 초기값을 0으로 만든다. 다시 CLR 단자에 HIGH 신호를 인가하여 동작 준비상태로 만든다.

(3) D_l, D_2, D_1, D_0 = 1001의 데이터를 입력하시오.

(4) MUX의 select 단자에 HIGH 신호를 인가하시오.

(5) 클록펄스를 인가한 후 S_0, Q_3, Q_2, Q_1, Q_0의 상태를 조사하여 [표 2]에 기록하시오.

(6) MUX의 select 단자에 LOW 신호를 인가하시오.

(7) 실험절차 (5)를 3회 반복하시오.

(8) D_3, D_2, D_1, D_0 = 1100의 데이터를 입력하고 실험절차 (4)~(7)의 과정을 반복하시오.

(9) D_3, D_2, D_1, D_0 = 0101의 데이터를 입력하고 실험절차 (4)~(7)의 과정을 반복하시오.

▌표 2▐

클럭수	병렬입력	직렬출력	병렬출력			
C_P	$D_3D_2D_1D_0$	S_0	Q_0	Q_1	Q_2	Q_3
0	×	0	0	0	0	0
1	1001					
2	×					
3	×					
4	×					
5	1100					
6	×					
7	×					
8	×					
9	0101					
10	×					
11	×					
12	×					

실험 예비 보고서

실험 13 레지스터 (Register)

실험 일자 : 20 년 월 일 (요일) 교시
실험 장소 : 관 호
담당 교수 :

학과명	학과 반
실험조	
학 번	
성 명	

평가 및 확인	
지시 및 지적사항	

실험예비 문제

아래의 예비 문제를 실험 전에 풀어보시오.

1. 네 개의 JK 플립플롭을 이용해 병렬입력-병렬출력 4비트 레지스터를 구성하시오.

2. 네 개의 JK 플립플롭을 이용해 우 시프트와 좌 시프트가 모두 가능한 4비트 시프트 레지스터를 구성하시오.

MEMO

실험 결과 보고서

실험 13 레지스터(Register)

실험 일자 : 20 년 월 일 (요일) 교시
실험 장소 : 관 호
담당 교수 :

학과명	학과 반
실험조	
학 번	
성 명	

평가 및 확인	
지시 및 지적사항	

실험결과 기록

직렬입력-병렬출력, 직렬입력-직렬출력 레지스터

1. 실험 1 (직렬입력–병렬출력, 직렬입력–직렬출력 레지스터)

(1) JK 플립플롭(74LS76)을 이용하여 [그림 1]의 회로를 브레드보드에 구성하시오.

(2) 모든 플립플롭의 프리셋 입력 단자는 HIGH로 연결하고, CLR 단자에 LOW 신호를 입력하여 모든 플립플롭의 초기값을 0으로 만든다. 다시 CLR 단자에 HIGH 신호를 인가하여 동작 준비상태로 만든다.

(3) Di 입력을 HIGH로 하고 클록펄스를 인가한 후 S_0, Q_3, Q_2, Q_1, Q_0의 출력 상태의 값을 측정하여 [표 1]에 기입하시오.

(4) Di 입력을 [표 1]에 나타난 순서대로 인가한 후 클록펄스를 인가하여 S_0, Q_3, Q_2, Q_1, Q_0의 출력 상태의 값을 측정하여 [표 1]에 기입하시오.

▌표 1▌

클럭수 C_P	직렬입력 D_i	직렬출력 S_0	병렬출력 Q_0	 Q_1	 Q_2	 Q_3
0	X	0	0	0	0	0
1	1					
2	0					
3	0					
4	1					
5	1					
6	0					
7	0					
8	1					
9	1					
10	0					
11	0					
12	1					

(4) [표 1]에서 측정된 값에 의해 이 카운터의 타이밍도를 [그림 2]에 작성하시오.

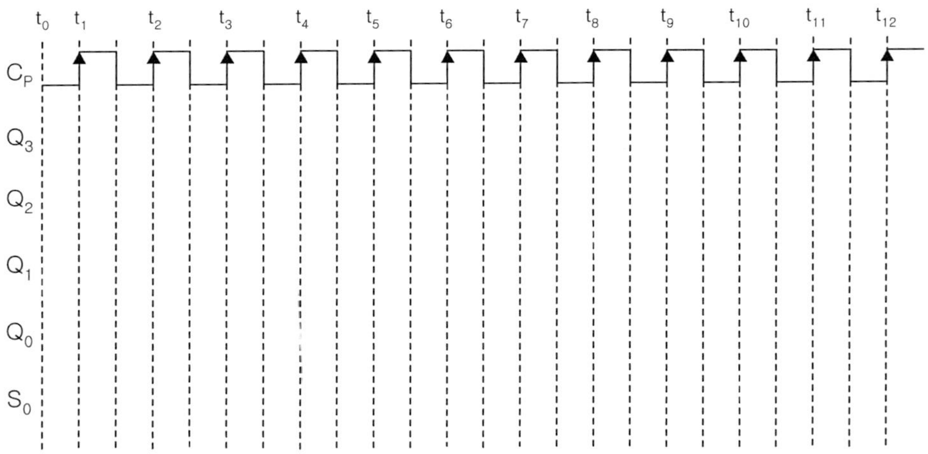

▌그림 2 직렬입력-직병렬출력 레지스터 타이밍도

병렬입력-병렬출력, 병렬입력-직렬출력 레지스터

2. 실험 2 (병렬입력–병렬출력, 병렬입력–직렬출력 레지스터)

(1) JK 플립플롭(74LS76)과 2×1MUX(74LS157)을 이용하여 [그림 3]의 회로를 브레드보드에 구성하시오.

(2) 모든 플립플롭의 프리셋 입력 단자는 HIGH로 연결하고, MUX의 strobe 단자는 LOW에 연결하시오. CLR 단자에 LOW 신호를 입력하여 모든 플립플롭의 초기값을 0으로 만든다. 다시 CLR 단자에 HIGH 신호를 인가하여 동작 준비상태로 만든다.

(3) D_3, D_2, D_1, $D_0 = 1001$의 데이터를 입력하시오.

(4) MUX의 select 단자에 HIGH 신호를 인가하시오.

(5) 클록펄스를 인가한 후 S_0, Q_3, Q_2, Q_1, Q_0의 상태를 조사하여 [표 2]에 기록하시오.

(6) MUX의 select 단자에 LOW 신호를 인가하시오.

(7) 실험절차 (5)를 3회 반복하시오.

(8) D_3, D_2, D_1, D_0 = 1100의 데이터를 입력하고 실험절차 (4)~(7)의 과정을 반복하시오.

(9) D_3, D_2, D_1, D_0 = 0101의 데이터를 입력하고 실험절차 (4)~(7)의 과정을 반복하시오.

표 2

클럭수 C_P	병렬입력 $D_3D_2D_1D_0$	직렬출력 S_0	병렬출력 Q_0	Q_1	Q_2	Q_3
0	×	0	0	0	0	0
1	1001					
2	×					
3	×					
4	×					
5	1100					
6	×					
7	×					
8	×					
9	0101					
10	×					
11	×					
12	×					

3. 실험을 통해 알게 된 중요한 사항과 느낀 점을 간략하게 정리하시오.

appendix IC 핀 배치도

TTL IC

00
Quad 2 Input NAND

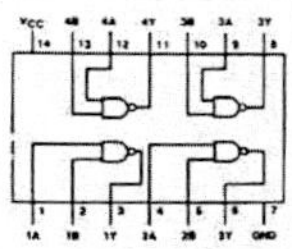

7400 74LS00 74S00 74ALS00 74F00 74HC00 74HCT00 40H000

01
Quad 2 Input NAND with OC

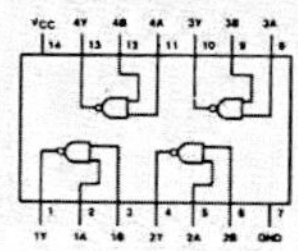

7401 74LS01 74ALS01

02
Quad 2 Input NOR

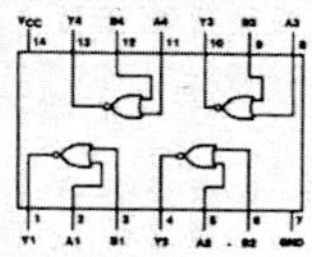

7402 74LS02 74ALS02 74F02 74HC02 40H002

03
Quad 2 Input NAND with OC

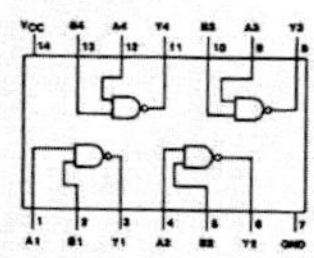

7403 74LS03 74S03 74ALS03 74HC03

04
Hex Inverter

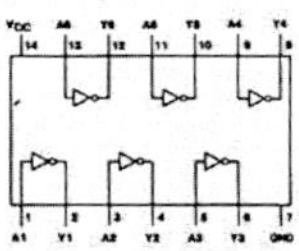

7404 74LS04 74S04 74ALS04 74F04 74HCU04 74HC04 74HCT04 40H004

05
Hex Inveter with OC

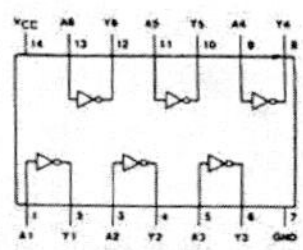

7405 74LS05 74ALS05 74HCT05

06
Hex Inverter Buffer with OC High Voltage Output

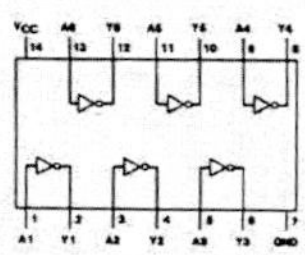

7406

07
Hex Buffer with OC High Voltage Output

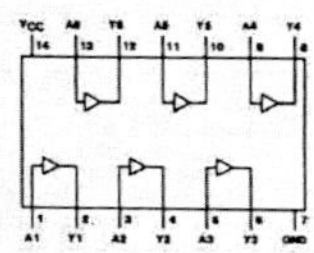

7407

08
Quad 2 Input AND

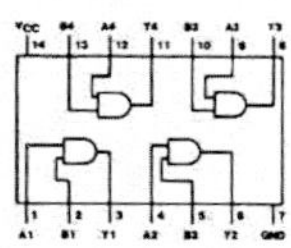

7408 74LS08 74S08 74ALS08 74F08 74HC08 40H008

09
Quad 2 Input AND with OC

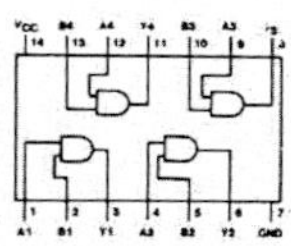

7409 74LS09 74S09 74ALS09

10
Triple 3 Input NAND

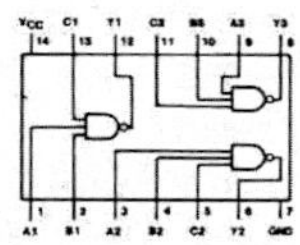

7410 74LS10 74S10 74ALS10 74F10 74HC10 40H010

11
Triple 3 Input AND

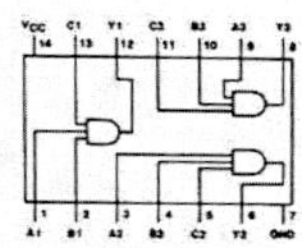

7411 74LS11 74ALS11 74F11 74HC11 40H011

12
Triple 3 Input NAND OC

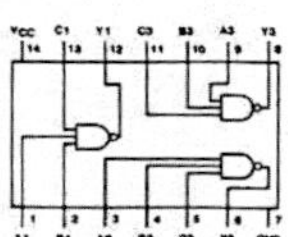

7412 74LS12 74ALS12

13
Dual 4 Input NAND Schmitt Trigger

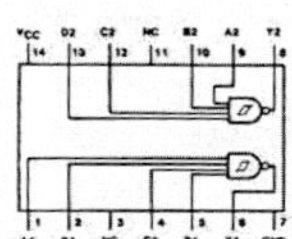

7413 74LS13

14
Hex Inverter Schmitt Trigger

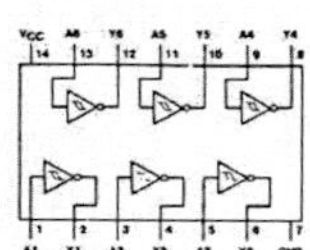

7414 74LS14 74HC14

15
Triple 3 Input AND OC

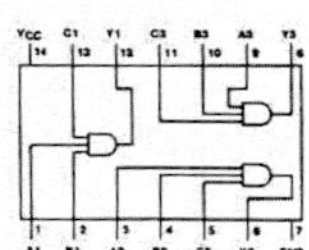

74LS15 74S15 74ALS15

16
Hex Inverter Buffer 15V OC

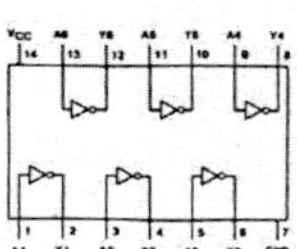

7416

17
Hex Buffer 15V OC

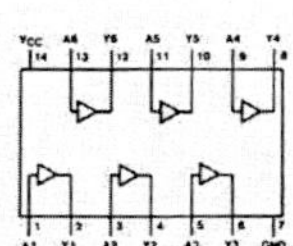

7417

20
Dual 4 Input NAND

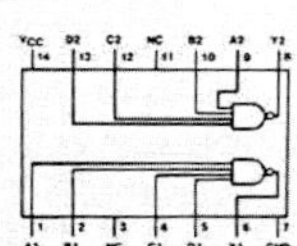

7420 74LS20 74S20 74ALS20 74F20 74HC20 40H020

21
Dual 4 Input AND

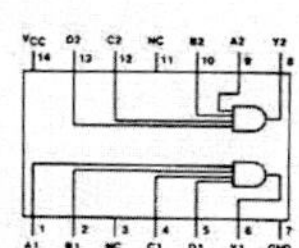

7421 74LS21 74ALS21 40H021

CONNECTION DIAGRAM

22
Dual 4 Input NAND OC

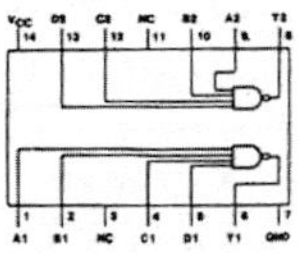

7422 74ALS22
74LS22
74S22

23
Expandable Dual 4 Input NOR with Strobe

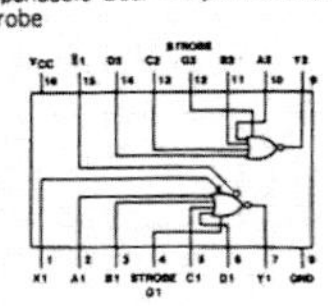

7423

25
Dual 4 Input NOR with Strobe

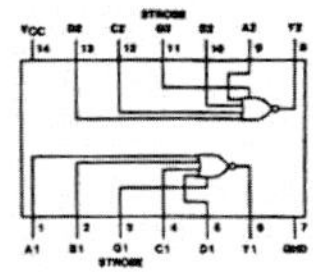

7425

26
Quad 2 Input NAND 15V

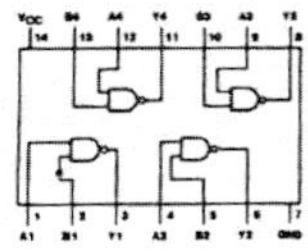

7426
74LS26

27
Triple 3 Input NOR

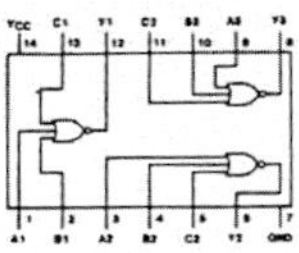

7427 74HC27
74LS27 40H027
74ALS27

28
Quad 2 Input NOR Buffer

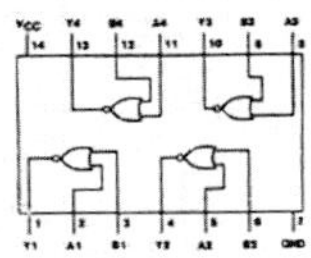

7428
74LS28
74ALS28

30
8 Input NAND

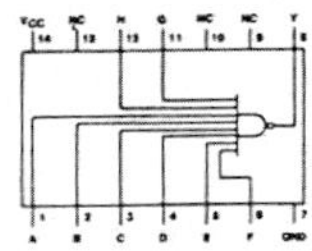

7430
74LS30
74S30
74ALS30

32
Quad 2 Input OR

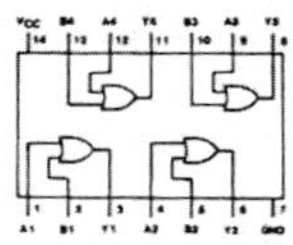

7432 74ALS32 74HC32
74LS32 74F32 40H032
74S32

33
Quad 2 Input NOR Buffer OC

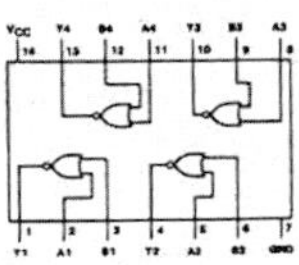

7433
74LS33
74ALS33

37
Quad 2 Input NAND Buffer

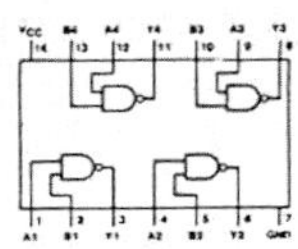

7437 74ALS37
74LS37
74S37

38
Quad 2 Input NAND Buffer OC

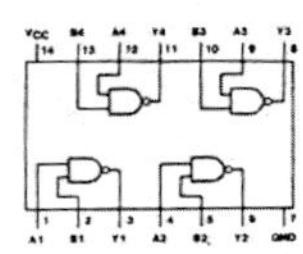

7438 74ALS38
74LS38
74S38

40
Dual 4 Input NAND Buffer

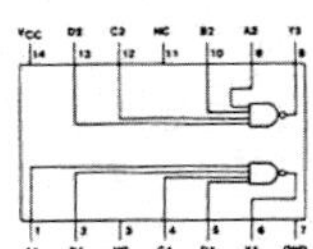

7440 74ALS40
74LS40
74S40

42: BCD Decimal Decoder
43: Excess 3 Decimal Decoder
44: Excess 3 Gray Decimal Decoder

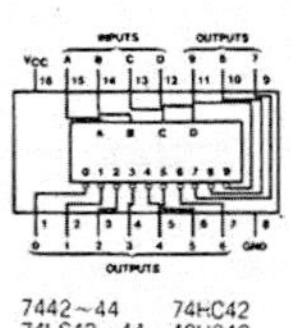

7442~44 74HC42
74LS42~44 40H042

45
BCD to Decimal Decoder 30V OC

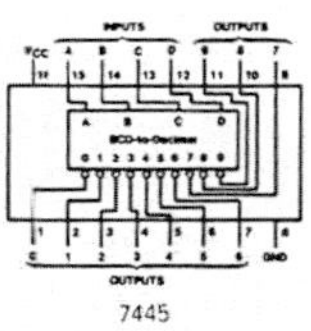

7445

46: BCD to Seven Segment Decoder 30V OC
47: BCD to Seven Segment Decoder 15V OC

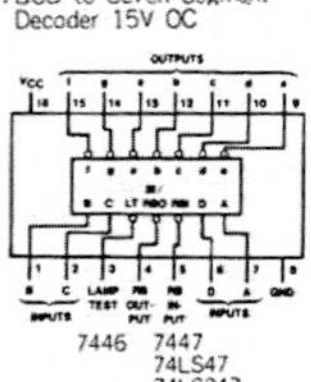

7446 7447
74LS47
74LS347

48
BCD to Seven Segment Decoder 2kΩ pullup OC

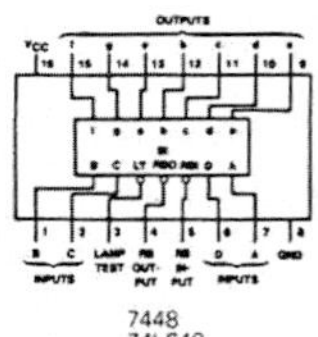

7448
74LS48

49
BCD to Seven Segment Decoder 5.5V OC

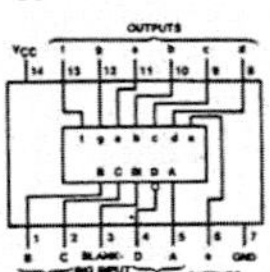

7449
74LS49

50
Dual 2 wide 2 Input AND OR INVERT

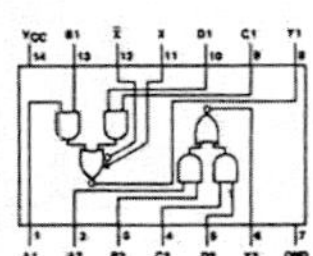

7450

51
Dual 2 wide 2 Input AND OR INVERT

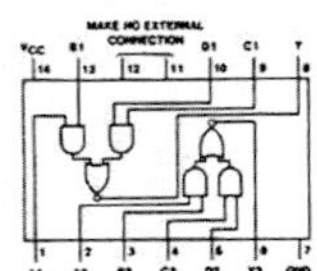

7451
74S51

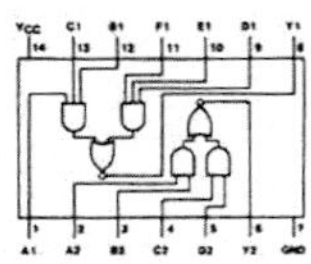

74LS51 74HC51
40H051

TTL IC

53
4 wide 2 Input AND OR INVERT

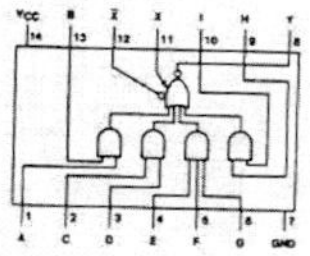

7453

54
4 wide 2 Input AND OR INVERT

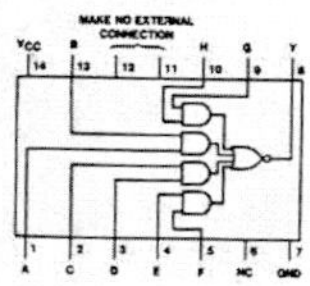

7454

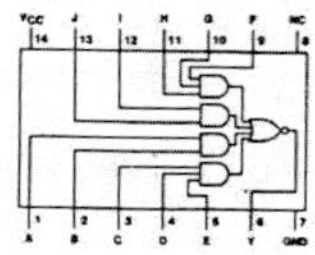

74LS54

55
Expandable 2 wide 4 Input AND OR INVERT

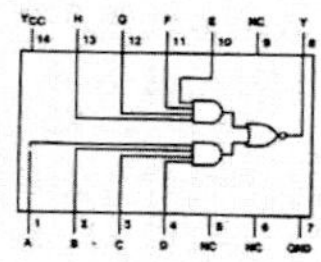

74LS55

60
Dual 4 Input Expander

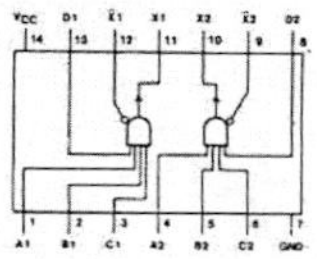

7460

63
Hex Current Sense Interface GATE

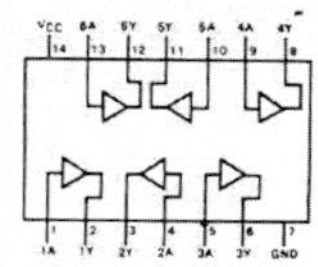

74S64
74F64

64: 4-2-3-2 Input AND OR INVERT
65: 4-2-3-2 Input AND OR INVERT OC

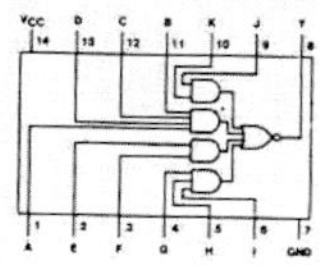

74S64
74S65

70
JK Flip Flop (AND Input)

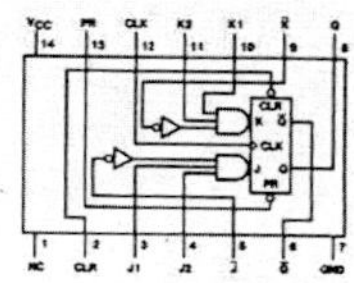

7470

73
Dual J K Flip Flop

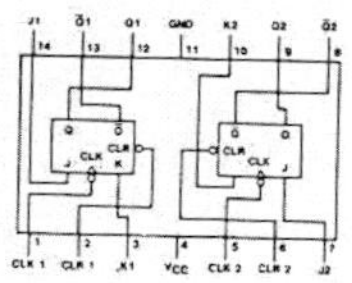

7473 74HC73
74LS73

FUNCTION TABLE

Inputs				Outputs	
CLR	CLK	J	K	Q	Q̄
L	X	X	X	L	H
H	⎍	L	L	Q0	Q̄0
H	⎍	H	L	H	L
H	⎍	L	H	L	H
H	⎍	H	H	TOGGLE	

7473

Inputs				Outputs	
CLR	CLK	J	K	Q	Q̄
L	X	X	X	L	H
H	↓	L	L	Q0	Q̄0
H	↓	H	L	H	L
H	↓	L	H	L	H
H	↓	H	H	TOGGLE	
H	H	X	X	Q0	Q̄0

74LS73

74
Dual D Type Flip Flop

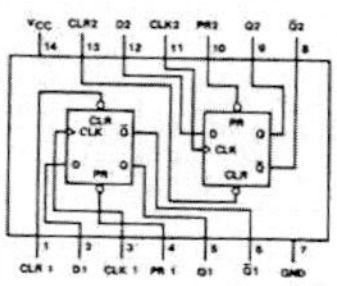

7474 74S74 74HC74
74LS74 74ALS74 74HCT74
74F74 40H074

FUNCTION TABLE

Inputs				Outputs	
PR	CLR	CLK	D	Q	Q̄
L	H	X	X	H	L
H	L	X	X	L	H
L	L	X	X	H*	H*
H	H	↑	H	H	L
H	H	↑	L	L	H
H	H	L	X	Q0	Q̄0

75
Quad Latch

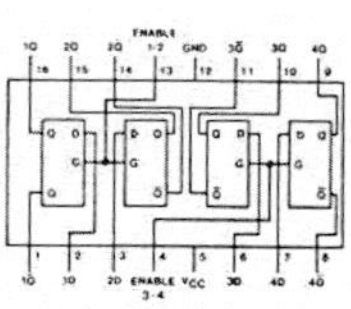

7475 74HC75
74LS75

FUNCTION TABLE
(Each Latch)

Inputs		Outputs	
D	G	Q	Q̄
L	H	L	H
H	H	H	L
X	L	Q0	Q̄0

76
Dual JK Flip Flop

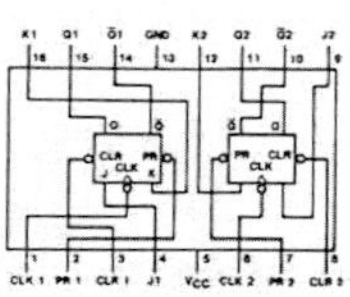

7476[1] 74HC76[1]
74LS76[2] 40H076[2]

FUNCTION TABLE

(1)

Inputs					Outputs	
PR	CLR	CLK	J	K	Q	Q̄
L	H	X	X	X	H	L
H	L	X	X	X	L	H
L	L	X	X	X	H*	H*
H	H	⎍	L	L	Q0	Q̄0
H	H	⎍	H	L	H	L
H	H	⎍	L	H	L	H
H	H	⎍	H	H	TOGGLE	

(2)

Inputs					Outputs	
PR	CLR	CLK	J	K	Q	Q̄
L	H	X	X	X	H	L
H	L	X	X	X	L	H
L	L	X	X	X	H*	H*
H	H	↓	L	L	Q0	Q̄0
H	H	↓	H	L	H	L
H	H	↓	L	H	L	H
H	H	↓	H	H	TOGGLE	
H	H	H	X	X	Q0	Q̄0

77
4 bit Bistable Latch (Flat Pack Only)

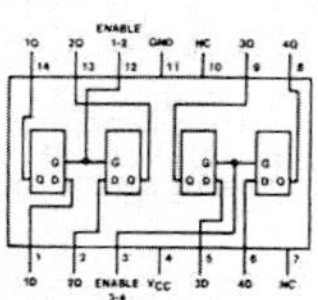

7477
74LS77

FANCTION TABLE
(Each Latch)

Inputs		Outputs	
D	G	Q	Q̄
L	H	L	H
H	H	H	L
X	L	Q0	Q̄0

78
Dual JK Flip Flop

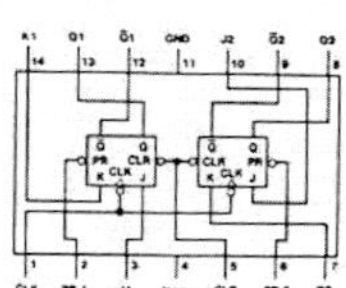

74LS78

FUNCTION TABLE

Inputs					Outputs	
PR	CLR	CLK	J	K	Q	Q̄
L	H	X	X	X	H	L
H	L	X	X	X	L	H
L	L	X	X	X	H*	H*
H	H	↓	L	L	Q0	Q̄0
H	H	↓	H	L	H	L
H	H	↓	L	H	L	H
H	H	↓	H	H	TOGGLE	
H	H	H	X	X	Q0	Q̄0

CONNECTION DIAGRAM

83
4 bit Binary Full Adder

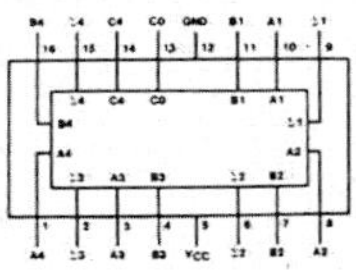

7483
74LS83

85
4 bit Comparator

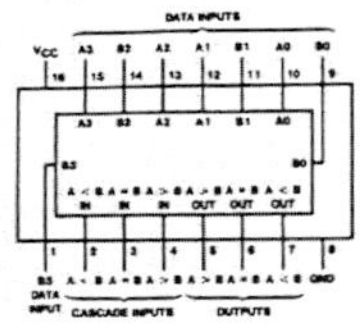

7485 74HC85
74LS85

86
Quad Exclusive OR

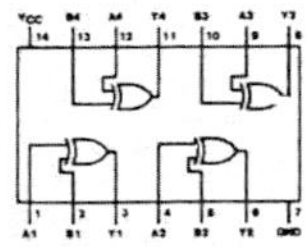

7486 74F86 74HC86
74LS86
74S86

90
Decade Counter

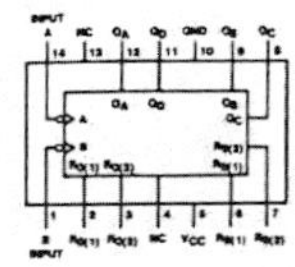

7490
74LS90

91
8 bit Shift Register SISO

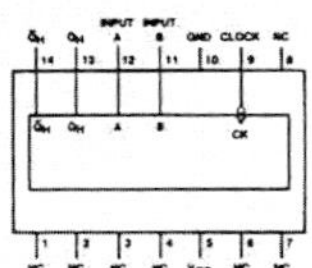

7491
74LS91

92
Divide by 12 Counter

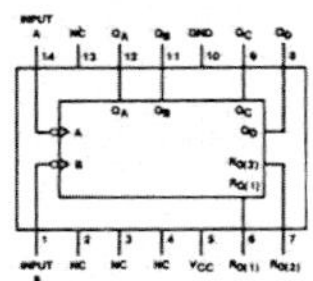

7492
74LS92

93
4 bit Binary Counter

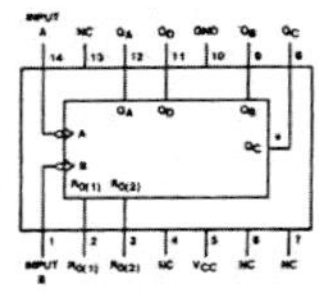

7493
74LS93

95
4 bit Shift Register PIPO

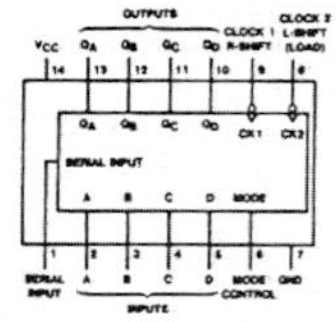

7495
74LS95

96
5 bit Shift Register PIPO

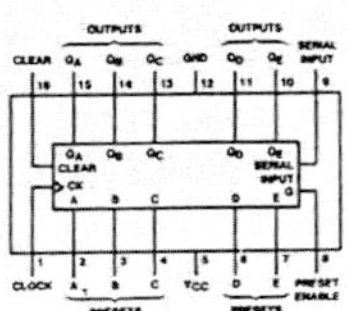

7496
74LS96

107
Dual JK Flip Flop
(真理値表は 73 と同じ)

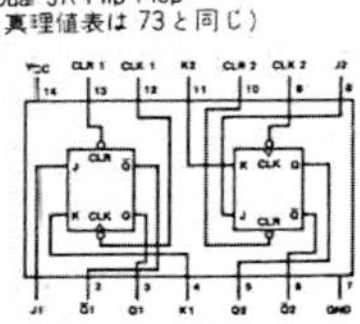

74107 74HC107
74LS107 40H107

109
Dual JK Flip Flop

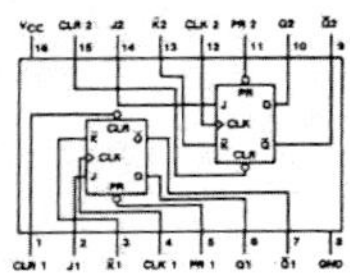

74109 74F109
74LS109
74ALS109

FUNCTION TABLE

Inputs					Outputs	
PR	CLR	CLK	J	$\overline{K}$	Q	$\overline{Q}$
L	H	X	X	X	H	L
H	L	X	X	X	L	H
L	L	X	X	X	H*	H*
H	H	↑	L	L	L	H
H	H	↑	H	L	TOGGLE	
H	H	↑	L	H	Q0	$\overline{Q}$0
H	H	↑	H	H	H	L
H	H	L	X	X	Q0	$\overline{Q}$0

74HC109
74HCT109

112
Dual JK Flip Flop
(真理値表は LS76 と同じ)

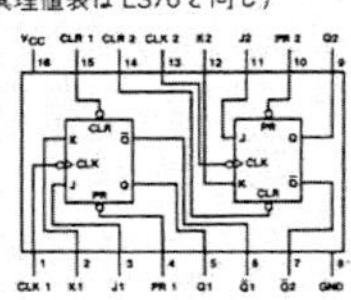

74LS112 74HC112
74ALS112
74S112

113
Dual JK Flip Flop
(真理値表は 73 と同じ)

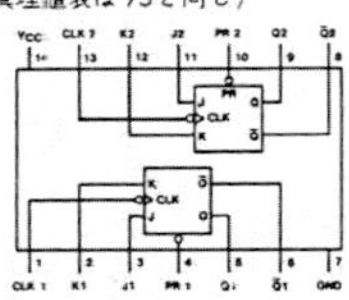

74LS113 74HC113
74ALS113
74S113

114
Dual JK Flip Flop

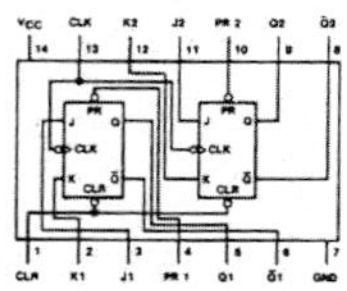

74LS114
74ALS114
74S114

FUNCTION TABLE

Inputs					Outputs	
PR	CLR	CLK	J	K	Q	$\overline{Q}$
L	H	X	X	X	H	L
H	L	X	X	X	L	H
L	L	X	X	X	H*	H*
H	H	↓	L	L	Q0	$\overline{Q}$0
H	H	↓	H	L	H	L
H	H	↓	L	H	L	H
H	H	↓	H	H	TOGGLE	
H	H	H	X	X	Q0	$\overline{Q}$0

121
Monostable Multivibrator

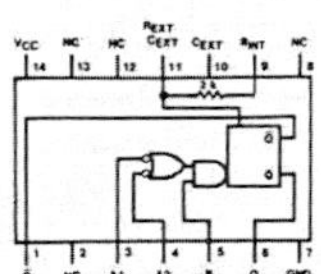

74121

FUNCTION TABLE

Inputs			Outputs	
A1	A2	B	Q	$\overline{Q}$
L	X	H	L	H
X	L	H	L	H
X	X	L	L	H
H	H	X	L	H
H	↓	H	⊓	⊔
↓	H	H	⊓	⊔
↓	↓	H	⊓	⊔
L	X	↑	⊓	⊔
X	L	↑	⊓	⊔

122
Monostable Multivibrator

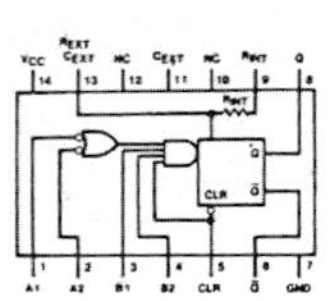

74122
74LS122

FUNCTION TABLE

Inputs					Outputs	
Clear	A1	A2	B1	B2	Q	$\overline{Q}$
L	X	X	X	X	L	H
X	H	H	X	X	L	H
X	X	X	L	X	L	H
X	X	X	X	L	L	H
X	L	X	H	H	L	H
H	L	X	↑	H	⊓	⊔
H	L	X	H	↑	⊓	⊔
H	X	L	H	H	L	H
H	X	L	↑	H	⊓	⊔
H	X	L	H	↑	⊓	⊔
H	H	↓	H	H	⊓	⊔
H	↓	↓	H	H	⊓	⊔
H	↓	H	H	H	⊓	⊔
↑	L	X	H	H	⊓	⊔
↑	X	L	H	H	⊓	⊔

TTL IC

123
Dual Monostable Multivibrator

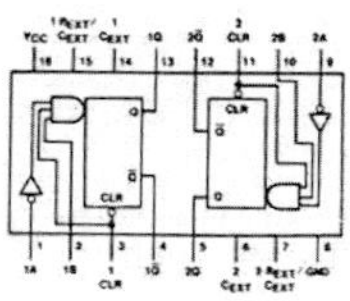

FUNCTION TABLE

Inputs			Outputs	
Clear	A	B	Q	$\bar{Q}$
L	X	X	L	H
X	H	X	L	H
X	X	L	L	H
H	L	↑	⊓	⊔
H	↓	H	⊓	⊔
↑	L	H	⊓	⊔

74123 74HC123
74LS123

125
Quad 3 State Buffer

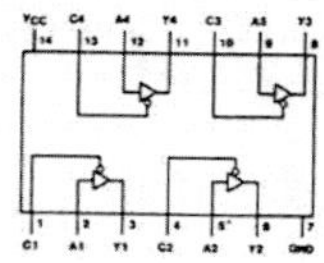

74125 74HC125
74LS125

126
Quad 3 State Buffer

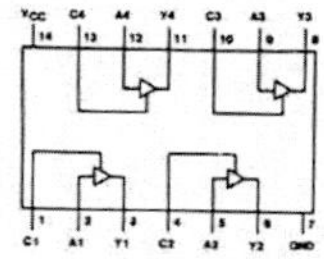

74126 74HC126
74LS126

132
Quad 2 Input NAND Schmitt Trigger

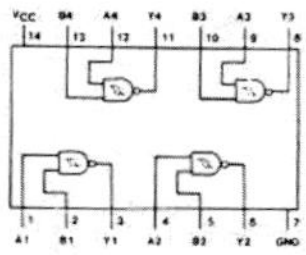

74132 74HC132
74LS132
74S132

133
13 Input NAND

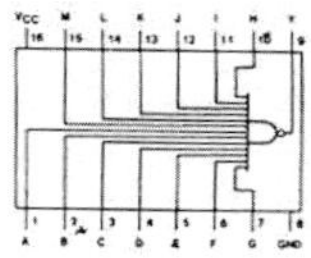

74LS133 74HC133
74ALS133
74S133

134
12 Input 3 State NAND

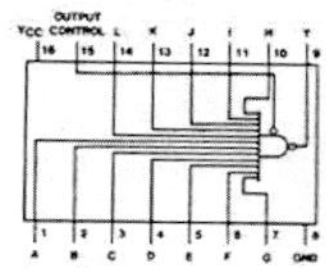

74S134

135
Quad Exclusive OR/NOR

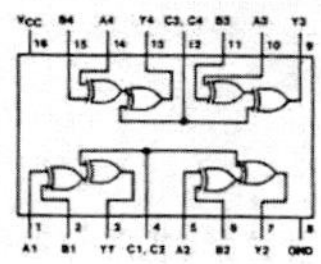

74S135

136
Quad Exclusive OR OC

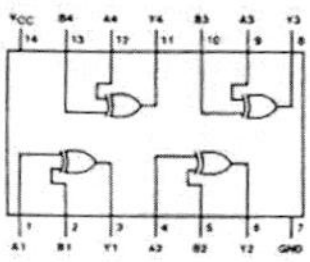

74136
74LS136

137
3 to 8 Line Decoder/Latch

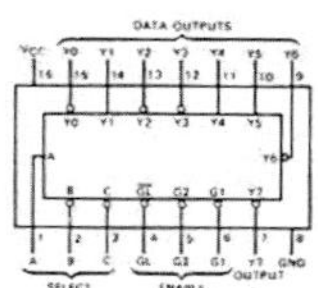

74LS137
74S137

138
3 to 8 Line Decoder

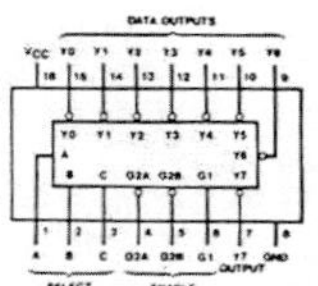

74LS138 74F138 74HC138
74S138 40H138
74ALS138

139
Dual 2 to 4 Line Decoder

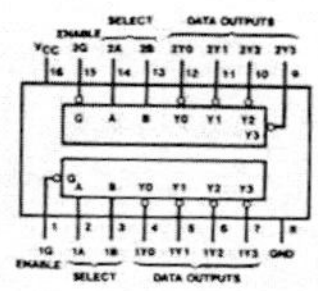

74LS139 74HC139
74S139 74HCT139
74F139 40H139

140
Dual 4 Input NAND Line Driver

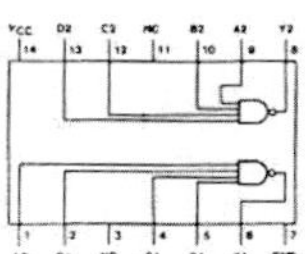

74S140

145
BCD to Decimal Decoder 15V OC

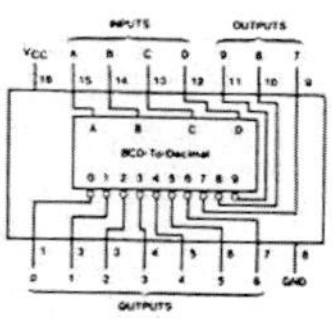

74145
74LS145

147
10 to 4 Line Priority Encoder

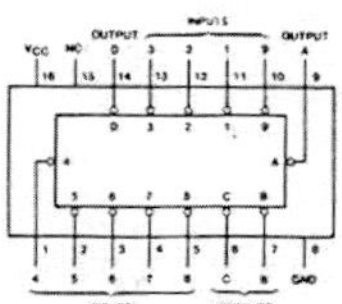

74147 74HC147
74LS147 40H147

148
8 to 3 Line Priority Encoder

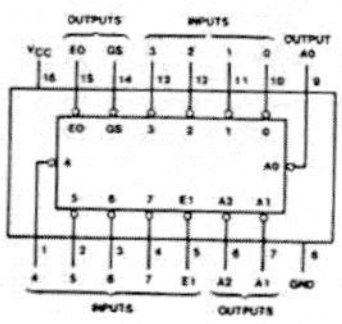

74148 74HC148
74LS148 40H148
74348

150
16 to 1 Line Data Selector

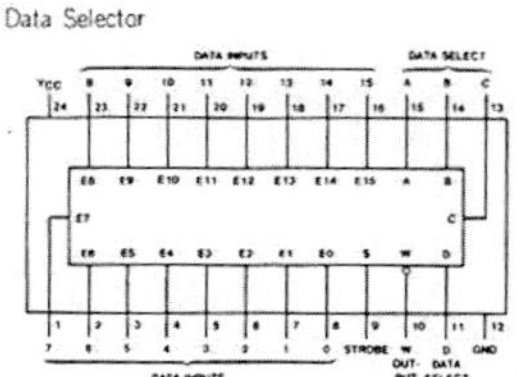

74150

151
8 to 1 Line Data Selector

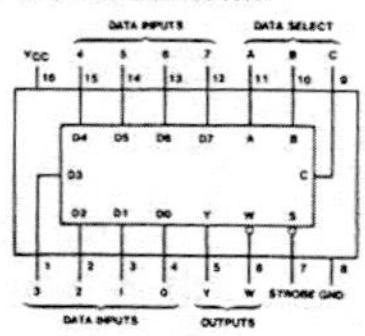

74151 74F151 74HC151
74LS151 40H151
74S151

152
8 to 1 Line Data Selector

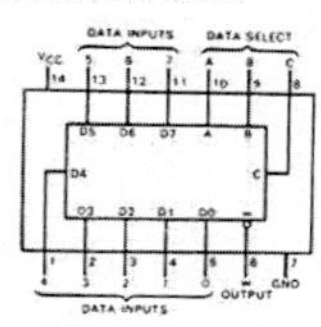

74152
74LS152

CONNECTION DIAGRAM

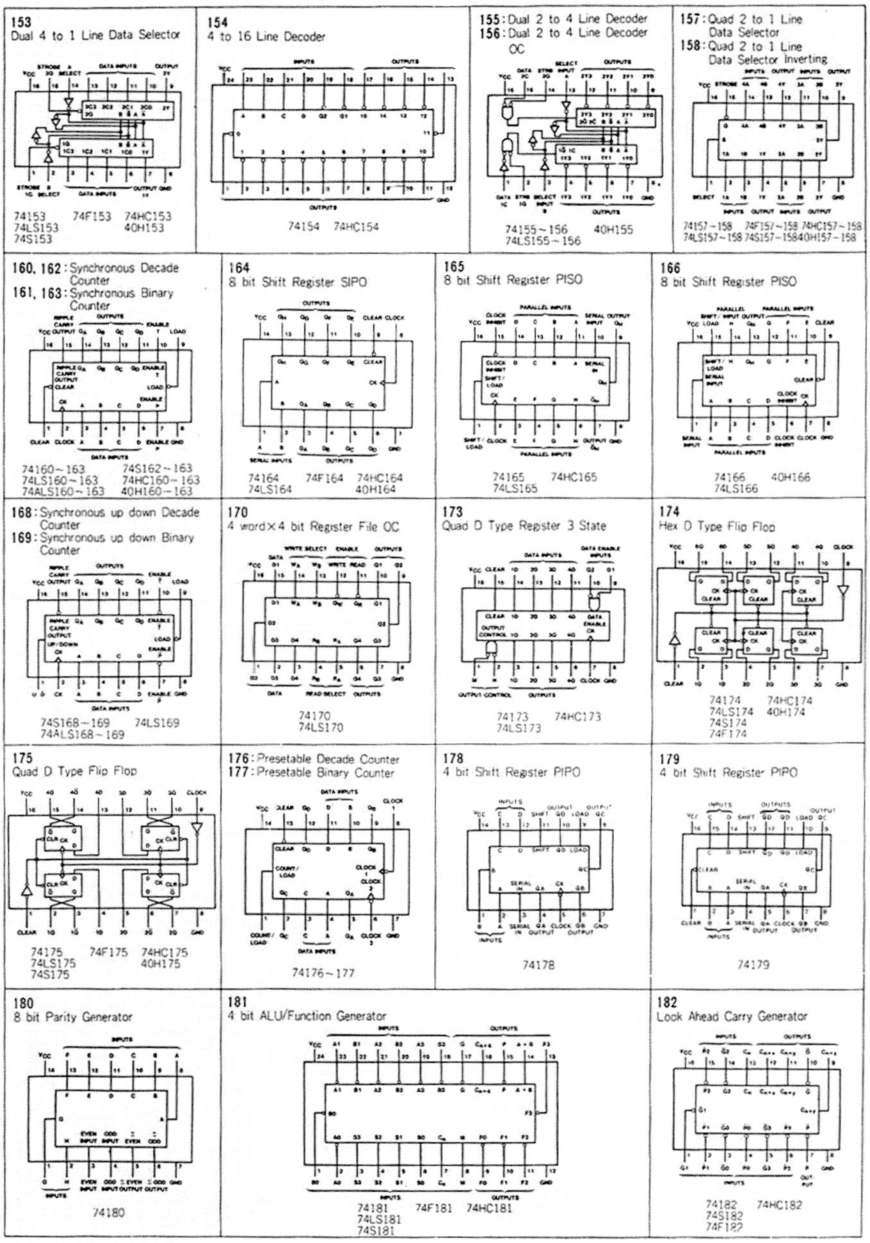

TTL IC

183
Dual Carry Save Full Adders

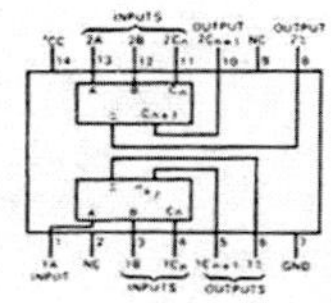

74183
74LS183

190: Synchronous up down Decade Counter
191: Synchronous up down Binary Counter

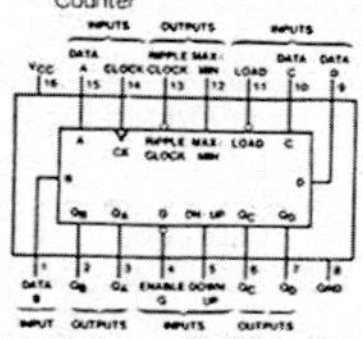

74190～191 74HC190～191
74LS190～191

192: Synchronous up down Decade Counter
193: Synchronous up down Binary Counter

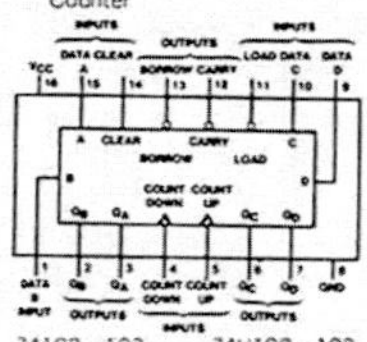

74192～193 74H192～193
74LS192～193· 40H192～193
74ALS192～193

194
4 bit Bidirectional Shift Register PIPO

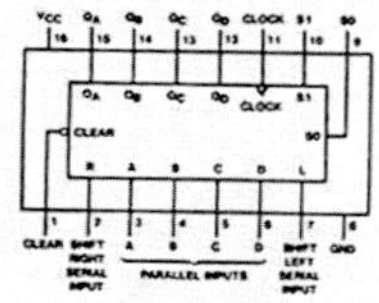

74194 74HC194
74LS194 40H194
74S194

195
4 bit Shift Register PIPO

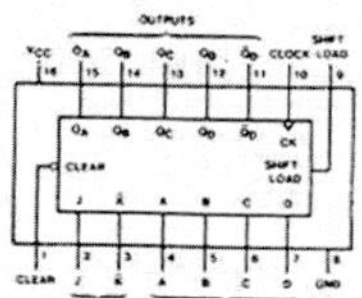

74195 74HC195
74LS195
74S195

196: Presetable Decade Counter
197: Presetable Binary Counter

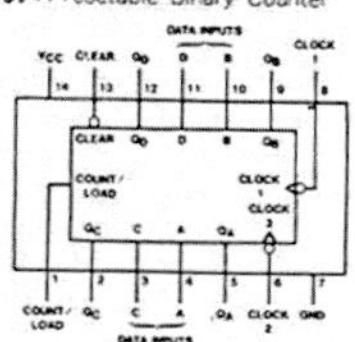

74196～197
74LS196～197
74S196～197

198 8 bit Bidirectional Shift Register PIPO

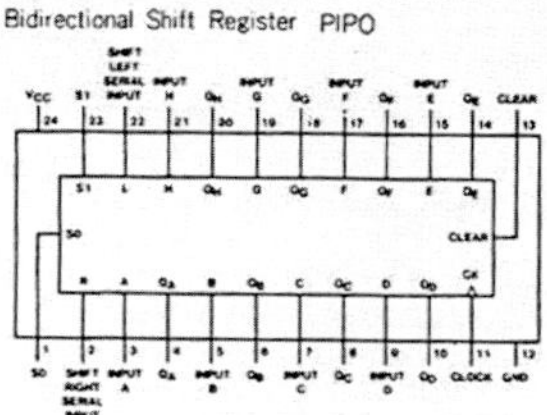

74198

199
8 bit Shift Register PIPO

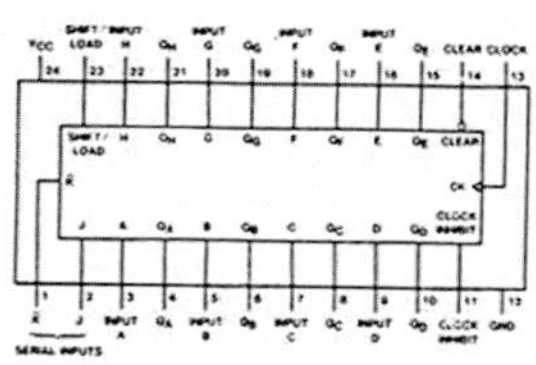

74199

221
Dual Monostable Multivibrator

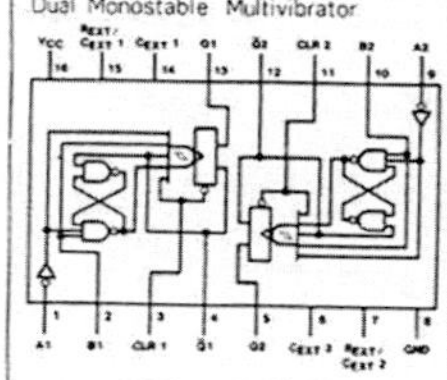

74221 74HC221
74LS221

240
Octal Bus Driver

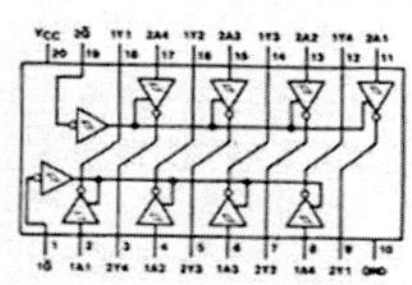

74LS240 74HC240
74ALS240 74HCT240
74S240 40H240
74F240

241
Octal Bus Driver

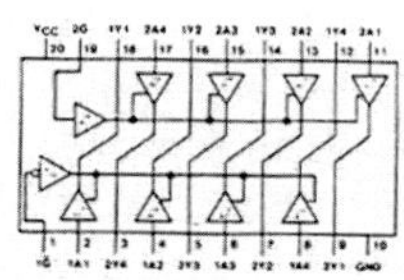

74LS241 74HC241
74ALS241 74HCT241
74S241 40H241
74F241

242
Quad Bus Transceiver

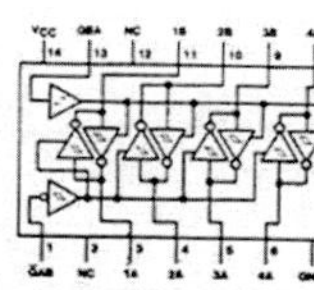

74LS242 74HC242
74ALS242 40H242
74F242

243
Quad Bus Transceiver

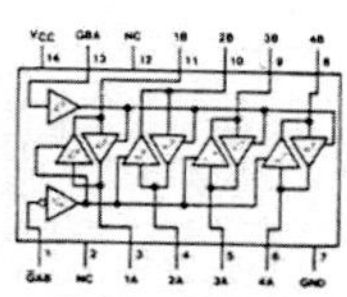

74LS243 74HC243
74ALS243 40H243
74F243

244
Octal Bus Driver 3 State

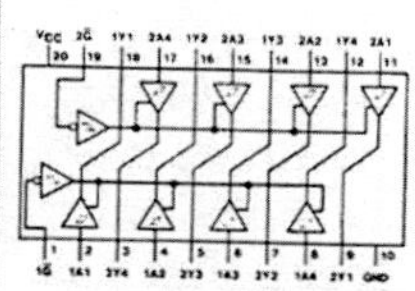

74LS244 74HC244
74ALS244 74HCT244
74S244 40H244
74F244

245
Octal Bus Transceiver 3 State

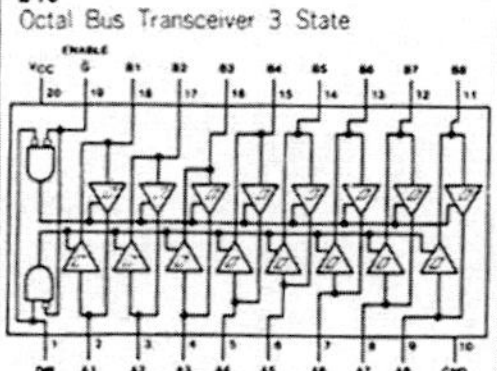

74LS245 74HC245
74ALS245 74HCT245
74F245 40H245

246: BCD to Seven Segment Decoder 30V OC
247: BCD to Seven Segment Decoder 15V OC

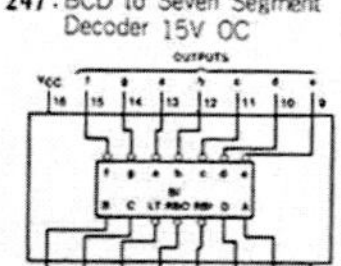

74246～247
74LS247

248: BCD to Seven Segment Decoder 2kΩ pullup OC
249: BCD to Seven Segment Decoder 5.5V OC

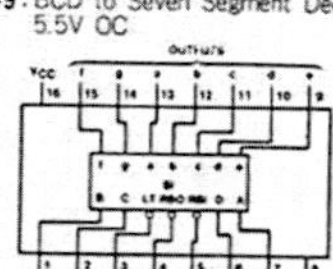

74248～249
74LS248～249

251
8 to 1 Line Data Selector 3 State

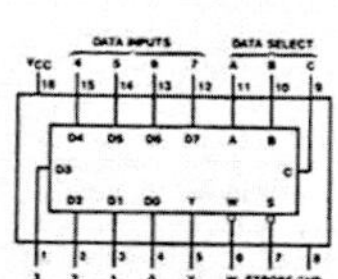

74251 74HC251
74LS251
75S251
74F251

CONNECTION DIAGRAM

253
Dual 4 to 1 Line Data Selector 3 State

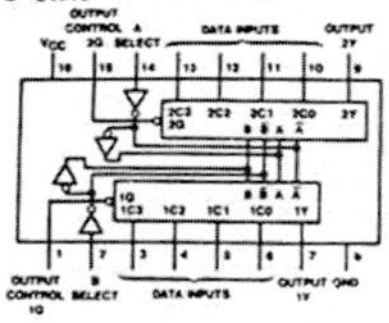

74LS253 74HC253
74S253
74F253

257
Quad 2 to 1 Data Selector 3 State

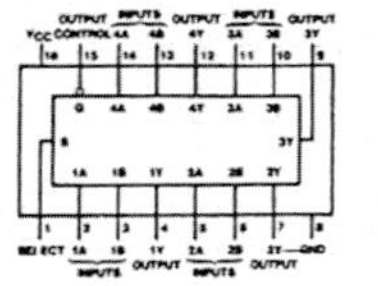

74LS257 74HC257
74S257
74F257

258
Quad 2 to 1 Data Selector 3 State

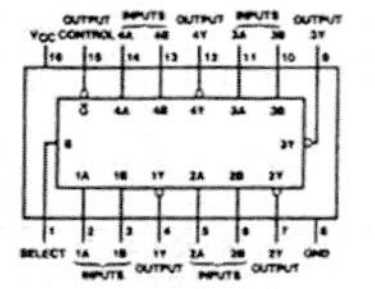

74LS258 74HC258
74S258
74F258

259
8 bit Addressable Latch

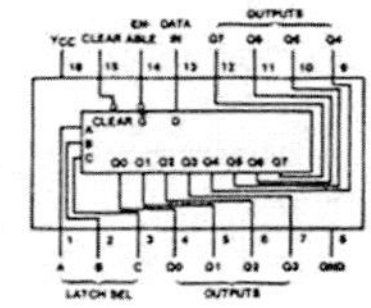

74259 74HC259
74LS259 40H259

266
Quad 2 Input Exclusive NOR OC

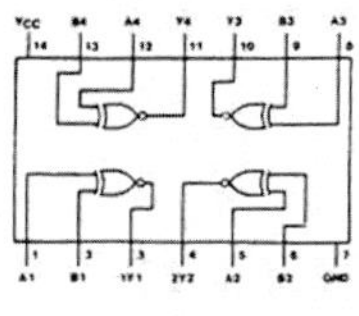

74LS266 74HC266

273
Octal D Type Flip Flop with Clear

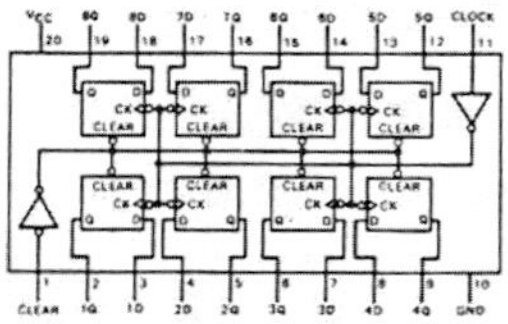

74273 74HC273
74LS273 40H273

276
Quad JK Flip Flop

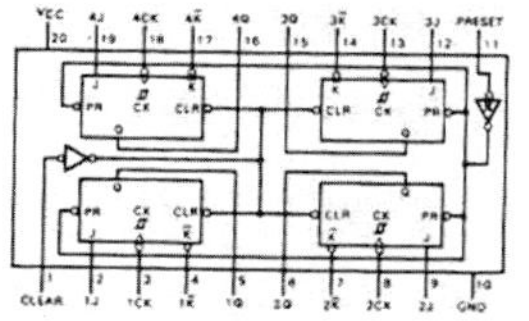

74276

279
Quad SR Latch

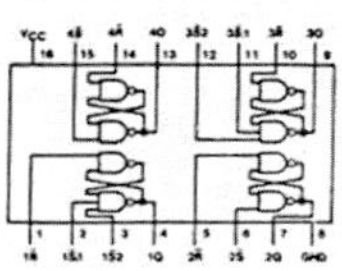

74279
74LS279

280
9 bit Parity Generator/Checker

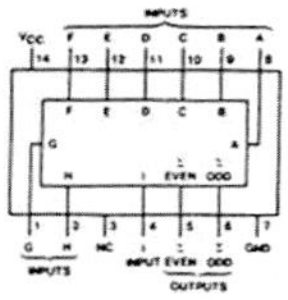

74LS280 74HC280
74S280
74F280

283
4 bit Full Adder

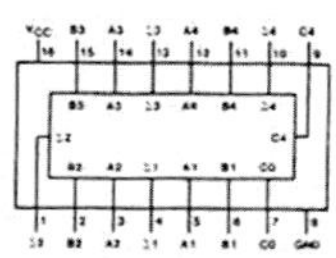

74283 74F283 74HC283
74LS283
74S283

290
Decade Counter

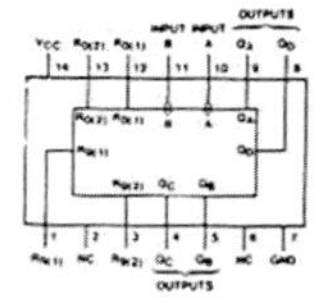

74290
74LS290

293
4 bit Binary Counter

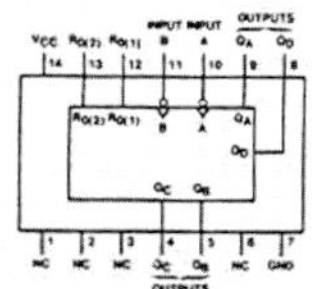

74293
74LS293

295
4 bit Shift Register PIPO 3 State

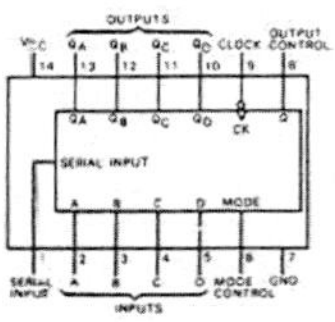

74LS295

298
Quad 2 Input Multiplexer with Storage

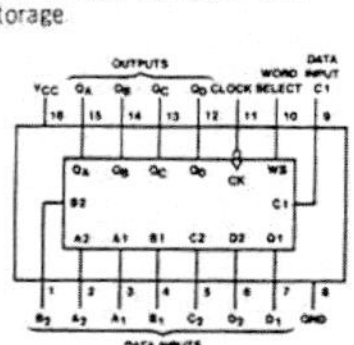

74298 74HC298
74LS298

299, 323
8 bit Universal Shift/Storage Register

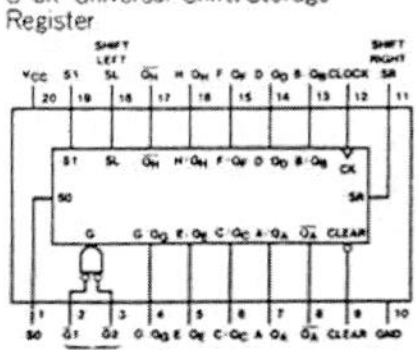

74LS299, 323 74HC299
74S299
74ALS299

322
8 bit Shift Register with Sign Extend

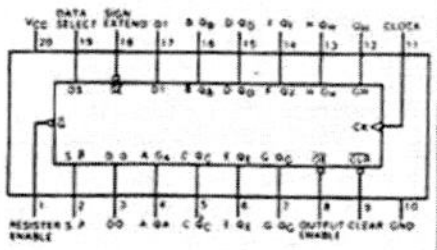

74LS322

352
Dual 4 to 1 Line Data Selector

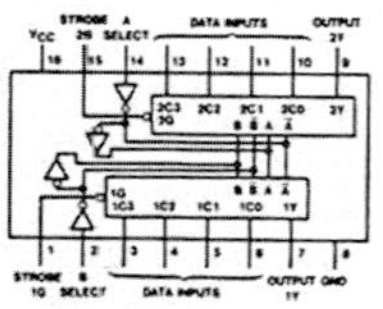

74LS352
74F352

353
Dual 4 to 1 Line Data Selector 3 State

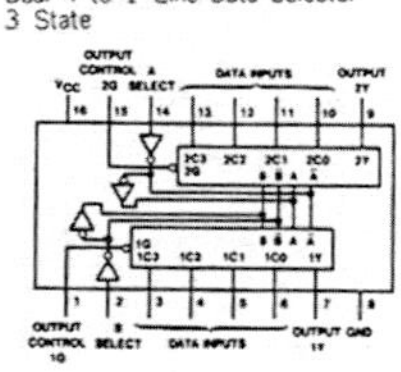

74LS353
74F353

365
Hex Bus Driver 3 State

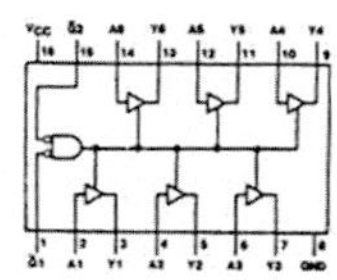

74365 74HC365
74LS365 40H365

TTL IC

366
Hex Bus Driver 3 State

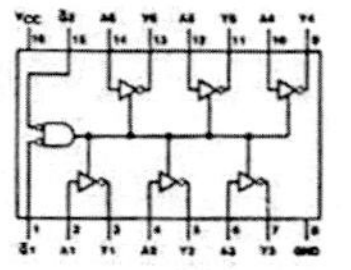

74366 74HC366
74LS366 40H366

367
Hex Bus Driver 3 State

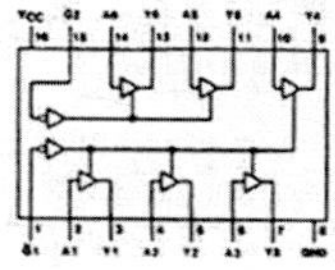

74367 74HC367
74LS367 40H367

368
Hex Bus Driver 3 State

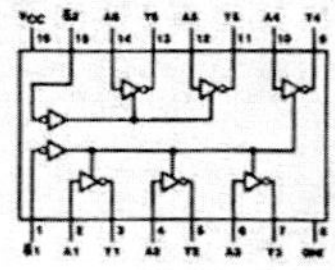

74368 74HC368
74LS368 40H368

373
Octal Transparent Latch

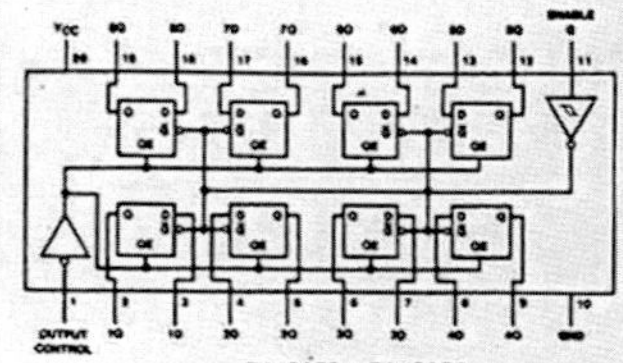

74LS373 74HC373
74S373 74HCT373
74F373 40H373

374
Octal D Type Flip Flop

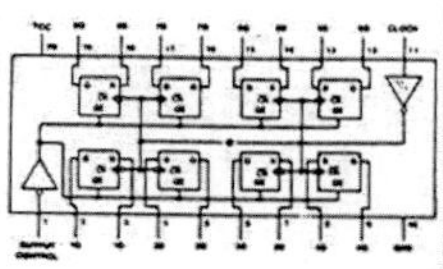

74LS374 74HC374
74S374 74HCT374
74F374 40H374

375
Quad Latch

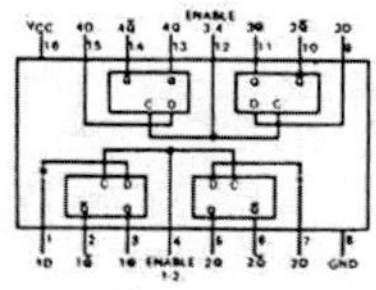

74LS375 74HC375
40H375

376
Quad JK Flip Flop

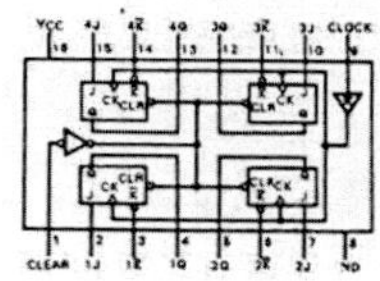

74376

377
Octal D Type Flip Flop with/Enable

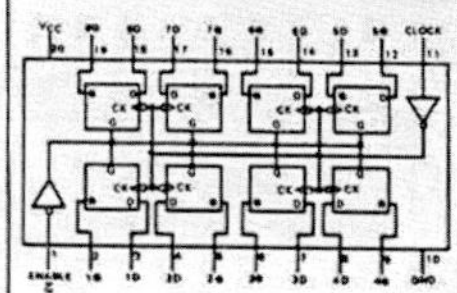

74LS377

378, 174
Hex D Type Flip Flop with Enable

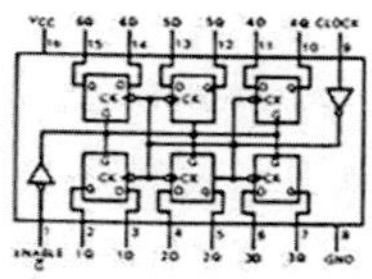

74LS378
74F378

379, 175
Quad D Type Flip Flop with Enable

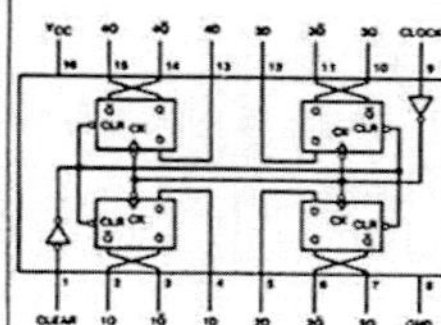

74LS379
74F379

381, 382
ALU/Function Generator

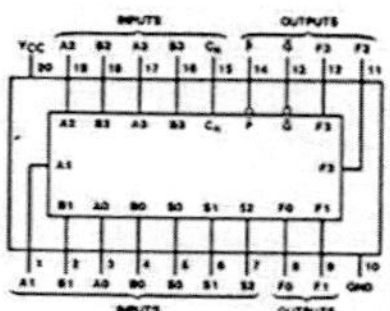

74LS381~382 74F381~382
74S381

386
Quad Exclusive OR

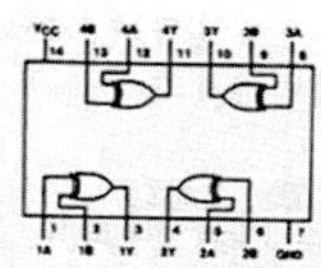

74LS386 40H386

390
Dual Decade Counter

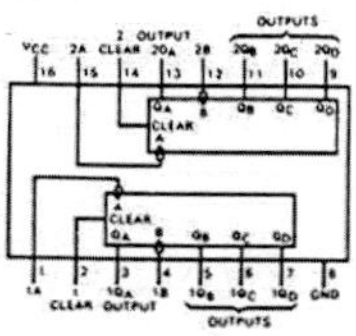

74390 74HC390
74LS390 40H390

393
Dual Binary Counter

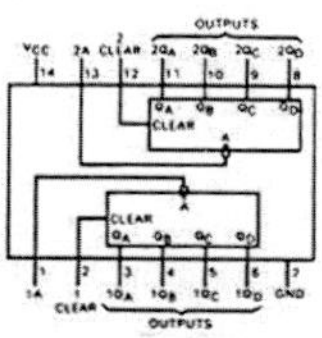

74393 74HC393
74LS393 40H393

395
4 bit Shift Register PIPO

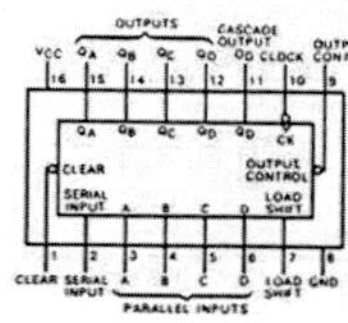

74LS395

396
Octal Storage Register

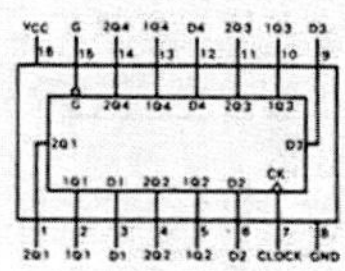

74LS396

398
Quad 2 Input Multiplexer with Storage

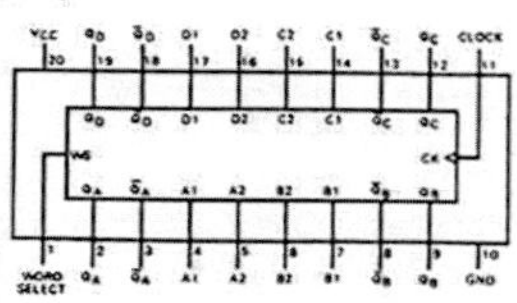

74LS398
74F398

399
Quad 2 Input Multiplexer with Storage

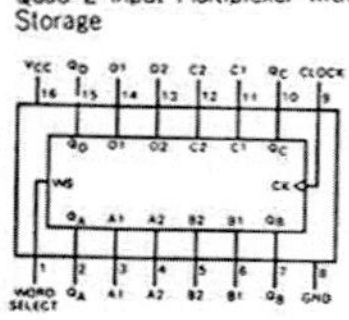

74LS399
74F399

422
Monostable Multivibrator

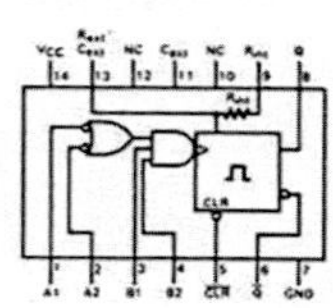

INPUTS					OUTPUTS	
CLEAR	A1	A2	B1	B2	Q	$\bar{Q}$
L	X	X	X	X	L	H
X	H	H	X	X	L	H
X	X	X	L	X	L	H
X	X	X	X	L	L	H
H	L	X	↑	H	⎍	⊔
H	L	X	H	↑	⎍	⊔
H	X	L	↑	H	⎍	⊔
H	X	L	H	↑	⎍	⊔
H	H	↓	H	H	⎍	⊔
H	↓	↓	H	H	⎍	⊔
H	↓	H	H	H	⎍	⊔

74LS422

CONNECTION DIAGRAM

423
Monostable Multivibrator

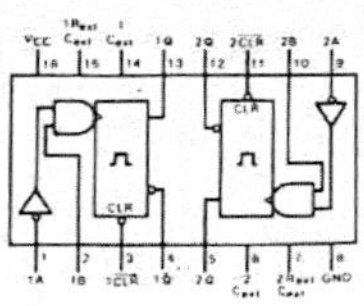

74LS423 74HC423

425
Quad 3 State Buffer

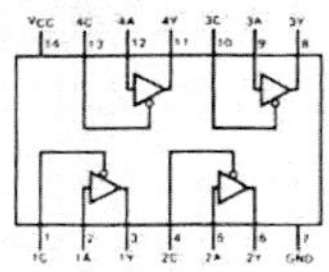

74425

426
Quad 3 State Buffer

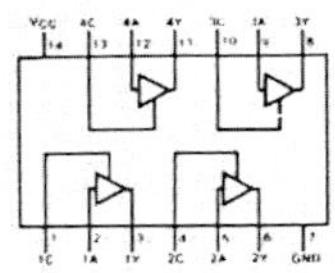

74426

440～444
Quad Tridirectinal Bus Transceiver

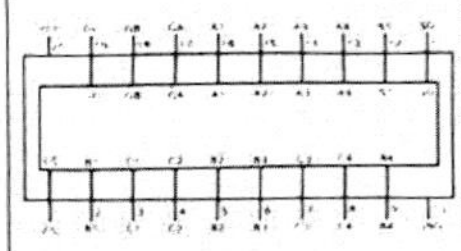

74LS440～444

490
Dual Decade Counter

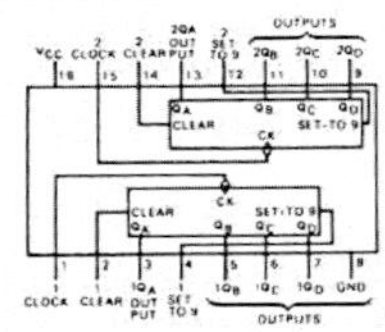

74490
74LS490

620～623
Octal Bus Transceiver

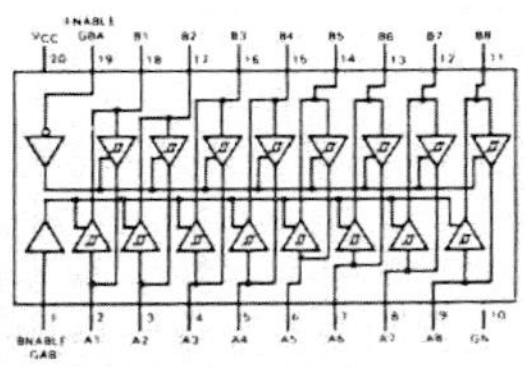

74LS620～623

638
Octal Bus Transceiver

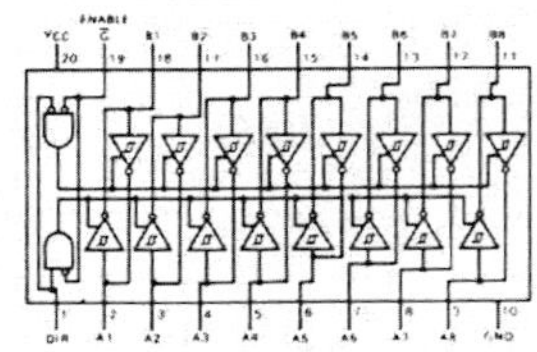

74LS638
74ALS638

639
Octal Bus Transceiver

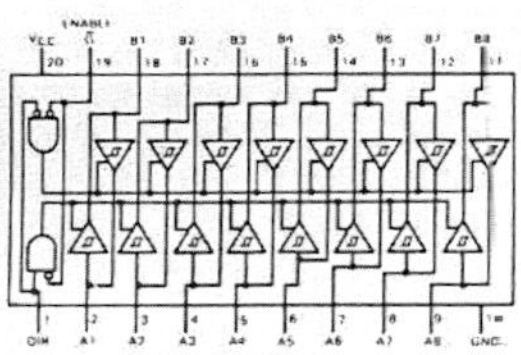

74LS639
74ALS639

640, 642
Octal Bus Transceiver

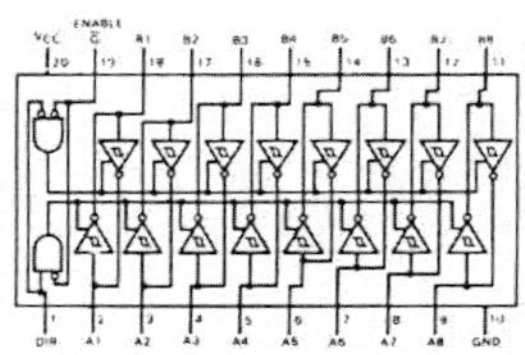

74LS640, 642 74HC640
74AL640 74HCT640

641, 645
Octal Bus Tranceiver

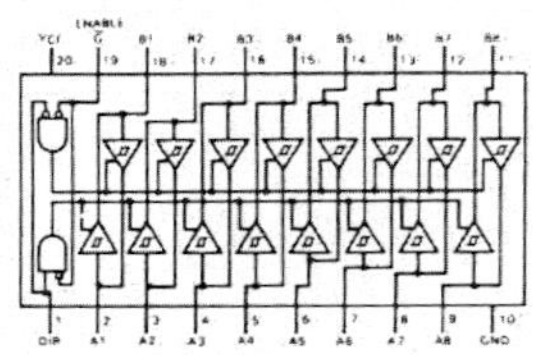

74LS641, 645
74ALS641, 645

643, 644
Octal Bus Transceiver

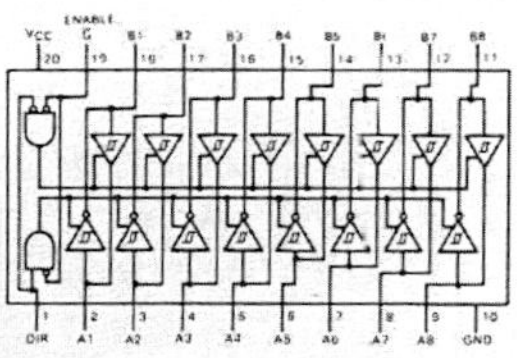

74LS643～644, 74HC643
74ALS643～644 74HCT643

668 : Synchronous up down Decade Counter
669 : Synchronous up down Binary Counter

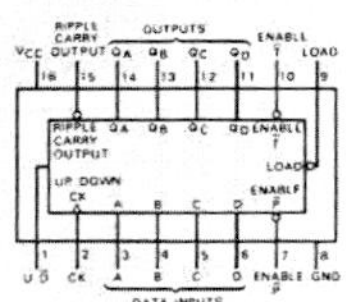

74LS668～669

670
4word×4bit Register File 3 State

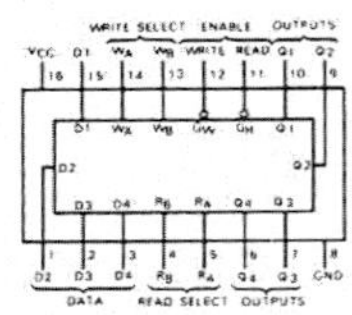

74LS670 74HC670

recommended operating conditions

	54 FAMILY / 74 FAMILY	SERIES 54 / SERIES 74 '00, '04, '10, '20, '30 MIN	NOM	MAX	SERIES 54H / SERIES 74H 'H00, 'H04, 'H10, 'H20, 'H30 MIN	NOM	MAX	SERIES 54L 'L00, 'L04, 'L10, 'L20, 'L30 MIN	NOM	MAX	SERIES 54LS / SERIES 74LS 'LS00, 'LS04, 'LS10, 'LS20, 'LS30 MIN	NOM	MAX	SERIES 54S / SERIES 74S 'S00, 'S04, 'S10, 'S20, 'S30, 'S133 MIN	NOM	MAX	UNIT
Supply voltage, V_{CC}	54 Family	4.5	5	5.5	4.5	5	5.5	4.5	5	5.5	4.5	5	5.5	4.5	5	5.5	V
	74 Family	4.75	5	5.25	4.75	5	5.25				4.75	5	5.25	4.75	5	5.25	
High-level output current, I_{OH}	54 Family			−400			−500			−100			−400			−1000	μA
	74 Family			−400			−500						−400			−1000	
Low-level output current, I_{OL}	54 Family			16			20			2			4			20	mA
	74 Family			16			20						8			20	
Operating free-air temperature, T_A	54 Family	−55		125	−55		125	−55		125	−55		125	−55		125	°C
	74 Family	0		70	0		70				0		70	0		70	

electrical characteristics over recommended operating free-air temperature range (unless otherwise noted)

PARAMETER	TEST FIGURE	TEST CONDITIONS†			SERIES 54 / SERIES 74 '00, '04, '10, '20, '30 MIN	TYP‡	MAX	SERIES 54H / SERIES 74H 'H00, 'H04, 'H10, 'H20, 'H30 MIN	TYP‡	MAX	SERIES 54L 'L00, 'L04, 'L10, 'L20, 'L30 MIN	TYP‡	MAX	SERIES 54LS / SERIES 74LS 'LS00, 'LS04, 'LS10, 'LS20, 'LS30 MIN	TYP‡	MAX	SERIES 54S / SERIES 74S 'S00, 'S04, 'S10, 'S20, 'S30, 'S133 MIN	TYP‡	MAX	UNIT
V_{IH} High-level input voltage	1, 2				2			2			2			2			2			V
V_{IL} Low-level input voltage	1, 2			54 Family			0.8			0.8			0.7			0.7			0.8	V
				74 Family			0.8			0.8						0.8			0.8	
V_{IK} Input clamp voltage	3	V_{CC} = MIN, I_I = §					−1.5			−1.5						−1.5			−1.2	V
V_{OH} High-level output voltage	1	V_{CC} = MIN, V_{IL} = V_{IL} max, I_{OH} = MAX		54 Family	2.4	3.4		2.4	3.5		2.4	3.3		2.5	3.4		2.5	3.4		V
				74 Family	2.4	3.4		2.4	3.5					2.7	3.4		2.7	3.4		
V_{OL} Low-level output voltage	2	V_{CC} = MIN, V_{IH} = 2 V	I_{OL} = MAX	54 Family		0.2	0.4		0.2	0.4		0.15	0.3		0.25	0.4			0.5	V
				74 Family		0.2	0.4		0.2	0.4					0.25	0.5			0.5	
			I_{OL} = 4 mA	Series 74LS												0.4				
I_I Input current at maximum input voltage	4	V_{CC} = MAX		V_I = 5.5 V			1			1			0.1						1	mA
				V_I = 7 V												0.1				
I_{IH} High-level input current	4	V_{CC} = MAX		V_{IH} = 2.4 V			40			50			10							μA
				V_{IH} = 2.7 V												20			50	
I_{IL} Low-level input current	5	V_{CC} = MAX		V_{IL} = 0.3 V									−0.18							mA
				V_{IL} = 0.4 V			−1.6			−2						−0.4				
				V_{IL} = 0.5 V															−2	
I_{OS} Short-circuit output current♦	6	V_{CC} = MAX		54 Family	−20		−55	−40		−100	−3		−15	−20		−100	−40		−100	mA
				74 Family	−18		−55	−40		−100				−20		−100	−40		−100	
I_{CC} Supply current	7	V_{CC} = MAX			See table on next page															mA

†For conditions shown as MIN or MAX, use the appropriate value specified under recommended operating conditions.
‡All typical values are at V_{CC} = 5 V, T_A = 25°C.
§I_I = −12 mA for SN54'/SN74', −8 mA for SN54H'/SN74H', and −18 mA for SN54LS'/SN74LS' and SN54S'/SN74S'.
♦Not more than one output should be shorted at a time, and for SN54H'/SN74H', SN54LS'/SN74LS', and SN54S'/SN74S', duration of short-circuit should not exceed 1 second.

supply current¶

TYPE	I_{CCH} (mA) Total with outputs high		I_{CCL} (mA) Total with outputs low		I_{CC} (mA) Average per gate (50% duty cycle)
	TYP	MAX	TYP	MAX	TYP
'00	4	8	12	22	2
'04	6	12	18	33	2
'10	3	6	9	16.5	2
'20	2	4	6	11	2
'30	1	2	3	6	2
'H00	10	16.8	26	40	4.5
'H04	16	26	40	58	4.5
'H10	7.5	12.6	19.5	30	4.5
'H20	5	8.4	13	20	4.5
'H30	2.5	4.2	6.5	10	4.5
'L00	0.44	0.8	1.16	2.04	0.20
'L04	0.66	1.2	1.74	3.06	0.20
'L10	0.33	0.6	0.87	1.53	0.20
'L20	0.22	0.4	0.58	1.02	0.20
SN54L30	0.11	0.33	0.29	0.51	0.20
'LS00	0.8	1.6	2.4	4.4	0.4
'LS04	1.2	2.4	3.6	6.6	0.4
'LS10	0.6	1.2	1.8	3.3	0.4
'LS20	0.4	0.8	1.2	2.2	0.4
'LS30	0.35	0.5	0.6	1.1	0.48
'S00	10	16	20	36	3.75
'S04	15	24	30	54	3.75
'S10	7.5	12	15	27	3.75
'S20	5	8	10	18	3.75
'S30	3	5	5.5	10	4.25
'S133	3	5	5.5	10	4.25

¶ Maximum values of I_{CC} are over the recommended operating ranges of V_{CC} and T_A; typical values are at V_{CC} = 5 V, T_A = 25°C.

switching characteristics at V_{CC} = 5 V, T_A = 25°C

TYPE	TEST CONDITIONS#	t_{PLH} (ns) Propagation delay time, low-to-high-level output			t_{PHL} (ns) Propagation delay time, high-to-low-level output		
		MIN	TYP	MAX	MIN	TYP	MAX
'00, '10	C_L = 15 pF, R_L = 400 Ω		11	22		7	15
'04, '20			12	22		8	15
'30			13	22		8	15
'H00	C_L = 25 pF, R_L = 280 Ω		5.9	10		6.2	10
'H04			6	10		6.5	10
'H10			5.9	10		6.3	10
'H20			6	10		7	10
'H30			6.8	10		8.9	12
'L00, 'L04, 'L10, L20	C_L = 50 pF, R_L = 4 kΩ		35	60		31	60
'L30			35	60		70	100
'LS00, 'LS04 'LS10, 'LS20	C_L = 15 pF, R_L = 2 kΩ		9	15		10	15
'LS30			8	15		13	20
'S00, 'S04	C_L = 15 pF, R_L = 280 Ω		3	4.5		3	5
'S10, 'S20	C_L = 50 pF, R_L = 280 Ω		4.5			5	
'S30, 'S133	C_L = 15 pF, R_L = 280 Ω		4	6		4.5	7
	C_L = 50 pF, R_L = 280 Ω		5.5			6.5	

#Load circuits and voltage waveforms are shown on pages 3-10 and 3-11.

schematics (each gate)

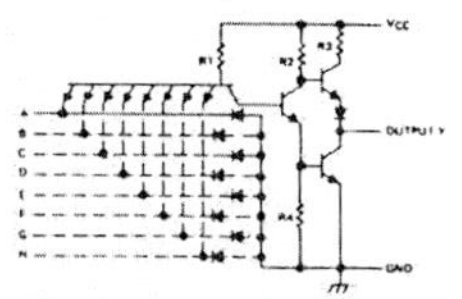

CIRCUIT	R1	R2	R3	R4
'00, '04, '10, '20, '30	4 k	1.6 k	130	1 k
'L00, 'L04, 'L10, 'L20, 'L30	40 k	20 k	500	12 k

'00, '04, '10, '20, '30
'L00, 'L04, 'L10, 'L20, 'L30, CIRCUITS
Input clamp diodes not on SN54L' circuits.

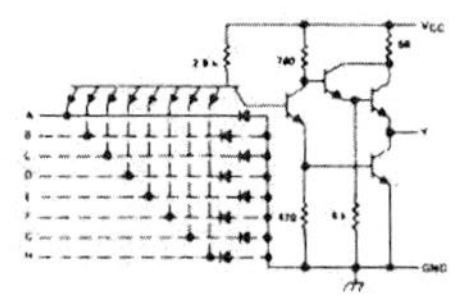

'H00, 'H04, 'H10, 'H20, 'H30 CIRCUITS

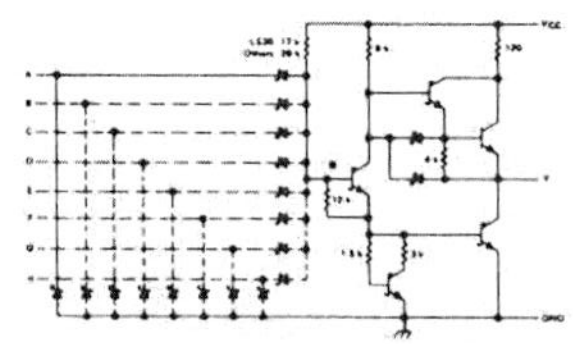

'LS00, 'LS04, 'LS10, 'LS20, 'LS30 CIRCUITS
*The 12-kΩ resistor is not on 'LS30.

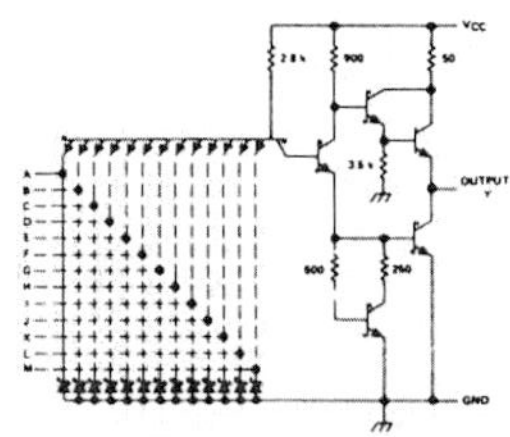

'S00, 'S04, 'S10, 'S20, 'S30, 'S133 CIRCUITS

Resistor values shown are nominal and in ohms.

recommended operating conditions

	54 FAMILY 74 FAMILY	SERIES 54 SERIES 74 '01, '03, '05, '12, '22			SERIES 54H SERIES 74H 'H01, 'H05, 'H22			SERIES 54L 'L01, 'L03			SERIES 54LS SERIES 74LS 'LS01, 'LS03, 'LS05, 'LS12, 'LS22			SERIES 54S SERIES 74S 'S03, 'S05, 'S22			UNIT
		MIN	NOM	MAX	MIN	NOM	MAX	MIN	NOM	MAX	MIN	NOM	MAX	MIN	NOM	MAX	
Supply voltage, V_{CC}	54 Family	4.5	5	5.5	4.5	5	5.5	4.5	5	5.5	4.5	5	5.5	4.5	5	5.5	V
	74 Family	4.75	5	5.25	4.75	5	5.25				4.75	5	5.25	4.75	5	5.25	
High-level output voltage, V_{OH}				5.5			5.5			5.5			5.5			5.5	V
Low-level output current, I_{OL}	54 Family			16			20			2			4			20	mA
	74 Family			16			20						8			20	
Operating free-air temperature, T_A	54 Family	−55		125	−55		125	−55		125	−55		125	−55		125	°C
	74 Family	0		70	0		70				0		70	0		70	

electrical characteristics over recommended operating free-air temperature range (unless otherwise noted)

PARAMETER	TEST FIGURE	TEST CONDITIONS†		SERIES 54 SERIES 74 '01, '03, '05, '12, '22			SERIES 54H SERIES 74H 'H01, 'H05, 'H22			SERIES 54L 'L01, 'L03			SERIES 54LS SERIES 74LS 'LS01, 'LS03, 'LS05, 'LS12, 'LS22			SERIES 54S SERIES 74S 'S03, 'S05, 'S22			UNIT
				MIN	TYP‡	MAX	MIN	TYP‡	MAX	MIN	TYP‡	MAX	MIN	TYP‡	MAX	MIN	TYP‡	MAX	
V_{IH} High-level input voltage	1, 2			2			2			2			2			2			V
V_{IL} Low-level input voltage	1, 2		54 Family			0.8			0.8			0.6			0.7			0.8	V
			74 Family			0.8			0.8						0.8			0.8	
V_{IK} Input clamp voltage	3	V_{CC} = MIN, I_I = §				−1.5			−1.5						−1.5			−1.2	V
I_{OH} High-level output current	1	V_{CC} = MIN, V_{IL} = V_{IL} max,	V_{OH} = 5.5 V			250			250			50			100			250	μA
V_{OL} Low-level output voltage	2	V_{CC} = MIN, V_{IH} = 2 V, I_{OL} = MAX	54 Family		0.2	0.4		0.2	0.4		0.15	0.3		0.25	0.4			0.5	V
		V_{CC} = MIN, V_{IH} = 2 V, I_{OL} = MAX	74 Family		0.2	0.4		0.2	0.4					0.35	0.5			0.5	
		I_{OL} = 4 mA	Series 74LS											0.25	0.4				
I_I Input current at maximum input voltage	4	V_{CC} = MAX	V_I = 5.5 V			1			1			0.1						1	mA
			V_I = 7 V												0.1				
I_{IH} High-level input current	4	V_{CC} = MAX	V_{IH} = 2.4 V			40			50			10							μA
			V_{IH} = 2.7 V												20			50	
I_{IL} Low-level input current	5	V_{CC} = MAX	V_{IL} = 0.3 V									−0.18							mA
			V_{IL} = 0.4 V			−1.6			−2						−0.4				
			V_{IL} = 0.5 V															−2	
I_{CC} Supply current	7	V_{CC} = MAX		See table on next page															mA

† For conditions shown as MIN or MAX, use the appropriate value specified under recommended operating conditions.
‡ All typical values are at V_{CC} = 5 V, T_A = 25°C.
§ I_I = −12 mA for SN54'/SN74', −8 mA for SN54H'/SN74H', and −18 mA for SN54LS'/SN74LS' and SN54S'/SN74S'.

supply current¶

TYPE	I_{CCH} (mA) Total with outputs high		I_{CCL} (mA) Total with outputs low		I_{CC} (mA) Average per Gate (50% duty cycle)
	TYP	MAX	TYP	MAX	TYP
'01	4	8	12	22	2
'03	4	8	12	22	2
'05	6	12	18	33	2
'12	3	6	9	16.5	2
'22	2	4	6	11	2
'H01	10	16.8	26	40	4.1
'H05	16	26	40	58	4.67
'H22	5	8.4	13	20	4.1
'L01	0.44	0.8	1.16	2.04	0.20
'L03	0.44	0.8	1.16	2.04	0.20
'LS01	0.8	1.6	2.4	4.4	0.4
'LS03	0.8	1.6	2.4	4.4	0.4
'LS05	1.2	2.4	3.6	6.6	0.4
'LS12	0.7	1.4	1.8	3.3	0.42
'LS22	0.4	0.8	1.2	2.2	0.4
'S03	6	13.2	20	36	3.25
'S05	9	19.8	30	54	3.25
'S22	3	6.6	10	18	3.25

¶Maximum values of I_{CC} are over the recommended operating ranges of V_{CC} and T_A; typical values are at $V_{CC} = 5$ V, $T_A = 25°C$.

switching characteristics at $V_{CC} = 5$ V, $T_A = 25°C$

TYPE	TEST CONDITIONS#	t_{PLH} (ns) Propagation delay time, low-to-high-level output			t_{PHL} (ns) Propagation delay time, high-to-low-level output		
		MIN	TYP	MAX	MIN	TYP	MAX
'01, '03	$C_L = 15$ pF, $R_L = 4$ kΩ for t_{PLH}, 400 Ω for t_{PHL}		35	45		8	15
'05			40	55		8	15
'12, '22			35	45		8	15
'H01, 'H05, 'H22	$C_L = 25$ pF, $R_L = 280$ Ω		10	15		7.5	12
'L01, 'L03	$C_L = 50$ pF, $R_L = 4$ kΩ		60	90		33	60
'LS01, 'LS03, 'LS05, 'LS12, 'LS22	$C_L = 15$ pF, $R_L = 2$ kΩ		17	32		15	28
'S03, 'S05, 'S22	$C_L = 15$ pF, $R_L = 280$ Ω	2	5	7.5	2	4.5	7
	$C_L = 50$ pF, $R_L = 280$ Ω		7.5			7	

#Load circuits and voltage waveforms are shown on pages 3-10 and 3-11.

schematics (each gate)

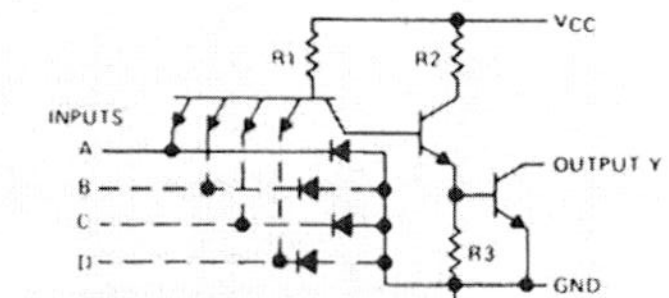

CIRCUITS	R1	R2	R3
'01, '03, '05, '12, '22	4 k	1.6 k	1 k
'H01, 'H05, 'H22	2.8 k	760	470

'01, '03, '05, '12, '22, 'H01, 'H05, 'H22 CIRCUITS

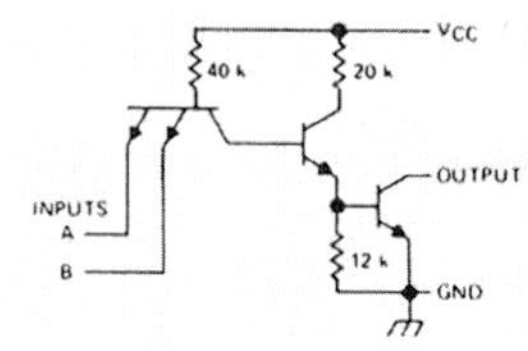

'L01, 'L03 CIRCUITS

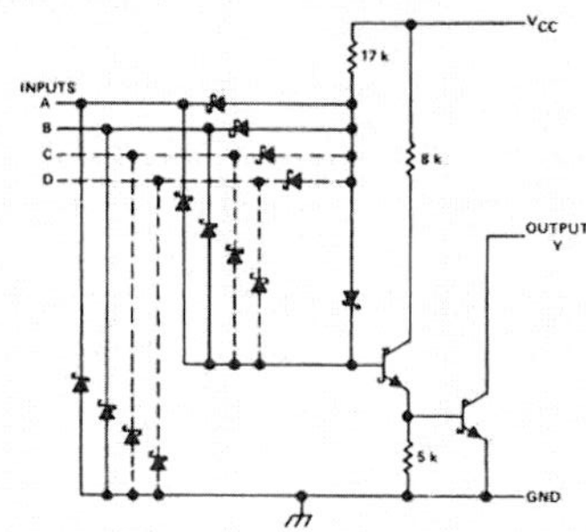

'LS01, 'LS03, 'LS12, 'LS22 CIRCUITS

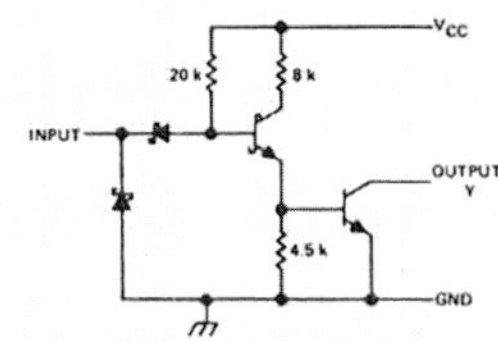

'LS05 CIRCUITS

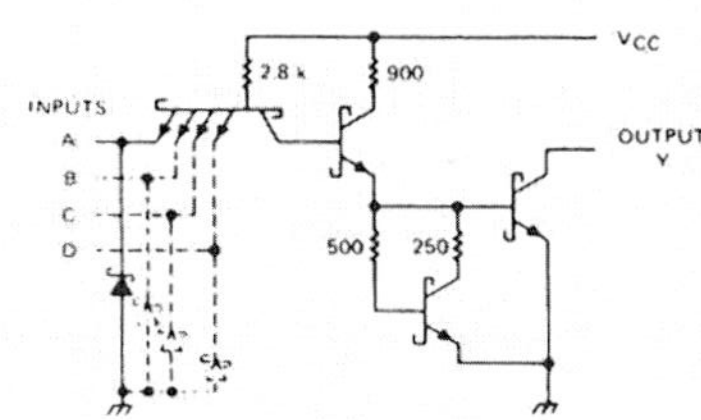

'S03, 'S05, 'S22 CIRCUITS

Resistor values shown are nominal and in ohms.

'46A, '47A, 'L46, 'L47, 'LS47 feature	'48, 'LS48 feature	'49, 'LS49 feature
• Open-Collector Outputs Drive Indicators Directly • Lamp-Test Provision • Leading/Trailing Zero Suppression	• Internal Pull-Ups Eliminate Need for External Resistors • Lamp-Test Provision • Leading/Trailing Zero Suppression	• Open-Collector Outputs • Blanking Input

- All Circuit Types Feature Lamp Intensity Modulation Capability

TYPE	DRIVER OUTPUTS				TYPICAL POWER DISSIPATION	PACKAGES
	ACTIVE LEVEL	OUTPUT CONFIGURATION	SINK CURRENT	MAX VOLTAGE		
SN5446A	low	open-collector	40 mA	30 V	320 mW	J, W
SN5447A	low	open-collector	40 mA	15 V	320 mW	J, W
SN5448	high	2-kΩ pull-up	6.4 mA	5.5 V	265 mW	J, W
SN5449	high	open-collector	10 mA	5.5 V	165 mW	W
SN54L46	low	open-collector	20 mA	30 V	160 mW	J
SN54L47	low	open-collector	20 mA	15 V	160 mW	J
SN54LS47	low	open-collector	12 mA	15 V	35 mW	J, W
SN54LS48	high	2-kΩ pull-up	2 mA	5.5 V	125 mW	J, W
SN54LS49	high	open-collector	4 mA	5.5 V	40 mW	J, W
SN7446A	low	open-collector	40 mA	30 V	320 mW	J, N
SN7447A	low	open-collector	40 mA	15 V	320 mW	J, N
SN7448	high	2-kΩ pull-up	6.4 mA	5.5 V	265 mW	J, N
SN74L46	low	open-collector	20 mA	30 V	160 mW	J, N
SN74L47	low	open-collector	20 mA	15 V	160 mW	J, N
SN74LS47	low	open-collector	24 mA	15 V	35 mW	J, N
SN74LS48	high	2-kΩ pull-up	6 mA	5.5 V	125 mW	J, N
SN74LS49	high	open-collector	8 mA	5.5 V	40 mW	J, N

'46A, '47A, 'L46, 'L47, 'LS47 (TOP VIEW) '48, 'LS48 (TOP VIEW) '49, 'LS49 (TOP VIEW)

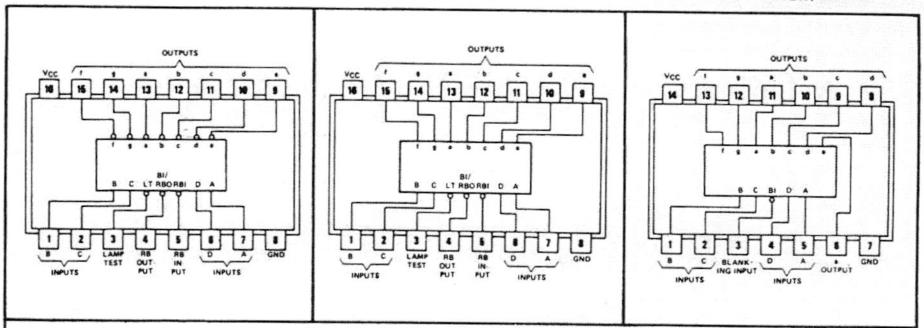

positive logic: see function tables

description

The '46A, 'L46, '47A, 'L47, and 'LS47 feature active-low outputs designed for driving common-anode VLEDs or incandescent indicators directly, and the '48, '49, 'LS48, 'LS49 feature active-high outputs for driving lamp buffers or common-cathode VLEDs. All of the circuits except '49 and 'LS49 have full ripple-blanking input/output controls and a lamp test input. The '49 and 'LS49 circuits incorporate a direct blanking input. Segment identification and resultant displays are shown below. Display patterns for BCD input counts above 9 are unique symbols to authenticate input conditions.

The '46A, '47A, '48, 'L46, 'L47, 'LS47, and 'LS48 circuits incorporate automatic leading and/or trailing-edge zero-blanking control (RBI and RBO). Lamp test (LT) of these types may be performed at any time when the BI/RBO node is at a high level. All types (including the '49 and 'LS49) contain an overriding blanking input (BI) which can be used to control the lamp intensity by pulsing or to inhibit the outputs. Inputs and outputs are entirely compatible for use with TTL or DTL logic outputs.

The SN54246/SN74246 through '249 and the SN54LS247/SN74LS247 through 'LS249 compose the 6 and the 9 with tails and have been designed to offer the designer a choice between two indicator fonts. The SN54249/SN74249 and SN54LS249/SN74LS249 are 16-pin versions of the 14-pin SN5449 and 'LS49. Included in the '249 circuit and 'LS249 circuits are the full functional capability for lamp test and ripple blanking, which is not available in the '49 or 'LS49 circuit.

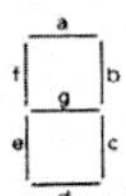

SEGMENT IDENTIFICATION

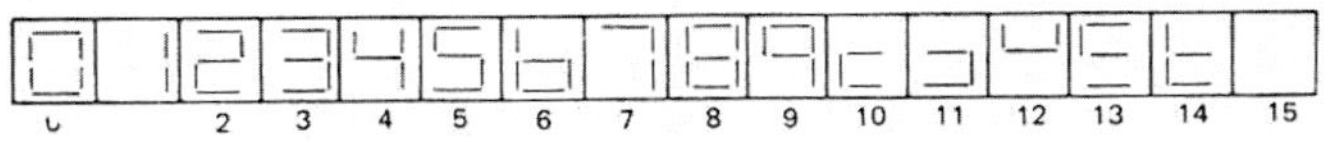

NUMERICAL DESIGNATIONS AND RESULTANT DISPLAYS

'46A, '47A, 'L46, 'L47, 'LS47 FUNCTION TABLE

DECIMAL OR FUNCTION	INPUTS						BI/RBO†	OUTPUTS							NOTE
	LT	RBI	D	C	B	A		a	b	c	d	e	f	g	
0	H	H	L	L	L	L	H	ON	ON	ON	ON	ON	ON	OFF	1
1	H	X	L	L	L	H	H	OFF	ON	ON	OFF	OFF	OFF	OFF	
2	H	X	L	L	H	L	H	ON	ON	OFF	ON	ON	OFF	ON	
3	H	X	L	L	H	H	H	ON	ON	ON	ON	OFF	OFF	ON	
4	H	X	L	H	L	L	H	OFF	ON	ON	OFF	OFF	ON	ON	
5	H	X	L	H	L	H	H	ON	OFF	ON	ON	OFF	ON	ON	
6	H	X	L	H	H	L	H	OFF	OFF	ON	ON	ON	ON	ON	
7	H	X	L	H	H	H	H	ON	ON	ON	OFF	OFF	OFF	OFF	
8	H	X	H	L	L	L	H	ON	ON	ON	ON	ON	ON	ON	
9	H	X	H	L	L	H	H	ON	ON	ON	OFF	OFF	ON	ON	
10	H	X	H	L	H	L	H	OFF	OFF	OFF	ON	ON	OFF	ON	
11	H	X	H	L	H	H	H	OFF	OFF	ON	ON	OFF	OFF	ON	
12	H	X	H	H	L	L	H	OFF	ON	OFF	OFF	OFF	ON	ON	
13	H	X	H	H	L	H	H	ON	OFF	OFF	ON	OFF	ON	ON	
14	H	X	H	H	H	L	H	OFF	OFF	OFF	ON	ON	ON	ON	
15	H	X	H	H	H	H	H	OFF	OFF	OFF	OFF	OFF	OFF	OFF	
BI	X	X	X	X	X	X	L	OFF	OFF	OFF	OFF	OFF	OFF	OFF	2
RBI	H	L	L	L	L	L	L	OFF	OFF	OFF	OFF	OFF	OFF	OFF	3
LT	L	X	X	X	X	X	H	ON	ON	ON	ON	ON	ON	ON	4

H = high level, L = low level, X = irrelevant

NOTES:
1. The blanking input (BI) must be open or held at a high logic level when output functions 0 through 15 are desired. The ripple-blanking input (RBI) must be open or high if blanking of a decimal zero is not desired.
2. When a low logic level is applied directly to the blanking input (BI), all segment outputs are off regardless of the level of any other input.
3. When ripple-blanking input (RBI) and inputs A, B, C, and D are at a low level with the lamp test input high, all segment outputs go off and the ripple-blanking output (RBO) goes to a low level (response condition).
4. When the blanking input/ripple blanking output (BI/RBO) is open or held high and a low is applied to the lamp-test input, all segment outputs are on.

†BI/RBO is wire-AND logic serving as blanking input (BI) and/or ripple-blanking output (RBO).

recommended operating conditions

		SERIES 54L	'L71 MIN	'L71 NOM	'L71 MAX	'L72, 'L73 MIN	'L72, 'L73 NOM	'L72, 'L73 MAX	'L74 MIN	'L74 NOM	'L74 MAX	'L78 MIN	'L78 NOM	'L78 MAX	UNIT
Supply voltage, V_{CC}		Series 54L	4.5	5	5.5	4.5	5	5.5	4.5	5	5.5	4.5	5	5.5	V
High-level output current, I_{OH}		Series 54L			−100			−100			−100			−100	μA
Low-level output current, I_{OL}		Series 54L			2			2			2			2	mA
Pulse width, t_w	Clock high		200			200			200			200			ns
	Clock low		200			200			200			200			
	Clear or preset low		100			100			100			100			
Setup time, t_{su}			0↑			0↑			50↑			0↑			ns
Hold time, t_h			0↓			0↓			15↑			0↓			ns
Operating free-air temperature, T_A		Series 54L	−55		125	−55		125	−55		125	−55		125	°C

↑↓The arrow indicates the edge of the clock pulse used for reference: ↑ for the rising edge, ↓ for the falling edge.

electrical characteristics over recommended operating free-air temperature range (unless otherwise noted)

PARAMETER		TEST CONDITIONS†	'L71 MIN	'L71 TYP‡	'L71 MAX	'L72, 'L73 MIN	'L72, 'L73 TYP‡	'L72, 'L73 MAX	'L74 MIN	'L74 TYP‡	'L74 MAX	'L78 MIN	'L78 TYP‡	'L78 MAX	UNIT
V_{IH} High-level input voltage			2			2			2			2			V
V_{IL} Low-level input voltage	Clock input				0.6			0.6			0.7			0.6	V
	All other inputs				0.7			0.7			0.7			0.7	
V_{OH} High-level output voltage	Series 54L	V_{CC} = MIN, V_{IH} = 2 V, V_{IL} = V_{IL} max, I_{OH} = MAX	2.4	3.3		2.4	3.3		2.4	3.3		2.4	3.3		V
V_{OL} Low-level output voltage	Series 54L	V_{CC} = MIN, V_{IH} = 2 V, V_{IL} = V_{IL} max, I_{OL} = MAX		0.15	0.3		0.15	0.3		0.15	0.3		0.15	0.3	V
I_I Input current at maximum input voltage	R, S, J, K, or D	V_{CC} = MAX, V_I = 5.5 V			100			100			100			100	μA
	Clear				200			200			300			400	
	Preset				200			200			200			200	
	Clock				200			200			200			400	
I_{IH} High-level input current	R, S, J, K, or D	V_{CC} = MAX, V_I = 2.4 V			10			10			10			10	μA
	Clear				20			20			30			40	
	Preset				20			20			20			20	
	Clock				−200			−200			20			−400	
I_{IL} Low-level input current	R, S, J, K, or D	V_{CC} = MAX, V_I = 0.3 V			−0.18			−0.18			−0.18			−0.18	mA
	Clear				−0.36			−0.36			−0.36			−0.72	
	Preset				−0.36			−0.36			−0.18			−0.36	
	Clock				−0.36			−0.36			−0.36			−0.72	
I_{OS} Short-circuit output current		V_{CC} = MAX	−3		−15	−3		−15	−3		−15	−3		−15	mA
I_{CC} Supply current (Average per flip-flop)		V_{CC} = MAX, See Note 1		0.76	1.44		0.76	1.44		0.8	1.5		0.76	1.44	mA

†For conditions shown as MIN or MAX, use the appropriate value specified under recommended operating conditions.
‡All typical values are at V_{CC} = 5 V, T_A = 25°C.
NOTE 1: With all outputs open, I_{CC} is measured with the Q and $\bar{Q}$ outputs high in turn. At the time of measurement, the clock input is grounded.

switching characteristics, V_{CC} = 5 V, T_A = 25°C

PARAMETER¶	FROM (INPUT)	TO (OUTPUT)	TEST CONDITIONS	'L71, 'L72, 'L73, 'L78 MIN	TYP	MAX	'L74 MIN	TYP	MAX	UNIT
f_{max}			C_L = 50 pF, R_L = 4 kΩ, See Note 2	2.5	3		2.5	3		MHz
t_{PLH}	Preset or clear	Q or $\bar{Q}$			35	75		50	75	ns
t_{PHL}	Preset or clear (clock high)	$\bar{Q}$ or Q			60	150		80	150	ns
	Preset or clear (clock low)					200		80	150	
t_{PLH}	Clock	Q or $\bar{Q}$		10	35	75	15	65	100	ns
t_{PHL}				10	60	150	15	65	150	

¶f_{max} ≡ maximum clock frequency
t_{PLH} ≡ propagation delay time, low-to-high-level output
t_{PHL} ≡ propagation delay time, high-to-low-level output
NOTE 2: Load circuit and voltage waveforms are shown on page 3-11.

schematics of inputs and outputs

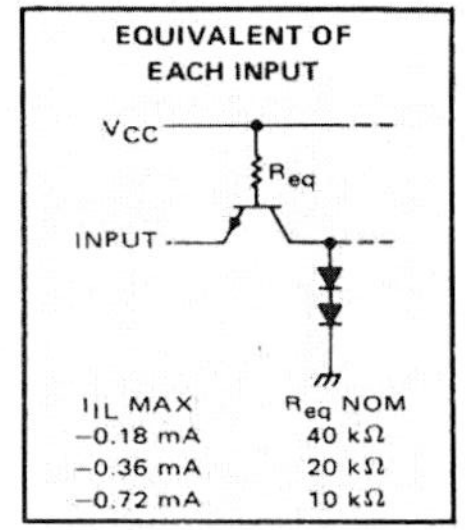

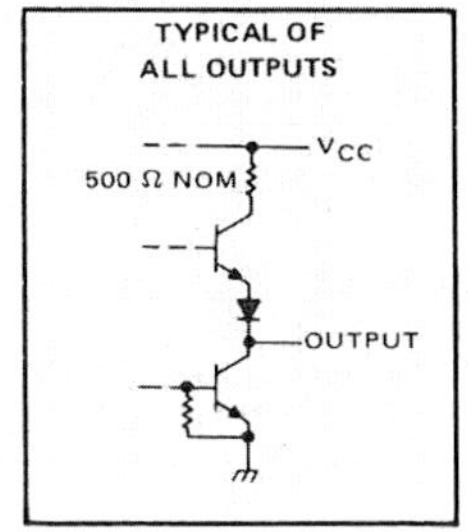

functional block diagrams

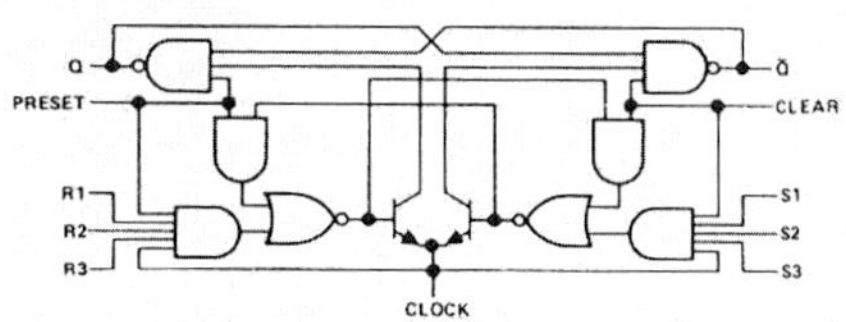

'L71–GATED R-S WITH CLEAR AND PRESET

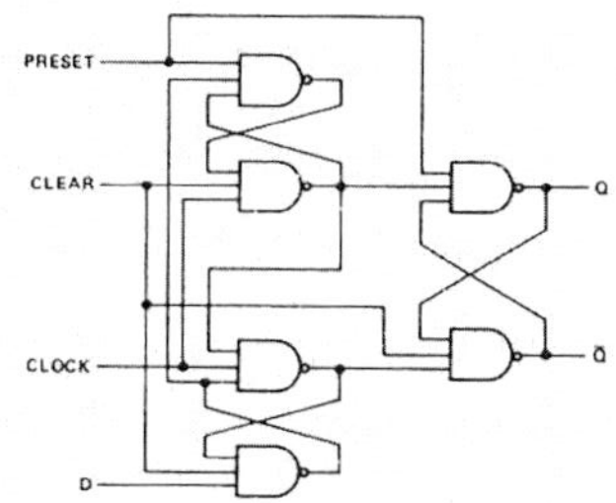

'L74–DUAL D WITH CLEAR AND PRESET

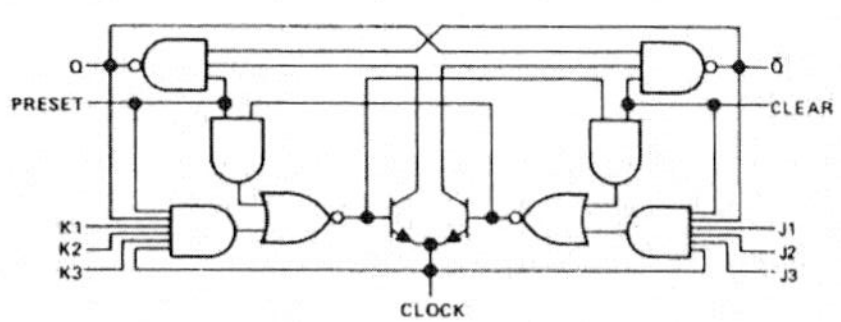

'L72–GATED J-K WITH CLEAR AND PRESET

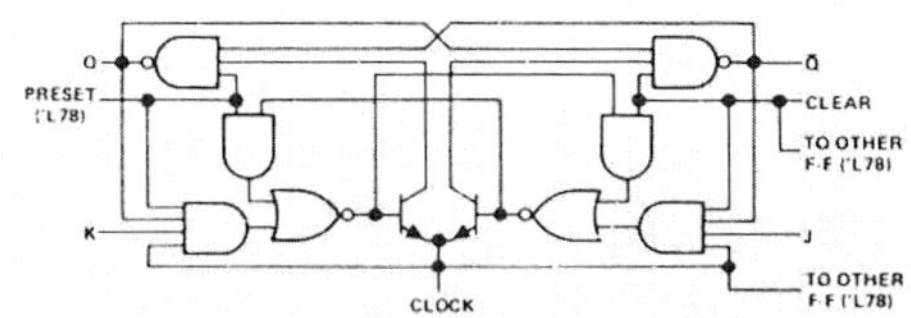

'L73–DUAL J-K WITH CLEAR
'L78–DUAL J-K WITH PRESET, COMMON CLEAR, AND COMMON CLOCK

recommended operating conditions

	SERIES 54/74	'70			'72, '73, '76, '107			'74			'109			'110			'111			UNIT
		MIN	NOM	MAX	MIN	NOM	MAX	MIN	NOM	MAX	MIN	NOM	MAX	MIN	NOM	MAX	MIN	NOM	MAX	
Supply voltage, V_{CC}	Series 54	4.5	5	5.5	4.5	5	5.5	4.5	5	5.5	4.5	5	5.5	4.5	5	5.5	4.5	5	5.5	V
	Series 74	4.75	5	5.25	4.75	5	5.25	4.75	5	5.25	4.75	5	5.25	4.75	5	5.25	4.75	5	5.25	
High-level output current, I_{OH}				−400			−400			−400			−800			−800			−800	μA
Low-level output current, I_{OL}				16			16			16			16			16			16	mA
Pulse width, t_w	Clock high	20			20			30			20			25			25			ns
	Clock low	30			47			37			20			25			25			
	Preset or clear low	25			25			30			20			25			25			
Input setup time, t_{su}		20↑			0↑			20↑			10↑			20↑			0↑			ns
Input hold time, t_h		5↑			0↓			5↑			6↑			5↑			30↑			ns
Operating free-air temperature, T_A	Series 54	−55		125	−55		125	−55		125	−55		125	−55		125	−55		125	°C
	Series 74	0		70	0		70	0		70	0		70	0		70	0		70	

↑↓The arrow indicates the edge of the clock pulse used for reference: ↑ for the rising edge, ↓ for the falling edge.

electrical characteristics over recommended operating free-air temperature range (unless otherwise noted)

PARAMETER		TEST CONDITIONS†	'70			'72, '73, '76, '107			'74			'109			'110			'111			UNIT
			MIN	TYP‡	MAX	MIN	TYP‡	MAX	MIN	TYP‡	MAX	MIN	TYP‡	MAX	MIN	TYP‡	MAX	MIN	TYP‡	MAX	
V_{IH} High-level input voltage			2			2			2			2			2			2			V
V_{IL} Low-level input voltage					0.8			0.8			0.8			0.8			0.8			0.8	V
V_{IK} Input clamp voltage		V_{CC} = MIN, I_I = −12 mA			−1.5			−1.5			−1.5			−1.5			−1.5			−1.5	V
V_{OH} High-level output voltage		V_{CC} = MIN, V_{IH} = 2 V, V_{IL} = 0.8 V, I_{OH} = MAX	2.4	3.4		2.4	3.4		2.4	3.4		2.4	3.4		2.4	3.4		2.4	3.4		V
V_{OL} Low-level output voltage		V_{CC} = MIN, V_{IH} = 2 V, V_{IL} = 0.8 V, I_{OL} = 16 mA		0.2	0.4		0.2	0.4		0.2	0.4		0.2	0.4		0.2	0.4		0.2	0.4	V
I_I Input current at maximum input voltage		V_{CC} = MAX, V_I = 5.5 V			1			1			1			1			1			1	mA
I_{IH} High-level input current	D, J, K, or $\bar{K}$	V_{CC} = MAX, V_I = 2.4 V			40			40			40			40			40			40	μA
	Clear				80			80			120			160			160			80	
	Preset				80			80			80			80			160			80	
	Clock				40			80			80			80			40			120	
I_{IL} Low-level input current	D, J, K, or $\bar{K}$	V_{CC} = MAX, V_I = 0.4 V			−1.6			−1.6			−1.6			−1.6			−1.6			−1.6	mA
	Clear *				−3.2			−3.2			−3.2			−4.8			−3.2			−3.2	
	Preset *				−3.2			−3.2			−1.6			−3.2			−3.2			−3.2	
	Clock				−1.6			−3.2			−3.2			−3.2			−1.6			−4.8	
I_{OS} Short-circuit output current◆	Series 54	V_{CC} = MAX	−20		−57	−20		−57	−20		−57	−30		−85	−20		−57	−20		−57	mA
	Series 74		−18		−57	−18		−57	−18		−57	−30		−85	−18		−57	−18		−57	
I_{CC} Supply current (Average per flip-flop)		V_{CC} = MAX, See Note 1		13	26		10	20		8.5	15		9	15		20	34		14	20.5	mA

†For conditions shown as MIN or MAX, use the appropriate value specified under recommended operating conditions.

‡All typical values are at V_{CC} = 5 V, T_A = 25°C.

◆Not more than one output should be shorted at a time.

*Clear is tested with preset high and preset is tested with clear high.

NOTE 1: With all outputs open, I_{CC} is measured with the Q and $\bar{Q}$ outputs high in turn. At the time of measurement, the clock input is at 4.5 V for the '70, '110, and '111; and is grounded for all the others.

switching characteristics, V_{CC} = 5 V, T_A = 25°C

PARAMETER¶	FROM (INPUT)	TO (OUTPUT)	TEST CONDITIONS	'70			'72, '73 '76, '107			'74			'109			'110			'111			UNIT
				MIN	TYP	MAX	MIN	TYP	MAX	MIN	TYP	MAX	MIN	TYP	MAX	MIN	TYP	MAX	MIN	TYP	MAX	
f_{max}				20	35		15	20		15	25		25	33		20	25		20	25		MHz
t_{PLH}	Preset (as applicable)	Q	C_L = 15 pF, R_L = 400 Ω, See Note 2			50		16	25			25		10	15		12	20		12	18	ns
t_{PHL}		Q̄				50		25	40			40		23	35		18	25		21	30	
t_{PLH}	Clear (as applicable)	Q̄				50		16	25			25		10	15		12	20		12	18	ns
t_{PHL}		Q				50		25	40			40		17	25		18	25		21	30	
t_{PLH}	Clock	Q or Q̄			27	50		16	25		14	25		10	16		20	30		12	17	ns
t_{PHL}					18	50		25	40		20	40		18	28		13	20		20	30	

¶ f_{max} ≡ maximum clock frequency; t_{PLH} ≡ propagation delay time, low-to-high-level output; t_{PHL} ≡ propagation delay time, high-to-low-level output.
NOTE 2: Load circuit and voltage waveforms are shown on page 3-10.

functional block diagrams

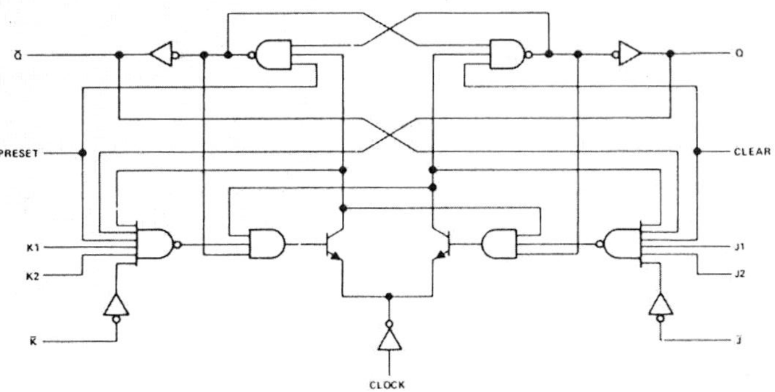

'70—GATED J-K WITH CLEAR AND PRESET

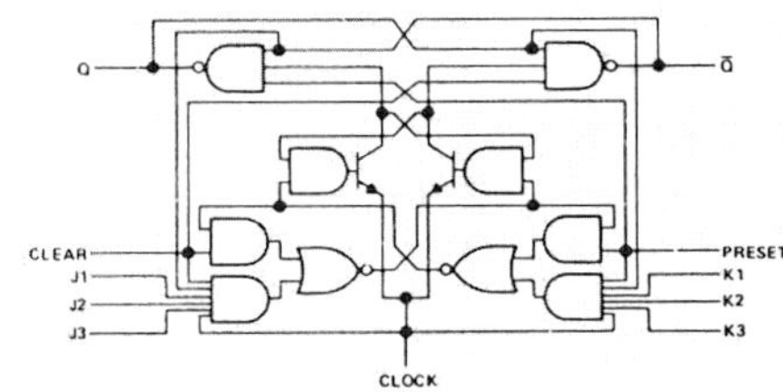

'72—GATED J-K WITH CLEAR AND PRESET

See following pages for:
'73—DUAL J-K WITH CLEAR
'74—DUAL D WITH CLEAR AND PRESET
'76—DUAL J-K WITH CLEAR AND PRESET
'107—DUAL J-K WITH CLEAR
'109—DUAL J-K̄ WITH CLEAR AND PRESET
'110—GATED J-K WITH CLEAR AND PRESET
'111—DUAL J-K WITH CLEAR AND PRESET

functional block diagrams (continued)

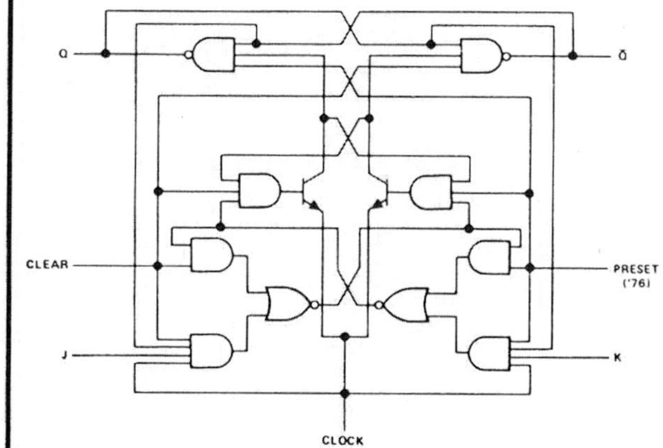

'73–DUAL J-K WITH CLEAR
'76–DUAL J-K WITH CLEAR AND PRESET
'107–DUAL J-K WITH CLEAR

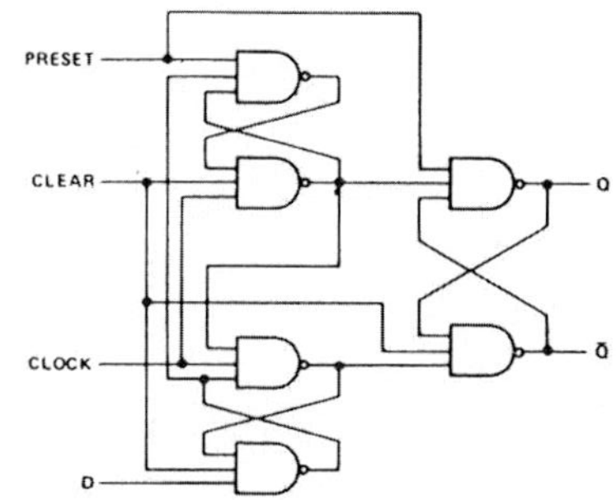

'74–DUAL D WITH CLEAR AND PRESET

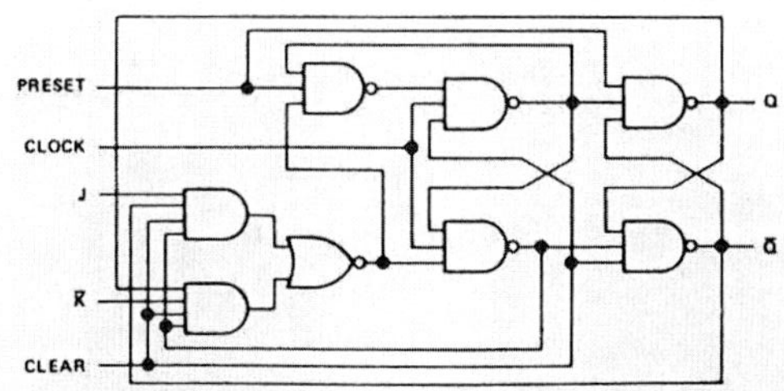

'109–DUAL J-K̄ WITH CLEAR AND PRESET

functional block diagrams (continued)

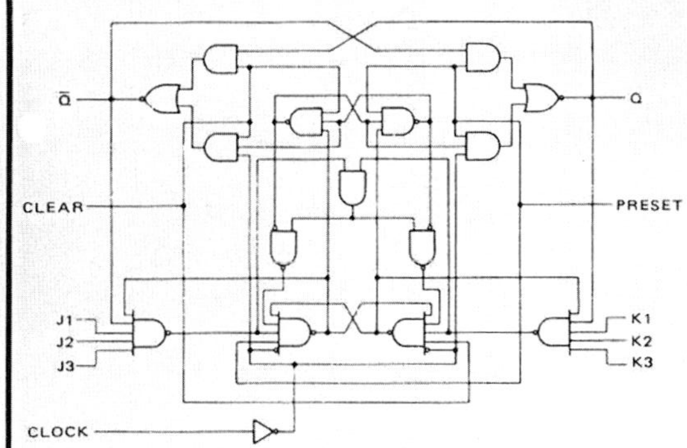

'110–GATED J-K WITH CLEAR AND PRESET

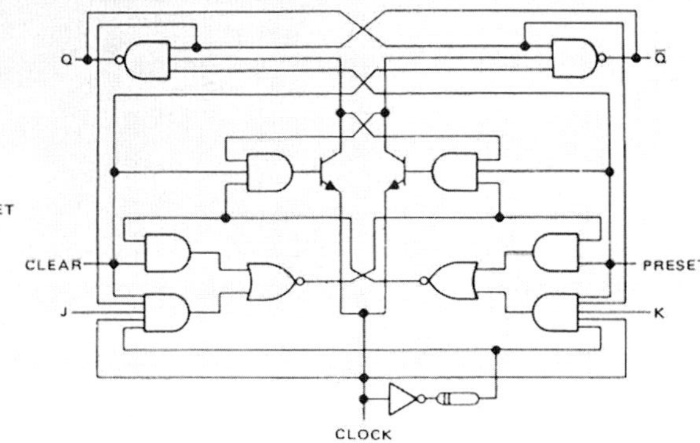

'111–DUAL J-K WITH CLEAR AND PRESET

schematics of inputs and outputs

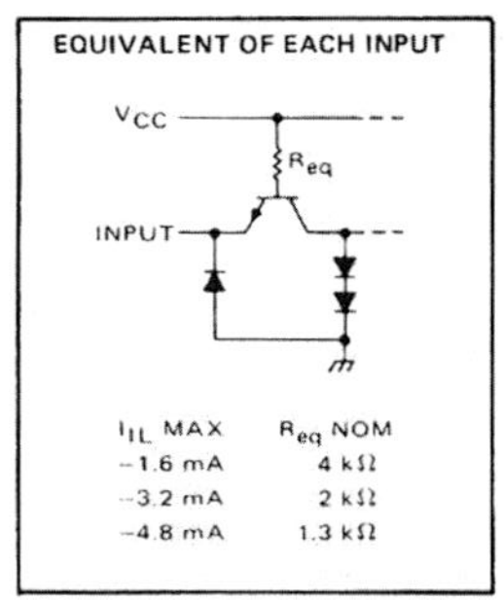

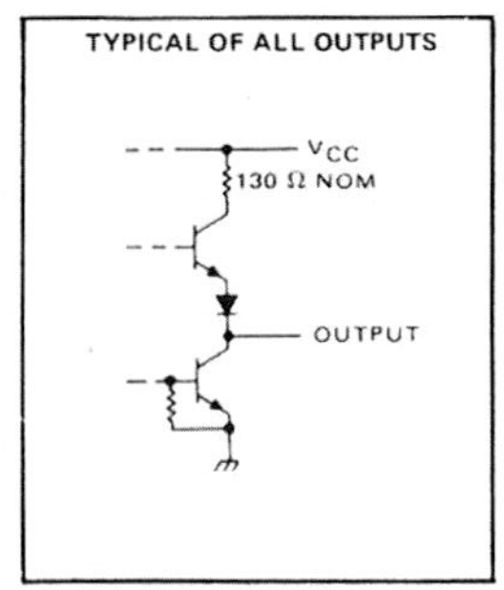

- Full-Carry Look-Ahead across the Four Bits
- Systems Achieve Partial Look-Ahead Performance with the Economy of Ripple Carry
- SN54283/SN74283 and SN54LS283/SN74LS283 Are Recommended For New Designs as They Feature Supply Voltage and Ground on Corner Pins to Simplify Board Layout

TYPE	TYPICAL ADD TIMES TWO 8-BIT WORDS	TYPICAL ADD TIMES TWO 16-BIT WORDS	TYPICAL POWER DISSIPATION PER 4-BIT ADDER
'83A	23 ns	43 ns	310 mW
'LS83A	25 ns	45 ns	95 mW

SN5483A, SN54LS83A . . . J OR W PACKAGE
SN7483A, SN74LS83A . . . J OR N PACKAGE
(TOP VIEW)

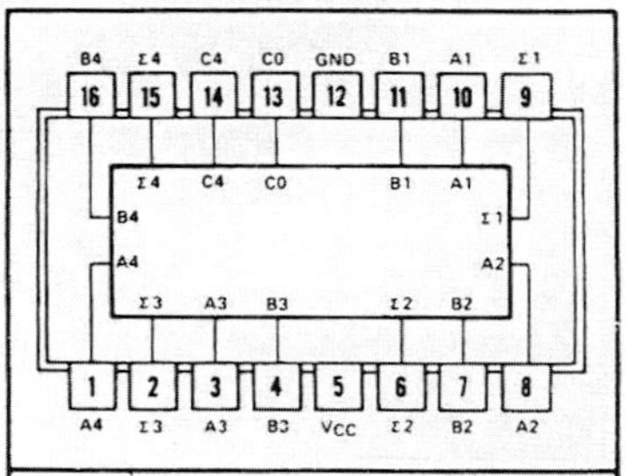

positive logic: see function table

description

These improved full adders perform the addition of two 4-bit binary numbers. The sum (Σ) outputs are provided for each bit and the resultant carry (C4) is obtained from the fourth bit. These adders feature full internal look ahead across all four bits generating the carry term in ten nanoseconds typically. This provides the system designer with partial look-ahead performance at the economy and reduced package count of a ripple-carry implementation.

The adder logic, including the carry, is implemented in its true form meaning that the end-around carry can be accomplished without the need for logic or level inversion.

Designed for medium-speed applications, the circuits utilize transistor-transistor logic that is compatible with most other TTL families and other saturated low-level logic families.

Series 54 and 54LS circuits are characterized for operation over the full military temperature range of −55°C to 125°C, and Series 74 and 74LS circuits are characterized for operation from 0°C to 70°C.

FUNCTION TABLE

INPUT				OUTPUT WHEN C0 = L / WHEN C2 = L			OUTPUT WHEN C0 = H / WHEN C2 = H		
A1 / A3	B1 / B3	A2 / A4	B2 / B4	Σ1 / Σ3	Σ2 / Σ4	C2 / C4	Σ1 / Σ3	Σ2 / Σ4	C2 / C4
L	L	L	L	L	L	L	H	L	L
H	L	L	L	H	L	L	L	H	L
L	H	L	L	H	L	L	L	H	L
H	H	L	L	L	H	L	H	H	L
L	L	H	L	L	H	L	H	H	L
H	L	H	L	H	H	L	L	L	H
L	H	H	L	H	H	L	L	L	H
H	H	H	L	L	L	H	H	L	H
L	L	L	H	L	H	L	H	H	L
H	L	L	H	H	H	L	L	L	H
L	H	L	H	H	H	L	L	L	H
H	H	L	H	L	L	H	H	L	H
L	L	H	H	L	L	H	H	L	H
H	L	H	H	H	L	H	L	H	H
L	H	H	H	H	L	H	L	H	H
H	H	H	H	L	H	H	H	H	H

H = high level, L = low level

NOTE: Input conditions at A1, B1, A2, B2, and C0 are used to determine outputs Σ1 and Σ2 and the value of the internal carry C2. The values at C2, A3, B3, A4, and B4 are then used to determine outputs Σ3, Σ4, and C4.

absolute maximum ratings over operating free-air temperature range (unless otherwise noted)

Supply voltage, V_{CC} (see Note 1)	7 V
Input voltage: '83A	5.5 V
'LS83A	7 V
Interemitter voltage (see Note 2)	5.5 V
Operating free-air temperature range: SN5483A, SN54LS83A	−55°C to 125°C
SN7483A, SN74LS83A	0°C to 70°C
Storage temperature range	−65°C to 150°C

NOTES: 1. Voltage values, except interemitter voltage, are with respect to network ground terminal.
2. This is the voltage between two emitters of a multiple-emitter transistor. This rating applies for the '83A only between the following pairs: A1 and B1, A2 and B2, A3 and B3, A4 and B4.

functional block diagram

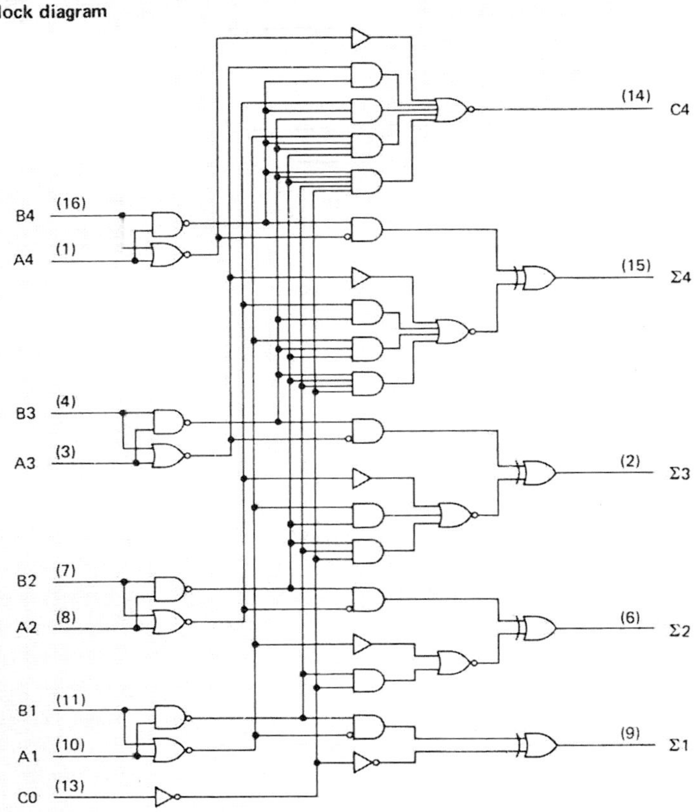

schematics of inputs and outputs

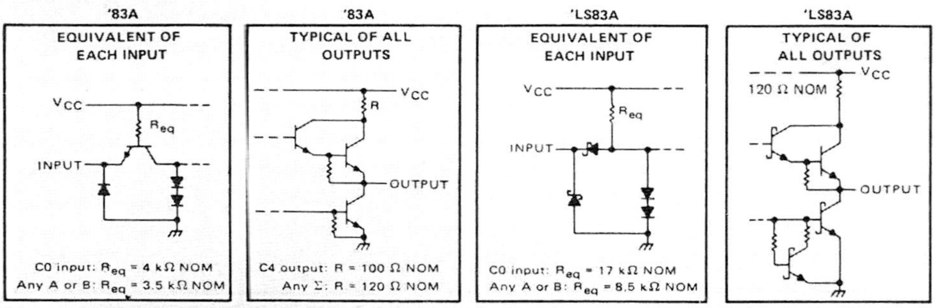

'90A, 'L90, 'LS90 . . . DECADE COUNTERS

'92A, 'LS92 . . . DIVIDE-BY-TWELVE COUNTERS

'93A, 'L93, 'LS93 . . . 4-BIT BINARY COUNTERS

TYPES	TYPICAL POWER DISSIPATION
'90A	145 mW
'L90	20 mW
'LS90	45 mW
'92A, '93A	130 mW
'LS92, 'LS93	45 mW
'L93	16 mW

description

Each of these monolithic counters contains four master-slave flip-flops and additional gating to provide a divide-by-two counter and a three-stage binary counter for which the count cycle length is divide-by-five for the '90A, 'L90, and 'LS90, divide-by-six for the '92A and 'LS92, and divide-by-eight for the '93A, 'L93, and 'LS93.

All of these counters have a gated zero reset and the '90A, 'L90, and 'LS90 also have gated set-to-nine inputs for use in BCD nine's complement applications.

To use their maximum count length (decade, divide-by-twelve, or four-bit binary) of these counters, the B input is connected to the Q_A output. The input count pulses are applied to input A and the outputs are as described in the appropriate function table. A symmetrical divide-by-ten count can be obtained from the '90A, 'L90, or 'LS90 counters by connecting the Q_D output to the A input and applying the input count to the B input which gives a divide-by-ten square wave at output Q_A.

SN54', SN54LS' . . . J OR W PACKAGE
SN54L' . . . J OR T PACKAGE
SN54', SN74LS' . . . J OR N PACKAGE

'90A, 'L90, 'LS90 (TOP VIEW)

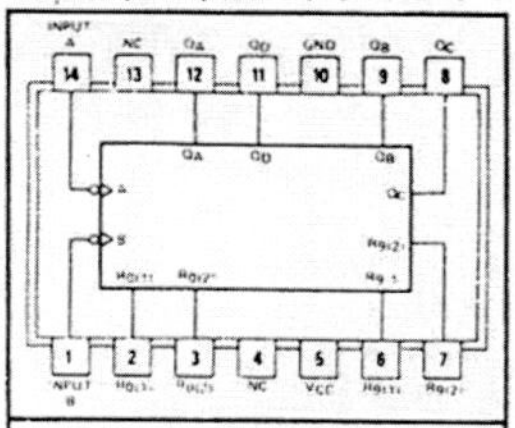

positive logic: see function tables

'92A, 'LS92, (TOP VIEW)

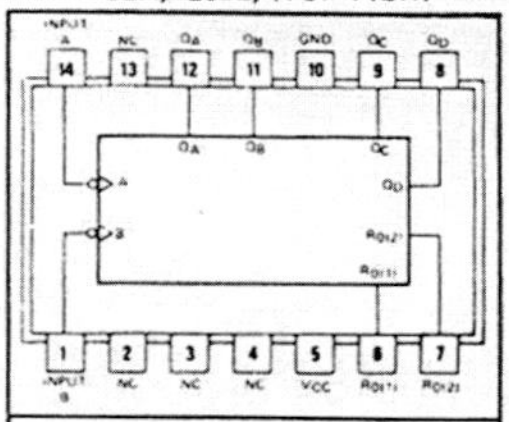

positive logic: see function tables

'93A, 'LS93 (TOP VIEW)

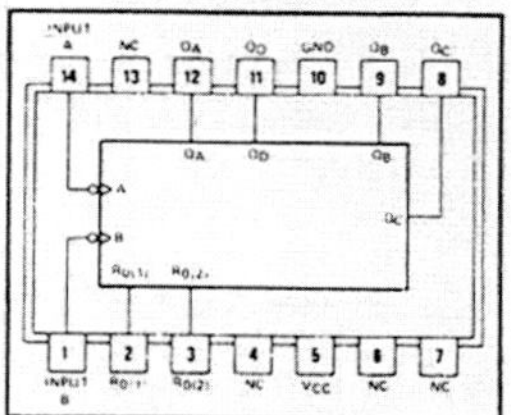

positive logic: see function tables

'L93 (TOP VIEW)

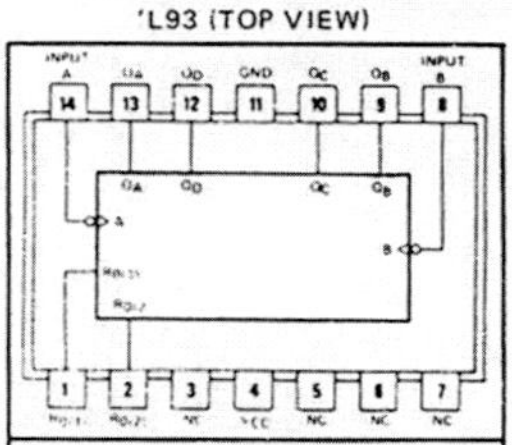

positive logic: see function tables

NC– No internal connection

'90A, 'L90, 'LS90
BCD COUNT SEQUENCE
(See Note A)

COUNT	OUTPUT			
	Q_D	Q_C	Q_B	Q_A
0	L	L	L	L
1	L	L	L	H
2	L	L	H	L
3	L	L	H	H
4	L	H	L	L
5	L	H	L	H
6	L	H	H	L
7	L	H	H	H
8	H	L	L	L
9	H	L	L	H

'90A, 'L90, 'LS90
BI-QUINARY (5-2)
(See Note B)

COUNT	OUTPUT			
	Q_A	Q_D	Q_C	Q_B
0	L	L	L	L
1	L	L	L	H
2	L	L	H	L
3	L	L	H	H
4	L	H	L	L
5	H	L	L	L
6	H	L	L	H
7	H	L	H	L
8	H	L	H	H
9	H	H	L	L

'92A, 'LS92
COUNT SEQUENCE
(See Note C)

COUNT	OUTPUT			
	Q_D	Q_C	Q_B	Q_A
0	L	L	L	L
1	L	L	L	H
2	L	L	H	L
3	L	L	H	H
4	L	H	L	L
5	L	H	L	H
6	H	L	L	L
7	H	L	L	H
8	H	L	H	L
9	H	L	H	H
10	H	H	L	L
11	H	H	L	H

'93A, 'L93, 'LS93
COUNT SEQUENCE
(See Note C)

COUNT	OUTPUT			
	Q_D	Q_C	Q_B	Q_A
0	L	L	L	L
1	L	L	L	H
2	L	L	H	L
3	L	L	H	H
4	L	H	L	L
5	L	H	L	H
6	L	H	H	L
7	L	H	H	H
8	H	L	L	L
9	H	L	L	H
10	H	L	H	L
11	H	L	H	H
12	H	H	L	L
13	H	H	L	H
14	H	H	H	L
15	H	H	H	H

'90A, 'L90, 'LS90
RESET/COUNT FUNCTION TABLE

RESET INPUTS				OUTPUT			
$R_{0(1)}$	$R_{0(2)}$	$R_{9(1)}$	$R_{9(2)}$	Q_D	Q_C	Q_B	Q_A
H	H	L	X	L	L	L	L
H	H	X	L	L	L	L	L
X	X	H	H	H	L	L	H
X	L	X	L	COUNT			
L	X	L	X	COUNT			
L	X	X	L	COUNT			
X	L	L	X	COUNT			

'92A, 'LS92, '93A, 'L93, 'LS93
RESET/COUNT FUNCTION TABLE

RESET INPUTS		OUTPUT			
$R_{0(1)}$	$R_{0(2)}$	Q_D	Q_C	Q_B	Q_A
H	H	L	L	L	L
L	X	COUNT			
X	L	COUNT			

NOTES: A. Output Q_A is connected to input B for BCD count.
B. Output Q_D is connected to input A for bi-quinary count.
C. Output Q_A is connected to input B.
D. H = high level, L = low level, X = irrelevant

functional block diagrams

'90A, 'L90, 'LS90   **'92A, 'LS92**   **'93A, 'L93, 'LS93**

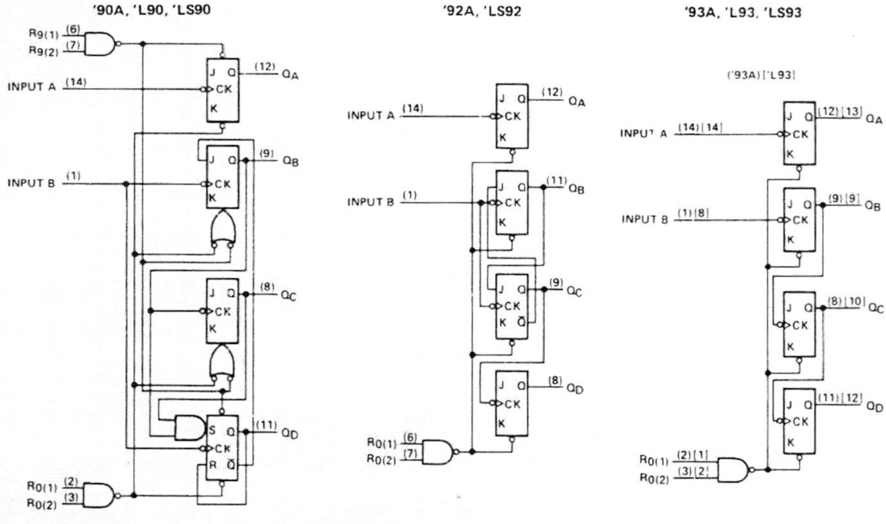

The J and K inputs shown without connection are for reference only and are functionally at a high level.

TTL MSI PARALLEL-IN SERIAL-OUT REGISTERS

for application as

- Dual-Source, Parallel-To-Serial Converter
- Serial-In Serial-Out Register

description

These monolithic shift registers which utilize transistor-transistor logic (TTL) circuits in the familiar Series 54/74 configuration, are composed of four R-S master-slave flip-flops, four AND-OR-INVERT gates, and four inverter-drivers. Internal interconnections of these functions provide a versatile register which performs right-shift operations as a serial-in, serial-out register or as a dual-source, parallel-to-serial converter. A number of these registers may be connected in series to form an n-bit register.

All flip-flops are simultaneously set to a low output level by applying a high-level voltage to the clear input while the internal presets are inactive (high). See the preset function table below. Clearing is independent of the level of the clock input.

The register may be parallel loaded by using the clear input in conjunction with the preset inputs. After clearing all stages to low output levels, data to be loaded is applied to either the P1 or P2 inputs of each register stage (A, B, C, and D) with the corresponding preset enable input, PE1 or PE2, high. Presetting, like clearing, is independent of the level of the clock input.

SN5494 . . . J OR W PACKAGE
SN7494 . . . J OR N PACKAGE
(TOP VIEW)

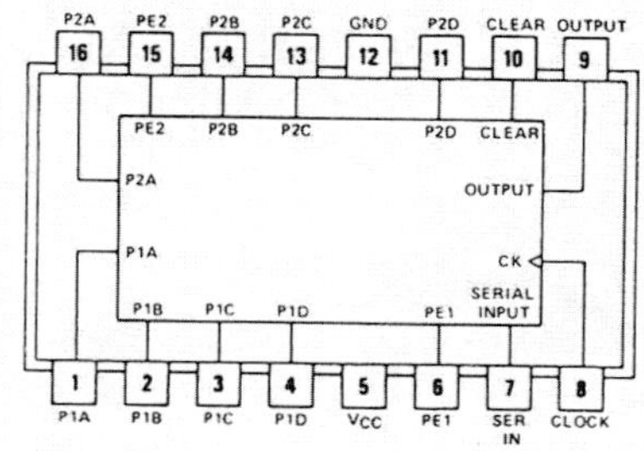

positive logic: see function tables

Transfer of information to the outputs occurs on the positive-going edge of the clock pulse. The proper information must be setup at the R-S inputs of each flip-flop prior to the rising edge of the clock input waveform. The serial input provides this information for the first flip-flop, while the outputs of the subsequent flip-flops provide information for the remaining R-S inputs. The clear input must be at a low level and the internal presets must be inactive (high) when clocking occurs.

PRESET FUNCTION TABLE (BIT A, TYPICAL OF ALL)

PRESET INPUTS				INTERNAL
PE1	P1A	PE2	P2A	PRESET A
L	X	L	X	H (inactive)
L	X	X	L	H (inactive)
X	L	L	X	H (inactive)
X	L	X	L	H (inactive)
H	H	X	X	L (active)
X	X	H	H	L (active)

REGISTER FUNCTION TABLE

INTERNAL PRESETS				INPUTS			INTERNAL OUTPUTS			OUTPUT
A	B	C	D	CLEAR	CLOCK	SERIAL	Q_A	Q_B	Q_C	Q_D
H	H	H	H	H	X	X	L	L	L	L
L	L	L	L	L	X	X	H	H	H	H
H	H	H	H	L	L	X	Q_{A0}	Q_{B0}	Q_{C0}	Q_{D0}
L	H	L	H	L	L	X	H	Q_{B0}	H	Q_{D0}
H	H	H	H	L	↑	H	H	Q_{An}	Q_{Bn}	Q_{Cn}
H	H	H	H	L	↑	L	L	Q_{An}	Q_{Bn}	Q_{Cn}

H = high level (steady state), L = low level (steady state), X = irrelevant, ↑ = transition from low to high level

Q_{A0}, Q_{B0}, Q_{C0}, Q_{D0} = the level of Q_A, Q_B, Q_C, or Q_D, respectively, before the indicated steady-state input conditions were established.

Q_{An}, Q_{Bn}, Q_{Cn} = the level of Q_A, Q_B, or Q_C, respectively, before the most recent ↑ transition of the clock.

absolute maximum ratings over operating free-air temperature range (unless otherwise noted)

Supply voltage, V_{CC} (see Note 1)	7 V
Input voltage (see Note 2)	5.5 V
Operating free-air temperature range: SN5494 Circuits	−55°C to 125°C
SN7494 Circuits	0°C to 70°C
Storage temperature range	−65°C to 150°C

NOTES: 1. Voltage values are with respect to network ground terminal.
2. Input voltage must be zero or positive with respect to network ground terminal.

functional block diagram

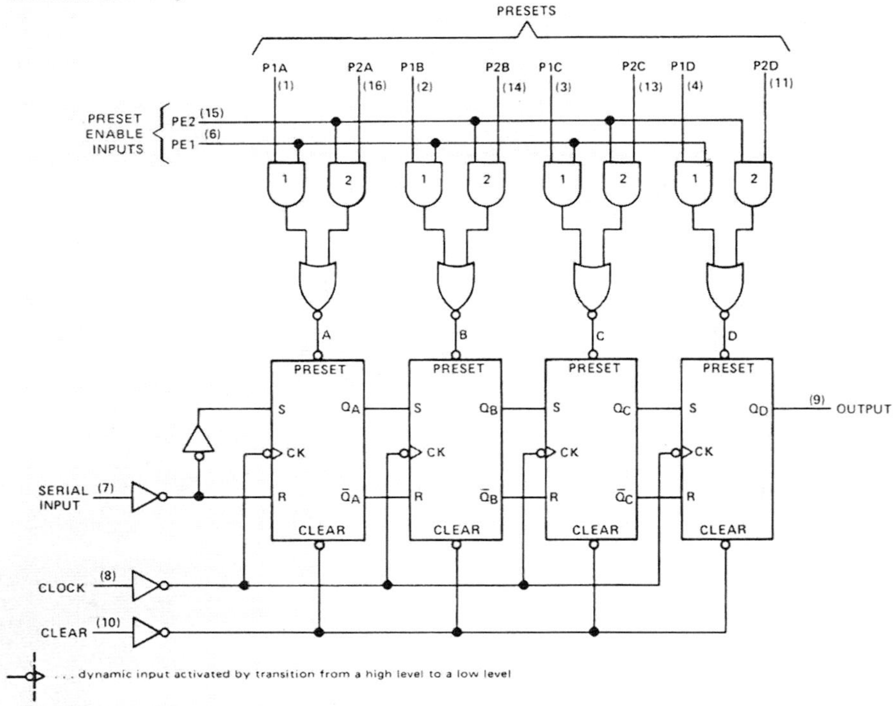

schematics of inputs and output

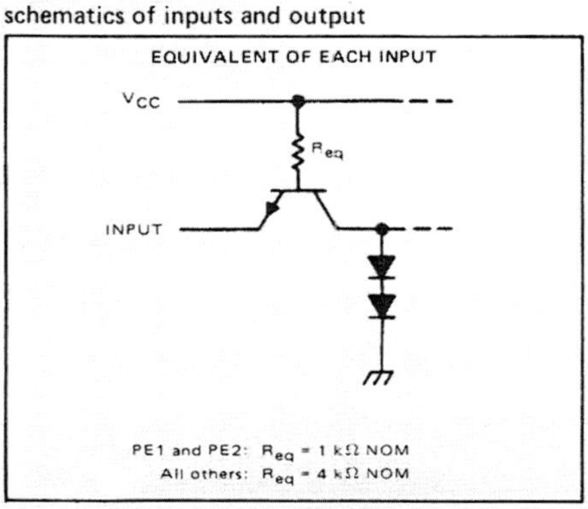

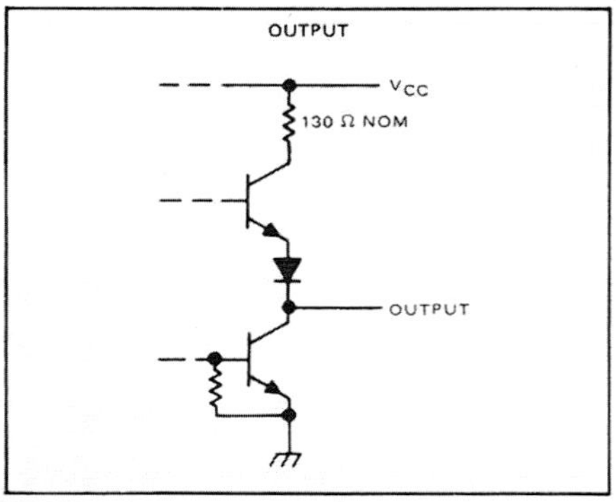

TYPE	TYPICAL MAXIMUM CLOCK FREQUENCY	TYPICAL POWER DISSIPATION
'95A	36 MHz	195 mW
'L95	5 MHz	19 mW
'LS95B	36 MHz	65 mW

SN5495A, SN54LS95B . . . J OR W PACKAGE
SN7495A, SN74LS95B . . . J OR N PACKAGE
(TOP VIEW)

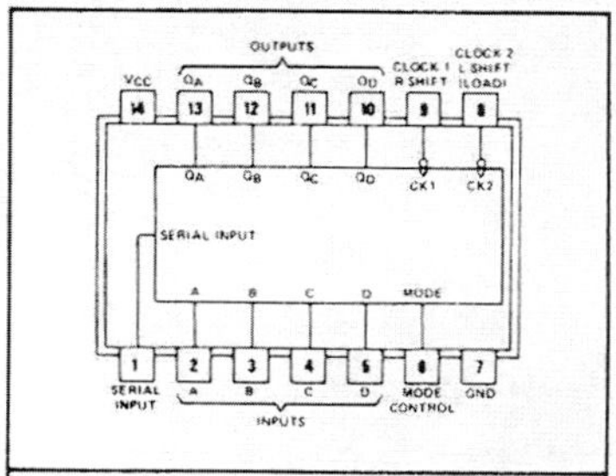

positive logic: see function table

SN54L95 . . . J OR T PACKAGE
(TOP VIEW)

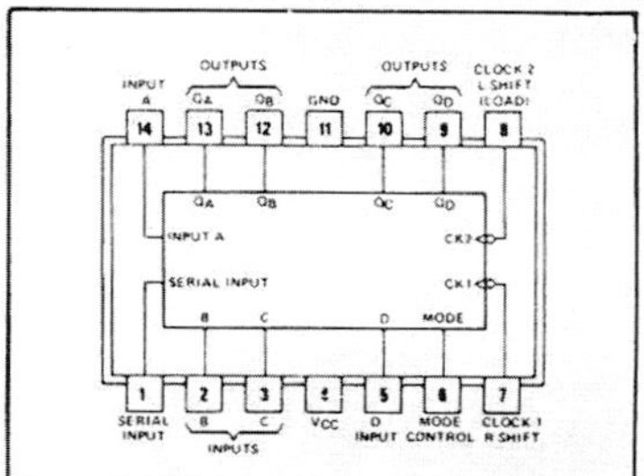

positive logic: see function table

description

These 4-bit registers feature parallel and serial inputs, parallel outputs, mode control, and two clock inputs. The registers have three modes of operation:

Parallel (broadside) load
Shift right (the direction Q_A toward Q_D)
Shift left (the direction Q_D toward Q_A)

Parallel loading is accomplished by applying the four bits of data and taking the mode control input high. The data is loaded into the associated flip-flops and appears at the outputs after the high-to-low transition of the clock-2 input. During loading, the entry of serial data is inhibited.

Shift right is accomplished on the high-to-low transition of clock 1 when the mode control is low; shift left is accomplished on the high-to-low transition of clock 2 when the mode control is high by connecting the output of each flip-flop to the parallel input of the previous flip-flop (Q_D to input C, etc.) and serial data is entered at input D. The clock input may be applied commonly to clock 1 and clock 2 if both modes can be clocked from the same source. Changes at the mode control input should normally be made while both clock inputs are low; however, conditions described in the last three lines of the function table will also ensure that register contents are protected.

FUNCTION TABLE

INPUTS								OUTPUTS			
MODE CONTROL	CLOCKS 2 (L)	CLOCKS 1 (R)	SERIAL	PARALLEL A	PARALLEL B	PARALLEL C	PARALLEL D	Q_A	Q_B	Q_C	Q_D
H	H	X	X	X	X	X	X	Q_{A0}	Q_{B0}	Q_{C0}	Q_{D0}
H	↓	X	X	a	b	c	d	a	b	c	d
H	↓	X	X	Q_B†	Q_C†	Q_D†	d	Q_{Bn}	Q_{Cn}	Q_{Dn}	d
L	L	H	X	X	X	X	X	Q_{A0}	Q_{B0}	Q_{C0}	Q_{D0}
L	X	↓	H	X	X	X	X	H	Q_{An}	Q_{Bn}	Q_{Cn}
L	X	↓	L	X	X	X	X	L	Q_{An}	Q_{Bn}	Q_{Cn}
↑	L	L	X	X	X	X	X	Q_{A0}	Q_{B0}	Q_{C0}	Q_{D0}
↓	L	L	X	X	X	X	X	Q_{A0}	Q_{B0}	Q_{C0}	Q_{D0}
↓	L	H	X	X	X	X	X	Q_{A0}	Q_{B0}	Q_{C0}	Q_{D0}
↑	H	L	X	X	X	X	X	Q_{A0}	Q_{B0}	Q_{C0}	Q_{D0}
↑	H	H	X	X	X	X	X	Q_{A0}	Q_{B0}	Q_{C0}	Q_{D0}

†Shifting left requires external connection of Q_B to A, Q_C to B, and Q_D to C. Serial data is entered at input D.

H = high level (steady state), L = low level (steady state), X = irrelevant (any input, including transitions)
↓ = transition from high to low level, ↑ = transition from low to high level
a, b, c, d = the level of steady-state input at inputs A, B, C, or D, respectively.
Q_{A0}, Q_{B0}, Q_{C0}, Q_{D0} = the level of Q_A, Q_B, Q_C, or Q_D, respectively, before the indicated steady-state input conditions were establishec
Q_{An}, Q_{Bn}, Q_{Cn}, Q_{Dn} = the level of Q_A, Q_B, Q_C, or Q_D, respectively, before the most-recent ↓ transition of the clock.

functional block diagram

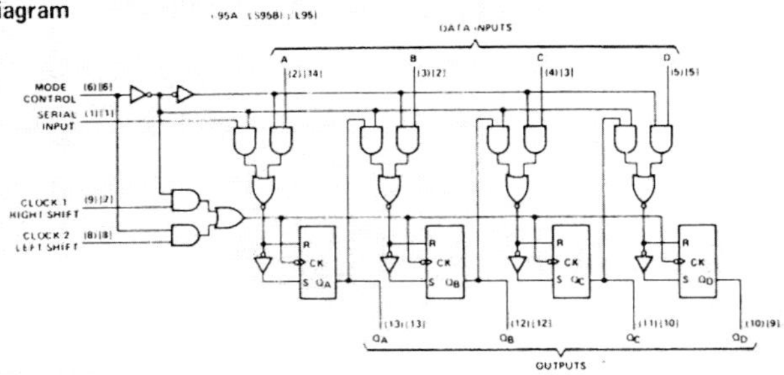

schematics of inputs and outputs

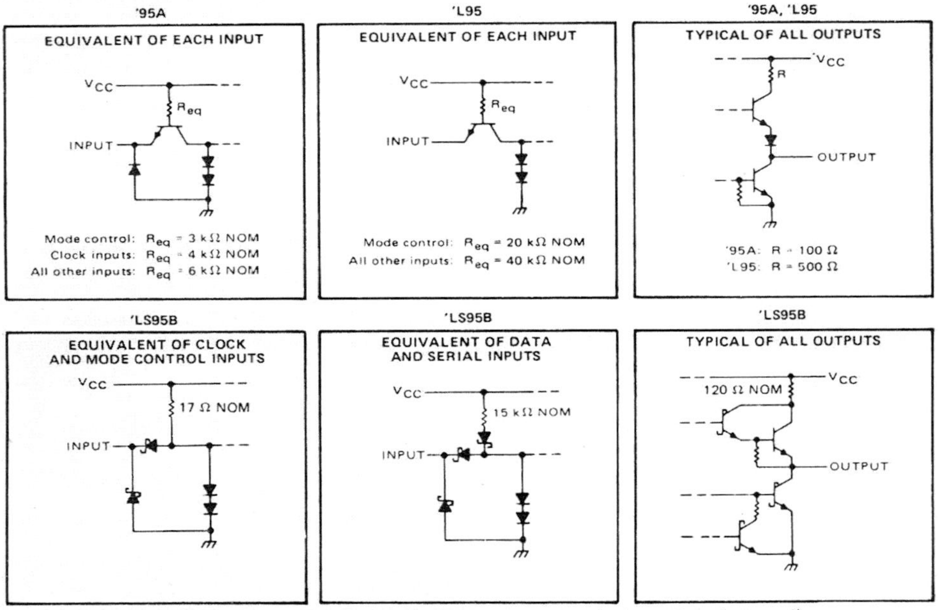

absolute maximum ratings over operating free-air temperature range (unless otherwise noted)

	SN54'	SN54L'	SN54LS'	SN74'	SN74LS'	UNIT
Supply voltage, V_{CC} (see Note 1)	7	8	7	7	7	V
Input voltage (see Note 2)	5.5	5.5	7	5.5	7	V
Interemitter voltage (see Note 3)	5.5	5.5		5.5		V
Operating free-air temperature range	−55 to 125			0 to 70		°C
Storage temperature range	−65 to 150			−65 to 150		°C

NOTES: 1. Voltage values, except interemitter voltage, are with respect to network ground terminal.
2. For the 'L95, input voltages must be zero or positive with respect to network ground terminal.
3. This is the voltage between two emitters of a multiple-emitter input transistor. This rating applies between the clock 2 input and the mode control input of the '95A and 'L95.

- '150 Selects One-of-Sixteen Data Sources
- Others Select One-of-Eight Data Sources
- Performs Parallel-to-Serial Conversion
- Permits Multiplexing from N Lines to One Line
- Also For Use as Boolean Function Generator
- Input-Clamping Diodes Simplify System Design
- Fully Compatible with Most TTL and DTL Circuits

TYPE	TYPICAL AVERAGE PROPAGATION DELAY TIME DATA INPUT TO W OUTPUT	TYPICAL POWER DISSIPATION
'150	11 ns	200 mW
'151A	8 ns	145 mW
'152A	8 ns	130 mW
'LS151	11 ns†	30 mW
'LS152	11 ns†	28 mW
'S151	4.5 ns	225 mW

† Tentative data

description

These monolithic data selectors/multiplexers contain full on-chip binary decoding to select the desired data source. The '150 selects one-of-sixteen data sources; the '151A, '152A, 'LS151, 'LS152, and 'S151 select one-of-eight data sources. The '150, '151A, 'LS151, and 'S151 have a strobe input which must be at a low logic level to enable these devices. A high level at the strobe forces the W output high, and the Y output (as applicable) low.

The '151A, 'LS151, and 'S151 feature complementary W and Y outputs whereas the '150, '152A, and 'LS152 have an inverted (W) output only.

The '151A and '152A incorporate address buffers which have symmetrical propagation delay times through the complementary paths. This reduces the possibility of transients occurring at the output(s) due to changes made at the select inputs, even when the '151A outputs are enabled (i.e., strobe low).

SN54150 . . . J OR W PACKAGE
SN74150 . . . J OR N PACKAGE
(TOP VIEW)

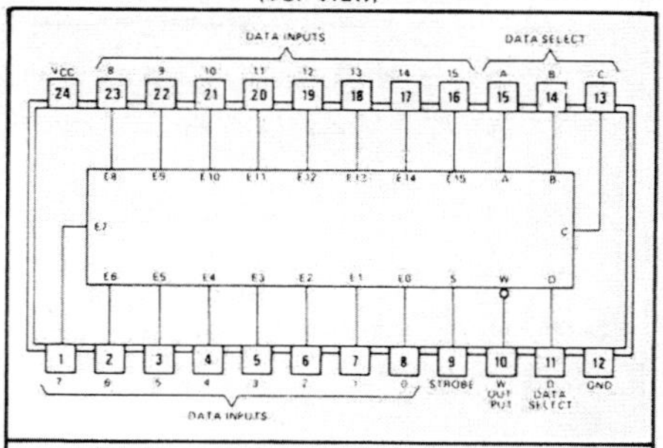

positive logic: see function table

SN54151A, SN54LS151, SN54S151 . . . J OR W PACKAGE
SN74151A, SN74LS151, SN74S151 . . . J OR N PACKAGE
(TOP VIEW)

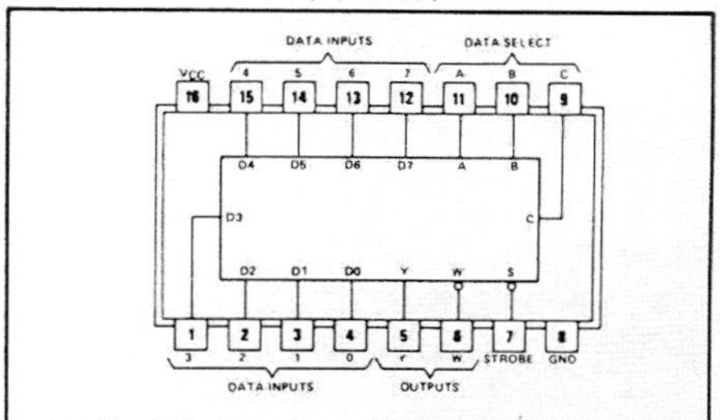

positive logic: see function table

SN54152A, SN54LS152 . . . W PACKAGE
(TOP VIEW)

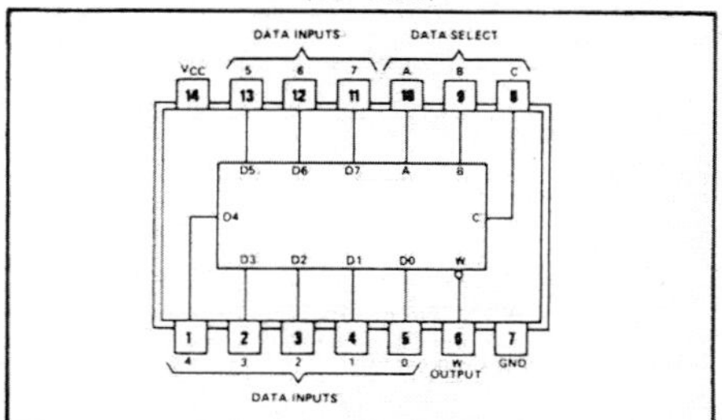

positive logic: see function table

logic

'150

FUNCTION TABLE

INPUTS					OUTPUT
SELECT				STROBE	W
D	C	B	A	S	
X	X	X	X	H	H
L	L	L	L	L	$\overline{E0}$
L	L	L	H	L	$\overline{E1}$
L	L	H	L	L	$\overline{E2}$
L	L	H	H	L	$\overline{E3}$
L	H	L	L	L	$\overline{E4}$
L	H	L	H	L	$\overline{E5}$
L	H	H	L	L	$\overline{E6}$
L	H	H	H	L	$\overline{E7}$
H	L	L	L	L	$\overline{E8}$
H	L	L	H	L	$\overline{E9}$
H	L	H	L	L	$\overline{E10}$
H	L	H	H	L	$\overline{E11}$
H	H	L	L	L	$\overline{E12}$
H	H	L	H	L	$\overline{E13}$
H	H	H	L	L	$\overline{E14}$
H	H	H	H	L	$\overline{E15}$

'151A, 'LS151, 'S151

FUNCTION TABLE

INPUTS				OUTPUTS	
SELECT			STROBE	Y	W
C	B	A	S		
X	X	X	H	L	H
L	L	L	L	D0	$\overline{D0}$
L	L	H	L	D1	$\overline{D1}$
L	H	L	L	D2	$\overline{D2}$
L	H	H	L	D3	$\overline{D3}$
H	L	L	L	D4	$\overline{D4}$
H	L	H	L	D5	$\overline{D5}$
H	H	L	L	D6	$\overline{D6}$
H	H	H	L	D7	$\overline{D7}$

'152A, 'LS152

FUNCTION TABLE

SELECT INPUTS			OUTPUT W
C	B	A	
L	L	L	$\overline{D0}$
L	L	H	$\overline{D1}$
L	H	L	$\overline{D2}$
L	H	H	$\overline{D3}$
H	L	L	$\overline{D4}$
H	L	H	$\overline{D5}$
H	H	L	$\overline{D6}$
H	H	H	$\overline{D7}$

H = high level, L = low level, X = irrelevant

$\overline{E0}$, $\overline{E1}$ . . . $\overline{E15}$ = the complement of the level of the respective E input

D0, D1 . . . D7 = the level of the D respective input

functional block diagrams

'150

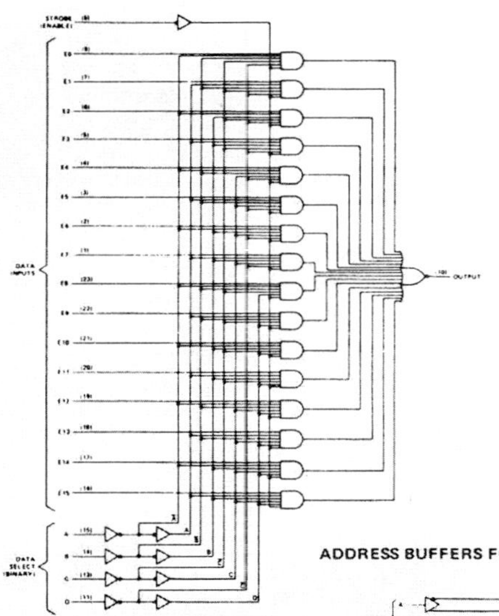

'151A, 'LS151, 'S151

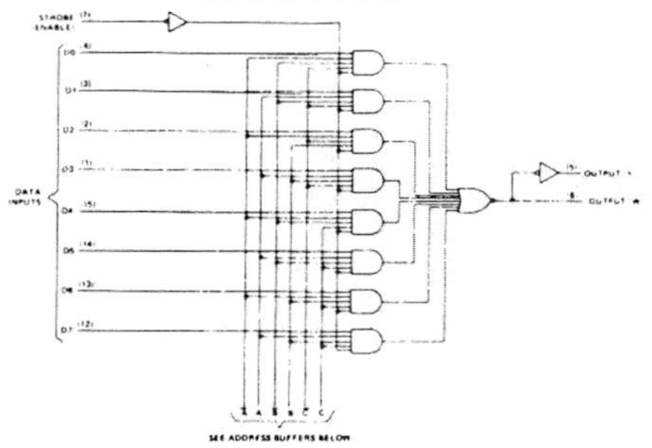

'152A, 'LS152

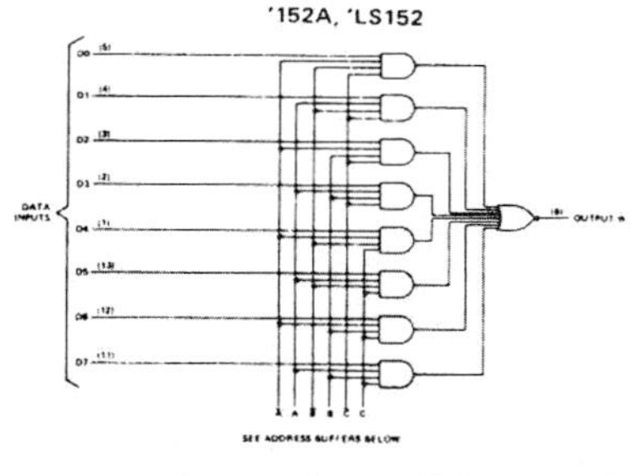

ADDRESS BUFFERS FOR '151A, '152A

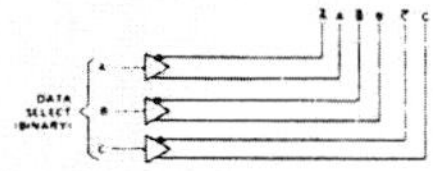

ADDRESS BUFFERS FOR 'LS151, 'S151, 'LS152

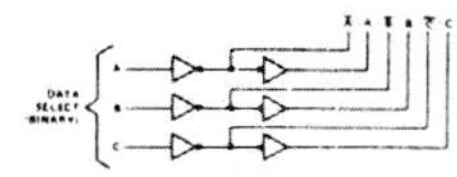

- Parallel Inputs and Outputs
- Four Operating Modes:
  - Synchronous Parallel Load
  - Right Shift
  - Left Shift
  - Do Nothing
- Positive Edge-Triggered Clocking
- Direct Overriding Clear

TYPE	TYPICAL MAXIMUM CLOCK FREQUENCY	TYPICAL POWER DISSIPATION
'194	36 MHz	195 mW
'LS194A	36 MHz	75 mW
'S194	105 MHz	425 mW

SN54194, SN54LS194A, SN54S194 . . . J OR W PACKAGE
SN74194, SN74LS194A, SN74S194 . . . J OR N PACKAGE
(TOP VIEW)

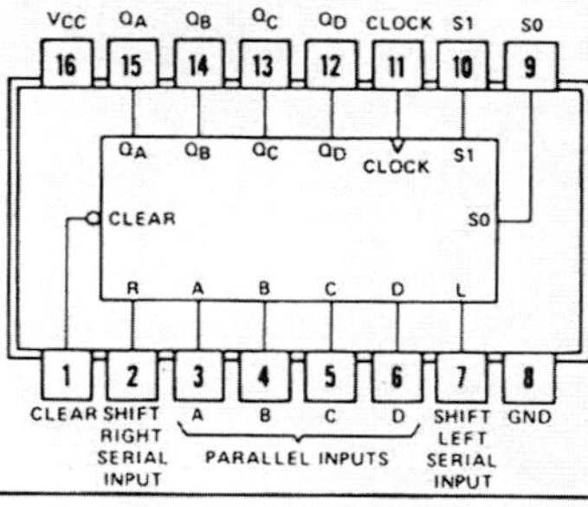

positive logic: see function table

description

These bidirectional shift registers are designed to incorporate virtually all of the features a system designer may want in a shift register. The circuit contains 46 equivalent gates and features parallel inputs, parallel outputs, right-shift and left-shift serial inputs, operating-mode-control inputs, and a direct overriding clear line. The register has four distinct modes of operation, namely:

Parallel (broadside) load
Shift right (in the direction Q_A toward Q_D)
Shift left (in the direction Q_D toward Q_A)
Inhibit clock (do nothing)

Synchronous parallel loading is accomplished by applying the four bits of data and taking both mode control inputs, S0 and S1, high. The data are loaded into the associated flip-flops and appear at the outputs after the positive transistion of the clock input. During loading, serial data flow is inhibited.

Shift right is accomplished synchronously with the rising edge of the clock pulse when S0 is high and S1 is low. Serial data for this mode is entered at the shift-right data input. When S0 is low and S1 is high, data shifts left synchronously and new data is entered at the shift-left serial input.

Clocking of the flip-flop is inhibited when both mode control inputs are low. The mode controls of the SN54194/SN74194 should be changed only while the clock input is high.

FUNCTION TABLE

INPUTS										OUTPUTS			
CLEAR	MODE		CLOCK	SERIAL		PARALLEL				Q_A	Q_B	Q_C	Q_D
	S1	S0		LEFT	RIGHT	A	B	C	D				
L	X	X	X	X	X	X	X	X	X	L	L	L	L
H	See Note		L	X	X	X	X	X	X	Q_{A0}	Q_{B0}	Q_{C0}	Q_{D0}
H	H	H	↑	X	X	a	b	c	d	a	b	c	d
H	L	H	↑	X	H	X	X	X	X	H	Q_{An}	Q_{Bn}	Q_{Cn}
H	L	H	↑	X	L	X	X	X	X	L	Q_{An}	Q_{Bn}	Q_{Cn}
H	H	L	↑	H	X	X	X	X	X	Q_{Bn}	Q_{Cn}	Q_{Dn}	H
H	H	L	↑	L	X	X	X	X	X	Q_{Bn}	Q_{Cn}	Q_{Dn}	L
H	L	L	X	X	X	X	X	X	X	Q_{A0}	Q_{B0}	Q_{C0}	Q_{D0}

H = high level (steady state)
L = low level (steady state)
X = irrelevant (any input, including transitions)
↑ = transition from low to high level
a, b, c, d = the level of steady-state input at inputs A, B, C, or D, respectively.
Q_{A0}, Q_{B0}, Q_{C0}, Q_{D0} = the level of Q_A, Q_B, Q_C, or Q_D, respectively, before the indicated steady-state input conditions were established.
Q_{An}, Q_{Bn}, Q_{Cn}, Q_{Dn} = the level of Q_A, Q_B, Q_C, respectively, before the most-recent ↑ transition of the clock.

NOTE: S0 or S1 of SN54/74194 should be changed only while the clock input is high.
For all other types covered with this data sheet, S0 = X and S1 = X for this function.

functional block diagrams

'194

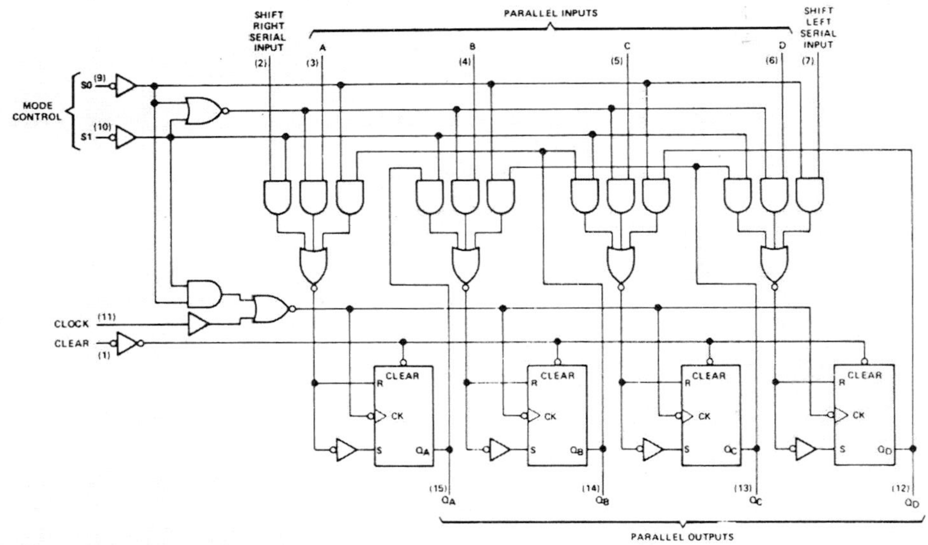

'LS194A, 'S194

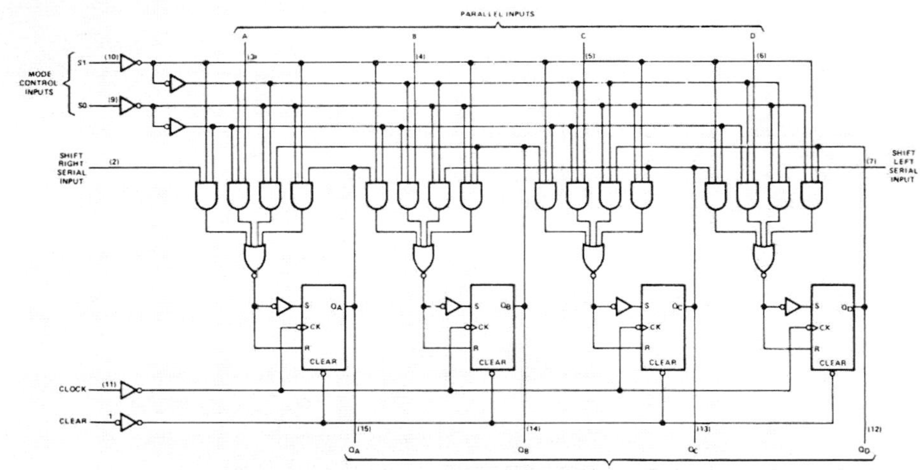

typical clear, load, right-shift, left-shift, inhibit, and clear sequences

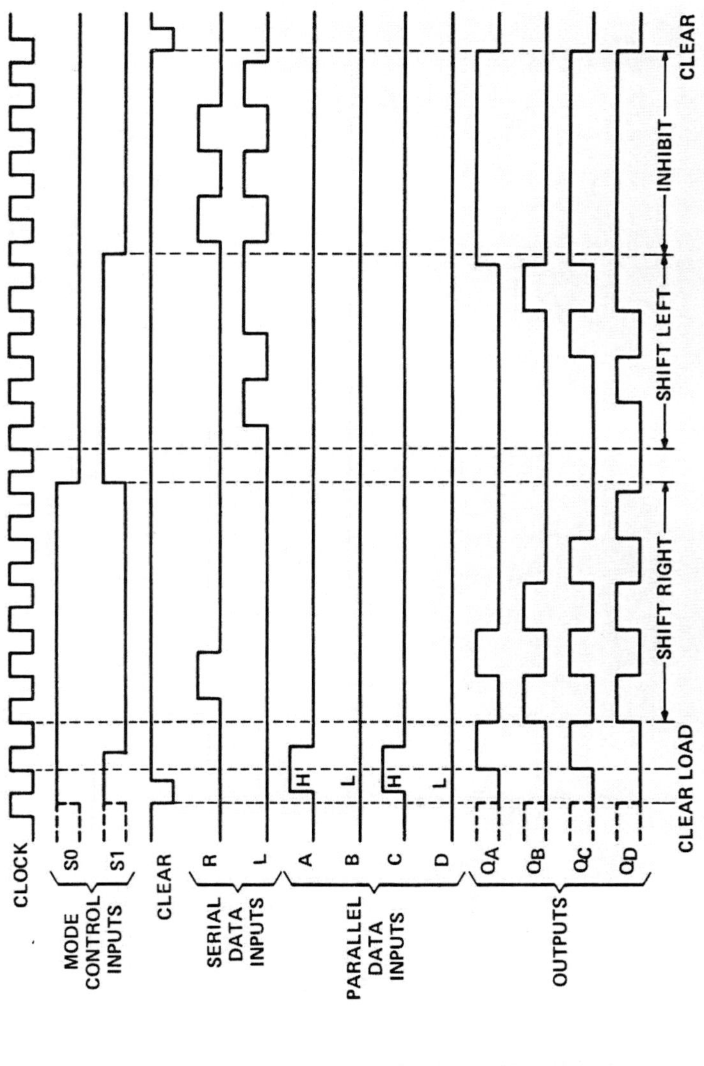

[저자약력]

권오근

중앙대학교 전자공학과 학사, 석사, 박사 졸업

안동정보대학 근무.

현재 세명대학교 전자공학과 교수

권준식

중앙대학교 전자공학과 학사, 석사, 박사 졸업

현대전자산업, 금성통신 근무.

현재 세명대학교 전기공학과 교수

정가 18,000원

디지털 논리 실험

2016년 6월 13일 초 판 인쇄
2020년 8월 25일 수정판 발행
저 자 : 권오근 · 권준식
발행자 : 우명찬 · 송 준
발행처 : 홍릉과학출판사
주 소 : 서울시 강북구 인수봉로 50길 10
01093
등 록 : 1976년 10월 21일 제5-66호
전 화 : (02) 999-2274~5, 903-7037
팩 스 : (02) 905-6729
e-mail: hongpub@hongpub.co.kr
http://www.hongpub.co.kr
ISBN: 979-11-5600-442-4

저자와의 협의하에 인지생략